情報通信工学

相河 聡［著］

information communication engineering

森北出版

はじめに

生活に欠かせないスマートフォンやインターネットだけでなく，身のまわりのさまざまな機器をつなぐ通信は，社会を構成する基盤の一つとなっている．

通信工学の関連分野は，ネットワークをはじめ，情報理論，電波・電磁気学，回路・デバイスなどと幅広い．通信は携帯電話や無線 LAN などの無線通信と光ファイバーなどの有線通信に分類され，その利用は生活に密着している．信号に情報を載せる変調は，用途により多くの方式が開発され，その技術はいまも発達し続けている．工学部電気電子情報系の学科におけるどの分野であっても，通信に関する基礎知識はなくてはならないものとなっている．そのような状況の中で，本書は，大学 2～3 年生向けの教科書を想定して，変調された信号と雑音のある通信路について中心に解説する．

具体的には，通信に関して，信号の周波数成分・スペクトルを扱うフーリエ解析（第 1 章），信号の歪みとその対策（第 2 章），情報を搬送波に載せて伝える変調（第 3～5 章），品質を評価するための信号対雑音電力比（第 7 章），誤り率（第 8 章）について定量的に扱う．また，共用のため通信路を周波数や時間などで分割し，複数の通信に割り当てる分割多重について紹介する（第 6 章）．周波数や電力を有効に使うさまざまな変調方式があり，通信の目的によって使い分けられる．最後に，携帯電話や無線 LAN など新しい通信において用いられている技術を紹介する（第 9 章）．各章についてのさらに詳しい説明は，序章の「本書で学ぶこと」を参照してほしい．

2021 年 12 月

著　者

目　次

序　章

情報とその伝達により，人はつながり，社会が構成される．情報伝達のために，人は数万年前に言葉を，数千年前に文字を発明した．1443 年に発明された活版印刷は郵便とともに情報を広げた．1794 年には，**腕木通信**[†1] により情報はリアルタイムに伝達されるようになった．1837 年には**電信**が発明され，その後海底ケーブルや無線により，情報は世界中に広められるようになった．そして 1876 年には，電話がネットワーク化され，その後移動通信も始まった．一方，コンピュータの登場とともに通信もデジタル化され，インターネットのルーツとなるものが 1969 年に始まった．その後，スマートフォン端末や 5G ネットワークへと通信の進化は続いている．以上の通信技術の発展の歴史を図 0.1 にまとめる．

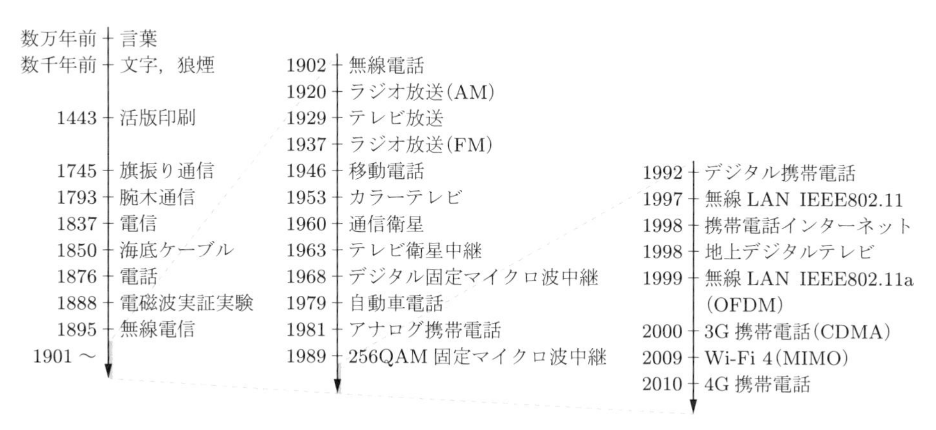

図 0.1　**通信の歴史**

● 良い通信とは

人は五感から得た情報を記憶し，思考する．この情報は，音や光など，連続的に変化する**アナログ信号**に載せられ，人の耳や目に伝わる．「情報を信号に載せる」とは，送受信間での約束に基づき，情報に対応して信号（物理量）を変化させることである．送受信の距離が離れている場合は，文字なら手紙，音声なら電話などの通信手段が必要となる．電話などの電気通信では，送受信者を結ぶ有線・無線の通信路上を伝搬す

[†1] 建物上の柱に長短 3 本の腕木の形状に意味をもたせた機械式視覚通信．①受け手は前局の腕木の形状が変化したことを望遠鏡で確認し，②送り手は自局の腕木を手元のレバーで操作し次局へ中継する．

る電気的信号に情報を載せて遠くに送る．情報を信号に載せる変調の技術は本書の重要なテーマである．また，アナログ信号は離散的な**デジタル信号**に変換することもできる．デジタルの二元符号（0または1）の1桁を**ビット**(bit)とよぶ．

より良い電気通信を実現するために，さまざまな工夫がされている．ここで，良い通信とは何かを考えると，つぎのようなものがある．

(1) 情報が，よりきれいに，正しく，多く，はやく，遠く，簡単に伝わること．

(2) 情報が，伝えたいときに伝えたい人に伝わること．

(1)は，1対1通信のために結ばれた**チャネル**において満たされるべき条件となる．「きれい」とは，音声や画像などを載せて送られた信号が受信者にそのまま伝わる状態である．逆に，そのままでない信号は「**歪**(ひず)**み**のある」状態とよばれる．また，**雑音**(noise)や**混信**が加わることによってもきれいな状態が失われる．歪み，雑音，混信は，受信者が気づかないほど小さい場合から，必要な情報がまったく得られなくなるほど大きい場合まである．そこで，電気通信では信号や雑音の量を電力で表し，その比である**信号対雑音電力比**（signal to noise ratio：SNR，SN比）がきれいさを表す指標に用いられる．

「正しい」情報の逆は「誤った」情報であり，その中間のない離散的なものである．デジタル信号の場合，受信側で識別される二元符号が送信符号に対して正誤のいずれかになる．誤りはさまざまな要因で起きる．デジタル信号に加わる歪み，雑音，混信は誤りの要因である．情報を構成する複数のビットのうちの誤ったビットの率を**ビット誤り率**(bit error rate)とよぶ．ビット誤り率が大きくなると，誤りを含んだデジタル信号から得られた情報はきれいな状態を失う．デジタル通信では受信信号対雑音電力比が下がる（劣化する）とビット誤り率は上がり（劣化し），通信の**品質**は劣化する．

情報量が「多い」情報として，アプリ，動画や大きな画像，クラウド上の大量のファイルなどが挙げられる．デジタル情報の量はビット数[bit]で表される．たとえば同じ大きさの画像でも，きれいな画像ほどきめ細かく高精細となり，情報量，すなわちビット数が多くなる．

情報量が多いと，その分伝えるのに時間がかかる．もちろん情報量が多くても時間をかければ伝えることができるが，時間がかからないほうが良いだろう．このため，時間あたりに伝えられる情報量である「速さ」も通信の良さを示す重要な指標となる．デジタルの通信速度はbit/sあるいはbps (bits per second)の単位で表される．情報を伝送するには情報量に応じた通信路が必要となる．通信路によって，通信可能な最大の通信速度である通信路容量が定まる．アナログ通信の通信路は，音声電話何本分かなどのチャネル数で時間あたりに送れる情報の多さを測ることができる．

信号を「遠く」まで届けるには，有線の場合はその間に長い線路が必要となる．有線でも無線でも，送受信間距離が長くなるに従って受信信号電力が減衰するので，信号対雑音電力比が低下し，品質が劣化する．このため，長距離通信を行うためには送信電力を大きくし，さらに送受信間で電力を増幅する中継が行われる．また，遠くなるほど「早さ」，すなわち信号が届くまでの遅延時間とそのゆらぎも問題となる．

これらの良い通信の条件を満足し，利用者が「簡単に」使えることが大切である．簡単さは利用者の主観的な手間の量であり，その一部は金銭的コストとして定量化される．これは，利用者が得られる通信の品質や量に見合うものである必要がある．

(2) のためには，必要なときに必要な人との間に通信路が用意されていること，すなわち**ネットワーク** (network) が重要となる．通信路はコストを抑えるために，図 0.2 のように大部分で共用される．各利用者は共用されるネットワークに接続され，必要なときに送受信間のチャネルをつなぐ．利用者はそれぞれ電話番号など固有の識別符号（ID：identifier）をもち，送信者は宛先 ID を指定して情報を送信する．有線・無線の通信路は共用されており，時間や周波数などで複数のチャネルに分割され，必要とする送受信者間に割り当てられる．分割された通信路を効率的に割り当てるために，通信路の共用技術がある．

また，送受信者がどこにいても通信できる移動通信システムがある．スマートフォン，携帯電話などの場合，利用者のネットワークへのアクセスは無線通信路となる．

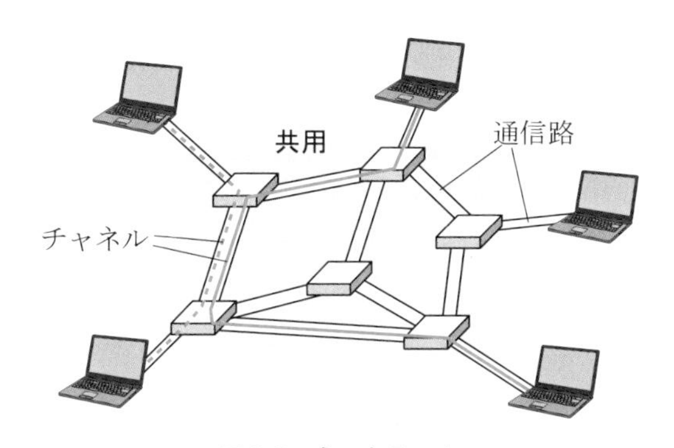

図 0.2　**ネットワーク**

● 情報を伝えるには

情報を遠くに届けるには，情報を書き込んだ記録媒体（手紙や USB メモリ，CD など）を運ぶ方法と，伝搬する波に情報を載せる方法がある．本書では後者について詳しく説明していくが，ここでは簡単な導入をしておく．

波・波動とは，何らかの物理量が伝搬する現象で，音波，電波，光波，電気信号などがある．電気信号であれば，物理量は電圧値などにより測られる．その物理量が時間的に周期性をもって変化する波もある．さまざまな波は，周期性をもつ正弦波の重ね合わせで表現でき，これは第 1 章で説明する**フーリエ解析**とよばれる手法による．フーリエ解析は通信工学において非常に有用で，本書の前半の重要なテーマである．

送信機と受信機の間を伝搬する波を信号として，その周波数，振幅，位相に情報を載せれば，情報を伝えることができる．この情報を載せる波を**搬送波** (carrier wave) とよぶ．図 0.3 に示すように，搬送波に情報を載せることを**変調** (modulation)，変調された波を**変調波**とよぶ．

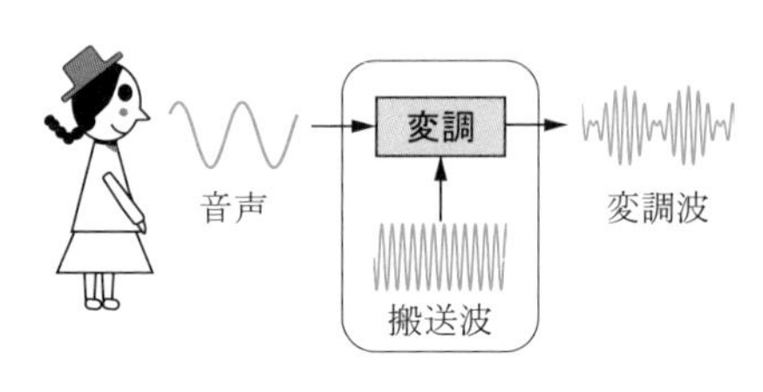

図 0.3　**変調**

信号は時間とともに変化することから，時間の関数として扱うことができる．一方，フーリエ解析によって，信号を周波数の分布である**スペクトル** (spectrum) として扱うこともできる．変調波のスペクトルは搬送波周波数を中心に，情報に応じて広がって分布する．ここで，周波数成分の分布する範囲を**帯域幅** (bandwidth) とよぶ．

きれいな情報，量の多い情報を載せた信号の帯域幅は広くなる．音声でいえば，周波数により低音から高音に分布することが知られる．そのままの音声を載せた信号に対して，高い周波数成分を失った信号では帯域幅は狭くなるが，音声としてのきれいさは失う．デジタル情報では，時間あたりの情報量を多くすると，短い時間で信号を変化させる必要があり，時間の逆数である周波数が高くなり，帯域幅が広がる．扱われる情報量が多いチャネルでは，広帯域・ブロードバンドな通信路が必要となる．

同時に複数の人がしゃべると，聞き手はどちらの情報も得られない．有線・無線通信でも同様で，通信路から複数の信号を同じ「時間」に受信すると混信となり，きれいに／正しく受信できない．そこで，送信タイミングを制御して，混信しないで通信路を共用する技術がある．また，ラジオ局に個別の「周波数」が割り当てられているように，同時に受信された信号でも，搬送波周波数とその帯域幅が重ならなければ，受信側で必要な周波数成分だけを抽出して混信を避けることができる．

無線通信では，情報を載せた電波が開かれた空間を通信路として伝搬するため，他のチャネルの混信となりやすいので通信路共用技術が重要となる．また，空間的に離れていて信号が届かなければ混信にならないため，共用する「空間」も考える必要がある．空間，時間，周波数はリソース・資源にたとえられ，複数のチャネルで効率的に共用する必要がある．

共通に管理されている同一システムでは通信路を時間で分割できる．とくにデジタル通信では，各チャネルの時間を同期させた時間分割が多く用いられる．一方，時間同期ができないため，あらかじめ各システムが利用する周波数を割り当てておく周波数分割を用いるシステムもある．

● 本書で学ぶこと

第 1，2 章では，情報が載った信号とその通信路を時間と周波数の両面から扱うための数学的基礎を示す．第 1 章では，時間とともに変化する信号をフーリエ級数展開やフーリエ変換することによって，周波数領域でのスペクトルにして扱い，信号とその電力やエネルギーを解析する．第 2 章では，通信路を入出力のあるシステムとして，そのインパルス応答を用いて，入出力関係を示す伝達関数，畳み込みについて説明する．また，通信路の歪みとこれを補償する手段を紹介する．

第 3，4，5 章では，通信路における信号に情報を載せるための変調について説明する．第 3 章では，変調の目的，種類と情報を載せることによりスペクトルが広がることについて説明する．第 4 章では，アナログ信号のデジタル化のための標本化，量子化を示す．第 5 章では，パルス信号に情報を載せるデジタル変調について，パルスの条件を示した後，1 パルスに載せられる情報量を増やす多値変調方式を説明する．

第 6 章では，周波数や時間で分割した通信路を複数のチャネルで共有する多重，複信，多元接続について説明する．また，携帯電話や無線 LAN で使われる手法について，集中制御と自律分散制御に分けて説明している．ここまでで，情報伝送のための最も基本的な内容を示している．

第 7，8 章では，ランダムな雑音が付加された通信路における信号対雑音電力比から求められる符号誤り率を，受信フィルタ，復調器とともに解析している．第 7 章では，情報が載せられた確率的信号に雑音が付加される AWGN モデルにおいて，信号対雑音電力比を変調方式ごとに解析する．第 8 章では，信号対雑音電力比によって決まる誤り率を示す．また，復調器におけるフィルタ，同期についても紹介する．この章までで，信号伝送についての学部レベルでの入門内容となる．

最後の第 9 章では，最近のデジタル放送，携帯電話，無線 LAN などのシステムの基本となる技術として，誤り訂正と変復調の融合，スペクトル拡散，OFDM，MIMO を挙げている．これらの技術については，基本原理を示すに留めている．新たな世代の実用システムにおいて，各技術は進展途上であり，専門書も新しいものが出版されているので，興味がある方はそれらを読んでほしい．

第1章 通信工学のためのフーリエ解析

通信工学を理解するうえで，信号を時間領域と周波数領域の双方で扱うことが重要となる．本章では，周期関数のフーリエ級数展開と，時間関数を周波数関数に変換するフーリエ変換について説明する．これにより，時間関数で示される信号が与えられたとき，その周波数成分を知ることができる．また，次章以降で重要となる sinc 関数，rect 関数，δ 関数などとそれらのフーリエ変換を紹介する．

さらに，パーセバルの定理により，信号の電圧，電力，エネルギーを周波数領域で解析する．信号の電圧 $v(t)$ のフーリエ級数におけるフーリエ係数 c_n から時間平均，電力が得られ，フーリエ変換 $V(f)$ から時間積分，エネルギーが得られることを示す．

1.1 周期関数の基本と直交性

本節では，信号を周波数領域で扱うための準備として，複素正弦波などの基本的な周期関数の特徴を示す．その際，オイラーの公式が重要な役割を果たす．また，直交性の考え方を示したのち，周期関数をフーリエ級数展開できることを示す．

1.1.1 周期関数

通信では情報を遠くの人に伝達するために，空間を伝わる電波や音波などの波に情報を載せる．海の波の1点を見つめると，時間とともに上下の動きが繰り返される．このように周期 T_0 [s] で同じ変化を繰り返す時刻 t の関数を**周期関数**という．

周期関数 $f_{\mathrm{p}}(t)$ とは，周期 T_0 に対して $f_{\mathrm{p}}(t) = f_{\mathrm{p}}(t + T_0)$ となる関数である．さらに周期関数では

$$f_{\mathrm{p}}(t) = f_{\mathrm{p}}(t + nT_0) \quad (n\text{ は整数}) \tag{1.1}$$

が成り立ち，周期の整数倍も周期になる．周期のうちで最小の正数を**基本周期** T_0 とよぶ．周期関数として三角関数 $\sin\omega_0 t$ や $\cos\omega_0 t$（ω_0 は角周波数）を考えた場合，位相 $\varphi = \omega_0 t$ が 2π [rad] 変化して元に戻るまでが1サイクルであり，1サイクルにかかる時間

$$T_0 = \frac{2\pi}{\omega_0} \tag{1.2}$$

が基本周期となる．角周波数 ω_0 が 1 s に進む偏角であるのに対して，1 s 間におけるサイクルの数を**基本周波数** f_0 とよび，単位には Hz が使われ，ω_0 や T_0 とは

$$\omega_0 = 2\pi f_0 \tag{1.3}$$

$$f_0 = \frac{1}{T_0} \tag{1.4}$$

という関係がある．なお，基本周期，基本周波数は単に周期，周波数ということも多く，本書でも以降そのようにする．

ここで，基本的な周期関数である複素正弦波を紹介するため，まず複素数の表示を確認する．複素数 c は極座標表示では，原点からの距離を r，実軸の正の向きからの偏角を φ として $c = re^{j\varphi}$ と表される．これを直交座標表示 $c = a + jb$ の形で実部と虚部に分けると，図 1.1 に示す複素平面のように

$$re^{j\varphi} = r\cos\varphi + jr\sin\varphi \tag{1.5}$$

となることが**オイラーの公式**として知られている．また，この式から

$$r\cos\varphi = \frac{r}{2}(e^{j\varphi} + e^{-j\varphi}) \tag{1.6}$$

$$r\sin\varphi = -j\frac{r}{2}(e^{j\varphi} - e^{-j\varphi}) \tag{1.7}$$

と表すことができる．余弦 $r\cos\varphi$，正弦 $r\sin\varphi$ は $re^{j\varphi}$ の実部，虚部であり，

$$\mathcal{R}e[re^{j\varphi}] = r\cos\varphi \tag{1.8}$$

$$\mathcal{I}m[re^{j\varphi}] = r\sin\varphi \tag{1.9}$$

となる．$c = a + jb = re^{j\varphi}$ の**共役複素数**は

$$c^* = a - jb = re^{-j\varphi} \tag{1.10}$$

であるので，

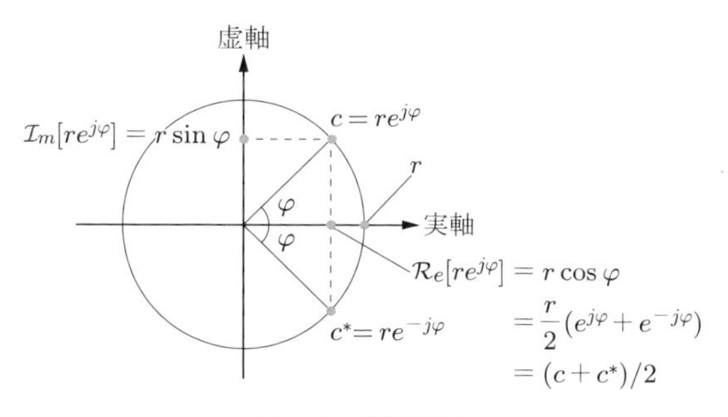

図 1.1　**複素平面**

$$\mathcal{R}e[re^{j\varphi}] = r\cos\varphi = \frac{c + c^*}{2} \tag{1.11}$$

となる．

つぎに，$c = re^{j\varphi}$ における偏角 φ [rad] を時刻 t [s] の関数 $\varphi(t) = \omega_0 t$ とする．ここで，ω_0 [rad/s] を**角周波数**とよぶ．このとき，

$$c = re^{j\varphi} = re^{j\omega_0 t} \tag{1.12}$$

であり，これは図 1.2 のように複素平面上で原点を中心に半径 r の円周を角周波数 ω_0 で回る点を表す．つまり，角周波数 ω_0 は偏角が 1 s あたりに回転する角度を表す．このように変化する関数を**複素正弦波**とよぶ．$re^{j\omega_0 t} = re^{j\omega_0(t+2\pi/\omega_0)}$ より，複素正弦波 $re^{j\omega_0 t}$ は周期 $T_0 = 2\pi/\omega_0$ の周期関数となる．また，式 (1.12) で角周波数を負の値 $-\omega_0$ にすると，回る向きが逆の共役複素数 c^* となり，これも周期 T_0 の周期関数である．

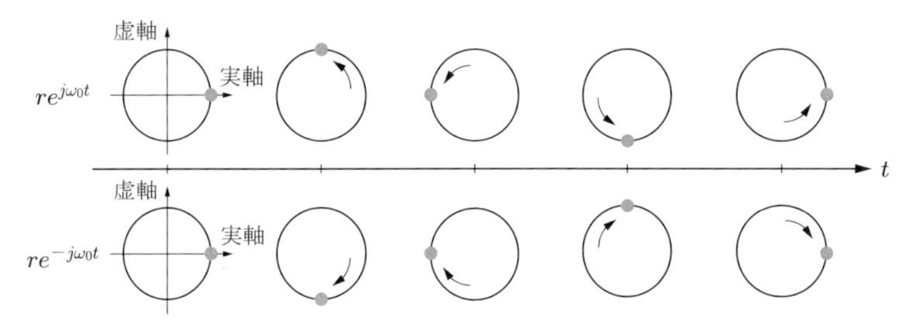

図 1.2　**複素正弦波**

さて，周波数 f_0 の余弦波

$$A\cos 2\pi f_0 t = \frac{A}{2}(e^{j2\pi f_0 t} + e^{-j2\pi f_0 t}) \tag{1.13}$$

を考える．この左辺で余弦波の振動の大きさ A を**振幅**とよぶ．時間領域で図示すると，図 1.3 ①のようになる．これに対して，横軸を周波数にして，左辺 $A\cos 2\pi f_0 t$ においては周波数 f_0 の余弦波が振幅 A であることを図示すると，図 1.3 ②となる．正の値をもつ周波数で示されるこの図を**片側スペクトル表現**とよぶ．これに対して，右辺 $\frac{A}{2}(e^{j2\pi f_0 t} + e^{-j2\pi f_0 t})$ は振幅 $A/2$ で周波数 f_0 と周波数 $-f_0$ の複素正弦波の和であることから，それぞれの複素正弦波を図示すると，図 1.3 ③になる．正負の値をもつ周波数で表しており，この図を**両側スペクトル表現**とよぶ．

ここでもう一度，図 1.2 を見てみよう．振幅が同じ二つの複素正弦波が角周波数 ω_0 と $-\omega_0$ で互いに逆向きに回転している．横軸で表される両者の実部は常に同じ値で，加算すると 2 倍の値になる．これに対して，縦軸で表される虚部は常に互いに -1 倍

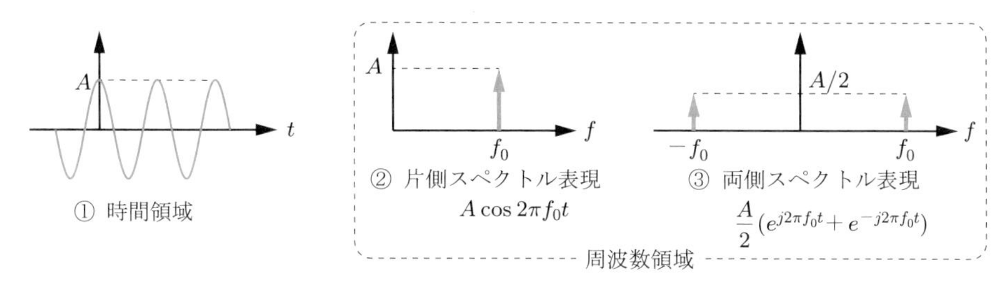

図 1.3　時間領域，周波数領域での信号の表現

の関係であり，加算すると打ち消される．このように，同振幅で周波数の絶対値が同じで逆向きに回る二つの複素正弦波は互いに共役複素数になっている．この二つの複素正弦波の和は実数となる．

情報通信工学では，情報を電圧などに変換した実信号を扱い，その値は実数である．これを周波数領域での複素正弦波で表すと，常に虚部を打ち消す逆回転の複素正弦波が現れ，互いに共役複素数となる．したがって，図 1.3 ③のように実信号の振幅を両側スペクトル表現で示す場合には，必ず左右対称となる．

1.1.2　直交性

本節では，周期関数が式 (1.24) のように直交系で展開した級数となることと，その直交系に余弦波，正弦波が用いられることを示す．数学的な詳細が必要ない読者は，本節を飛ばして，1.2 節「フーリエ級数」に進んでもよい．

● 2 次元の場合

2 次元平面にある任意のベクトル $\boldsymbol{v} = (v_x, v_y)$ は，単位ベクトル $\hat{\boldsymbol{e}}_x = (1, 0)$ と $\hat{\boldsymbol{e}}_y = (0, 1)$ を用いて

$$\boldsymbol{v} = x\hat{\boldsymbol{e}}_x + y\hat{\boldsymbol{e}}_y \tag{1.14}$$

$$x = v_x = \boldsymbol{v} \cdot \hat{\boldsymbol{e}}_x, \qquad y = v_y = \boldsymbol{v} \cdot \hat{\boldsymbol{e}}_y \tag{1.15}$$

と表すことができる．ここで，· は内積の演算子である．

また，$\hat{\boldsymbol{e}}_x$ と $\hat{\boldsymbol{e}}_y$ は直交し，

$$\hat{\boldsymbol{e}}_x \cdot \hat{\boldsymbol{e}}_y = 0 \tag{1.16}$$

を満たす．

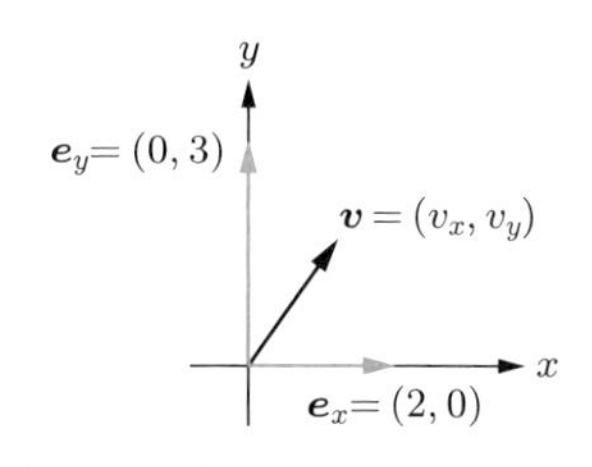

図 1.4　直交座標上のベクトル

図 1.4 のような，単位ベクトルではないが直交するベクトル $\boldsymbol{e}_x = (2, 0)$，$\boldsymbol{e}_y = (0, 3)$ に対しては，それぞれのベクトルの大きさは $|\boldsymbol{e}_x| = 2$，$|\boldsymbol{e}_y| = 3$ であり，

$$x = \frac{v_x}{|\boldsymbol{e}_x|} = \frac{\boldsymbol{v} \cdot \boldsymbol{e}_x}{|\boldsymbol{e}_x|^2}, \qquad y = \frac{v_y}{|\boldsymbol{e}_y|} = \frac{\boldsymbol{v} \cdot \boldsymbol{e}_y}{|\boldsymbol{e}_y|^2} \tag{1.17}$$

となる．v_x は $\boldsymbol{v}$ の x 成分であり，内積は成分を求める演算となる．また，二つのベクトル $\boldsymbol{v}$，$\boldsymbol{u}$ に対して，それらの内積が $\boldsymbol{v} \cdot \boldsymbol{u} = 0$ となるとき，$\boldsymbol{v}$ に $\boldsymbol{u}$ 成分はなく，互いに直交している．

● 4 次元および一般次元の場合

以上の考え方を 4 次元に拡張する．まず，$i, j = 0, 1, 2, 3$ に対して，直交の条件

$$\boldsymbol{e}_i \cdot \boldsymbol{e}_j = 0 \quad (i \neq j) \tag{1.18}$$

を満たす四つの 4 次元ベクトルを用意する．たとえば

$$\boldsymbol{e}_0 = (1, 1, 1, 1)^{\mathrm{T}}, \qquad \boldsymbol{e}_1 = (1, 1, -1, -1)^{\mathrm{T}},$$
$$\boldsymbol{e}_2 = (1, -1, -1, 1)^{\mathrm{T}}, \qquad \boldsymbol{e}_3 = (1, -1, 1, -1)^{\mathrm{T}}$$

である．ここで，上付き記号 ^{T} はベクトルの転置を表す．これらを用いると，$\boldsymbol{v} = (v_0, v_1, v_2, v_3)^{\mathrm{T}}$ は

$$\boldsymbol{v} = c_0\boldsymbol{e}_0 + c_1\boldsymbol{e}_1 + c_2\boldsymbol{e}_2 + c_3\boldsymbol{e}_3 \tag{1.19a}$$

と表すことができる．上の具体例の場合，

$$\begin{pmatrix} v_0 \\ v_1 \\ v_2 \\ v_3 \end{pmatrix} = c_0 \begin{pmatrix} 1 \\ 1 \\ 1 \\ 1 \end{pmatrix} + c_1 \begin{pmatrix} 1 \\ 1 \\ -1 \\ -1 \end{pmatrix} + c_2 \begin{pmatrix} 1 \\ -1 \\ -1 \\ 1 \end{pmatrix} + c_3 \begin{pmatrix} 1 \\ -1 \\ 1 \\ -1 \end{pmatrix} \tag{1.19b}$$

となる．式 (1.19a) の両辺で $\boldsymbol{e}_1$ と内積をとれば，

$$\boldsymbol{v} \cdot \boldsymbol{e}_1 = c_0\boldsymbol{e}_0 \cdot \boldsymbol{e}_1 + c_1\boldsymbol{e}_1 \cdot \boldsymbol{e}_1 + c_2\boldsymbol{e}_2 \cdot \boldsymbol{e}_1 + c_3\boldsymbol{e}_3 \cdot \boldsymbol{e}_1$$

であり，直交性から $\boldsymbol{e}_0 \cdot \boldsymbol{e}_1 = \boldsymbol{e}_2 \cdot \boldsymbol{e}_1 = \boldsymbol{e}_3 \cdot \boldsymbol{e}_1 = 0$ となるので，$\boldsymbol{v} \cdot \boldsymbol{e}_1 = c_1\boldsymbol{e}_1 \cdot \boldsymbol{e}_1$ となって，

$$c_1 = \frac{\boldsymbol{v} \cdot \boldsymbol{e}_1}{|\boldsymbol{e}_1|^2}$$

が得られる．他の c_i も同様にして求められ，まとめるとつぎのようになる．

$$c_i = \frac{\boldsymbol{v} \cdot \boldsymbol{e}_i}{|\boldsymbol{e}_i|^2} \quad (i = 0, 1, 2, 3) \tag{1.20}$$

上述の直交性は，一般の k 次元の場合（ベクトル $\boldsymbol{v} = (v_0, \dots, v_{k-1})^{\mathrm{T}}$）に拡張できる．

● 関数空間への拡張［発展］

さらにこの考え方は，離散的な次元のベクトル $\boldsymbol{v}$ を扱うベクトル空間から，連続的な関数 $v(t)$（$0 \leq t \leq T_0$，$v(0) = v(T_0)$）を扱う関数空間に拡張できる．式 (1.19a) を拡張して，

$$v(t) = \sum_{n=0}^{\infty} c_n e_n(t) \tag{1.21}$$

と書いたとき，直交の条件 (1.18) は

$$\frac{1}{T_0}\int_0^{T_0} e_n(t) \cdot e_m(t)\,\mathrm{d}t = 0 \quad (n \neq m) \tag{1.22}$$

となり，係数は式 (1.20) から

$$c_n = \frac{\int_0^{T_0} v(t) \cdot e_n(t)\,\mathrm{d}t}{\int_0^{T_0} |e_n(t)|^2\,\mathrm{d}t} \quad (n = 0, 1, 2, \dots) \tag{1.23}$$

と拡張される．

つぎに図 1.5 のように，定義域が $0 \leq t \leq T_0$ であった $v(t)$ を，$-\infty < t < \infty$ の範囲で繰り返す周期関数に拡張した $v_{\mathrm{p}}(t)$（$v_{\mathrm{p}}(t + kT_0) = v_{\mathrm{p}}(t)$ を満たす）を考えると，

$$v_{\mathrm{p}}(t) = \sum_{n=0}^{\infty} c_n e_{\mathrm{p}n}(t) \tag{1.24}$$

と表すことができる．ここで，$e_n(t)$ $(0 \leq t \leq T_0)$ を繰り返した $e_{\mathrm{p}n}(t)$ は $v_{\mathrm{p}}(t)$ と同じ基本周期の周期関数となり，

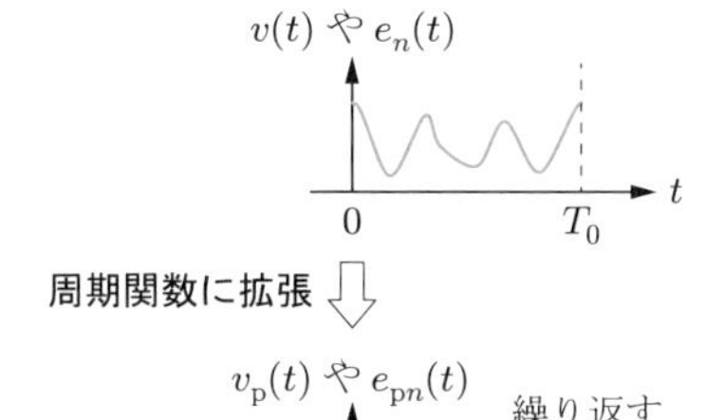

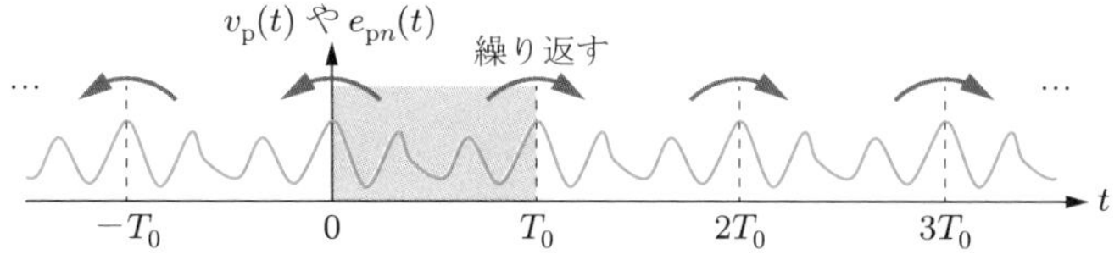

図 1.5　周期関数への拡張

$$c_n = \frac{\int_0^{T_0} v_{\mathrm{p}}(t) \cdot e_{\mathrm{p}n}(t)\,\mathrm{d}t}{\int_0^{T_0} |e_{\mathrm{p}n}(t)|^2\,\mathrm{d}t} \quad (n = 0, 1, 2, \ldots) \tag{1.25}$$

となる．

ただし，ここで

$$\frac{1}{T_0}\int_0^{T_0} e_{\mathrm{p}i}(t) \cdot e_{\mathrm{p}j}(t)\,\mathrm{d}t = 0 \quad (i \neq j) \tag{1.26}$$

を満たす無限個の周期関数 $e_{\mathrm{p}n}(t)$ $(n = 0, 1, 2, \ldots)$ からなる**直交系**が必要である．この条件を満たすものとして，$\cos 2\pi n f_0 t$，$\sin 2\pi m f_0 t$（n，m は自然数，$f_0 = 1/T_0$）の形の直交系がある．これらは以下のように直交条件を満たす．

$$\int_{-T_0/2}^{T_0/2} \cos 2\pi n f_0 t \cdot \cos 2\pi m f_0 t\,\mathrm{d}t = \begin{cases} \dfrac{T_0}{2} & (n = m) \\ 0 & (n \neq m) \end{cases} \tag{1.27a}$$

$$\int_{-T_0/2}^{T_0/2} \sin 2\pi n f_0 t \cdot \sin 2\pi m f_0 t\,\mathrm{d}t = \begin{cases} \dfrac{T_0}{2} & (n = m) \\ 0 & (n \neq m) \end{cases} \tag{1.27b}$$

$$\int_{-T_0/2}^{T_0/2} \sin 2\pi n f_0 t \cdot \cos 2\pi m f_0 t\,\mathrm{d}t = 0 \tag{1.27c}$$

これらのうち，たとえば式 (1.27a) はつぎのように証明される．

$$\begin{aligned}
&\int_{-T_0/2}^{T_0/2} \cos 2\pi n f_0 t \cdot \cos 2\pi m f_0 t\,\mathrm{d}t \\
&\quad = \frac{1}{2}\int_{-T_0/2}^{T_0/2} \cos 2\pi(n+m) f_0 t\,\mathrm{d}t + \frac{1}{2}\int_{-T_0/2}^{T_0/2} \cos 2\pi(n-m) f_0 t\,\mathrm{d}t \\
&\quad = \begin{cases} \dfrac{T_0}{2} & (n = m) \\ 0 & (n \neq m) \end{cases}
\end{aligned} \tag{1.28}$$

ここで，f_0 の整数倍の周波数の正弦波や余弦波は積分区間で整数倍の周期をもつことから，積分値は 0 となる．そのため，式 (1.28) の 2 行目の第 1 項は 0 となり，$n \neq m$ のときは第 2 項も 0 となる．

また，$\cos 2\pi n f_0 t$ については，$n = 0$ を代入した定数 1 も直交系に加えられる．実際，図 1.6 に示すような，余弦波 $\cos 2\pi n f_0 t$ や正弦波 $\sin 2\pi n f_0 t$ を 1 周期積分すると 0 となる（図は $n = 1$ の場合）．他に，$\sin 4\pi n f_0 t$ など周波数が整数倍の場合でも 1 周期積分すると 0 となる．さらに，これらの積 $\sin 2\pi n f_0 t \cos 2\pi n f_0 t$,

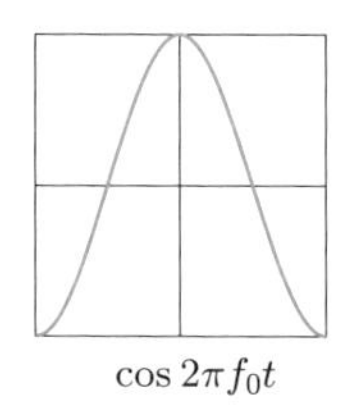

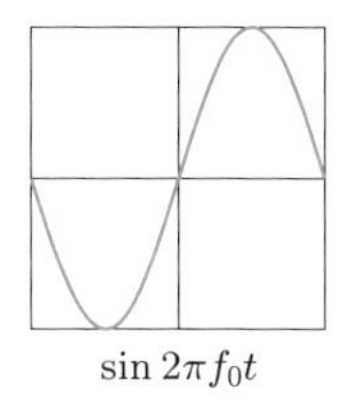

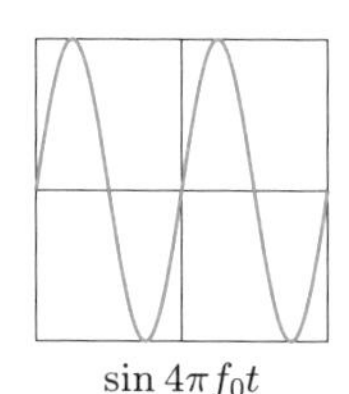

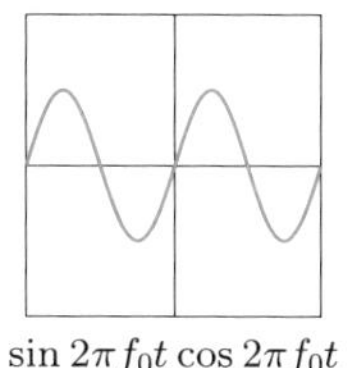

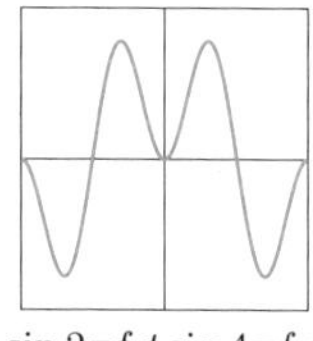

図 1.6　1 周期積分すると 0 になる三角関数の例

$\sin 2\pi n f_0 t \sin 4\pi n f_0 t$ なども 1 周期積分すると 0 となる．

任意の周期関数 $v(t)$ は，この三角関数で示される直交系により，フーリエ級数展開できることを次節で述べる．

1.2　フーリエ級数

本節では，三角関数による直交系を用いたフーリエ級数展開と，複素正弦波による直交系を用いた複素フーリエ級数展開について述べる．また，この級数の各項のフーリエ係数がその周波数の成分であり，スペクトルとよばれることを説明する．さらに，通信工学で用いる重要な関数として，sinc 関数，rect 関数，δ 関数を紹介する．

1.2.1　フーリエ級数の原理

ここでは，虚部をもたない時間関数の周期関数を扱う．前節で述べた三角関数による直交系を用いて，周期関数 $v(t)$ はつぎのように**フーリエ級数**展開 (Fourier series expansion) できる．

$$v(t) = a_0 + \sum_{n=1}^{\infty} (a_n \cos 2\pi n f_0 t + b_n \sin 2\pi n f_0 t) \tag{1.29}$$

ここで，周期関数 $v(t)$ の $\cos 2\pi n f_0 t$，$\sin 2\pi n f_0 t$ 成分を意味する a_0 や a_n，b_n（n は自然数）は**フーリエ係数**とよばれる．$v(t)$ が実関数の場合，フーリエ係数 a_0，a_n，b_n は実数である．

たとえばフーリエ係数 a_1 を求めるためには，以下のように式 (1.29) の両辺に $\cos 2\pi f_0 t$ を掛けて 1 周期積分する．

$$\begin{aligned}
&\int_{-T_0/2}^{T_0/2} v(t) \cos 2\pi f_0 t \, \mathrm{d}t \\
&\quad = a_0 \int_{-T_0/2}^{T_0/2} \cos 2\pi f_0 t \, \mathrm{d}t + a_1 \int_{-T_0/2}^{T_0/2} \cos^2 2\pi f_0 t \, \mathrm{d}t + b_1 \int_{-T_0/2}^{T_0/2} \sin 2\pi f_0 t \cos 2\pi f_0 t \, \mathrm{d}t
\end{aligned}$$

$$+\sum_{n=2}^{\infty}\left(a_n\int_{-T_0/2}^{T_0/2}\cos 2\pi n f_0 t\cos 2\pi f_0 t\,\mathrm{d}t + b_n\int_{-T_0/2}^{T_0/2}\sin 2\pi n f_0 t\cos 2\pi f_0 t\,\mathrm{d}t\right)$$

右辺第 1 項である cos の 1 周期積分は 0 となる．第 3 項以降は直交性 (1.27) から 0 となる．また，右辺第 2 項において $\int_{-T_0/2}^{T_0/2}\cos^2 2\pi f_0 t\,\mathrm{d}t = T_0/2$ であることから

$$a_1 = \frac{2}{T_0}\int_{-T_0/2}^{T_0/2} v(t)\cos 2\pi f_0 t\,\mathrm{d}t$$

が得られる．これは式 (1.20) と類似の形式といえる．他の係数についても同様にして，

$$a_0 = \frac{1}{T_0}\int_{-T_0/2}^{T_0/2} v(t)\,\mathrm{d}t \tag{1.30a}$$

$$a_n = \frac{2}{T_0}\int_{-T_0/2}^{T_0/2} v(t)\cos 2\pi n f_0 t\,\mathrm{d}t \quad (n = 1, 2, \ldots) \tag{1.30b}$$

$$b_n = \frac{2}{T_0}\int_{-T_0/2}^{T_0/2} v(t)\sin 2\pi n f_0 t\,\mathrm{d}t \quad (n = 1, 2, \ldots) \tag{1.30c}$$

と得られ，$v(t)$ のフーリエ係数が求められる．

例題 1.1　図 1.7 の形をした，以下の式で表される周期関数をフーリエ級数展開せよ．

$$v(t) = \begin{cases} -1 & (-\pi \le t < 0) \\ 1 & (0 \le t < \pi) \end{cases},$$

$$v(t + 2\pi) = v(t)$$

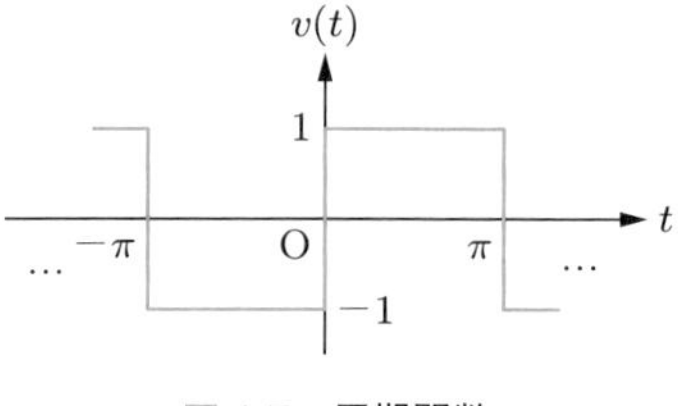

図 1.7　**周期関数**

［解答］

式 (1.30) よりフーリエ係数は以下のようになる．

$$a_0 = \frac{1}{2\pi}\int_{-\pi}^{\pi} v(t)\,\mathrm{d}t = 0,\quad a_n = \frac{1}{\pi}\int_{-\pi}^{\pi} v(t)\cos nt\,\mathrm{d}t = 0 \quad (n = 1, 2, \ldots)$$

$$b_n = \frac{1}{\pi}\int_{-\pi}^{\pi} v(t)\sin nt\,\mathrm{d}t = \frac{2}{\pi}\int_{0}^{\pi}\sin nt\,\mathrm{d}t = \begin{cases} \dfrac{4}{\pi n} & (n：奇数) \\ 0 & (n：偶数) \end{cases}$$

したがって，つぎのようにフーリエ級数展開できる．

$$v(t) = \frac{4}{\pi}\sum_{k=0}^{\infty}\frac{1}{2k+1}\sin(2k+1)t$$

例題 1.1 のように，$v(t)$ が奇関数の場合，a_0，a_n は 0 となり，sin のみによる級数になる．対して，$v(t)$ が偶関数の場合，a_0 および cos のみによる級数になる．

また，フーリエ級数展開すると（通常は）無限級数に展開されるが，これを有限の範囲で打ち切って近似することができる．例題 1.1 の関数についてこの近似の様子を図 1.8 に示す．打ち切る k を大きくするに従って，矩形に近い形となっていき，近似の精度が上がっていくことがわかる．

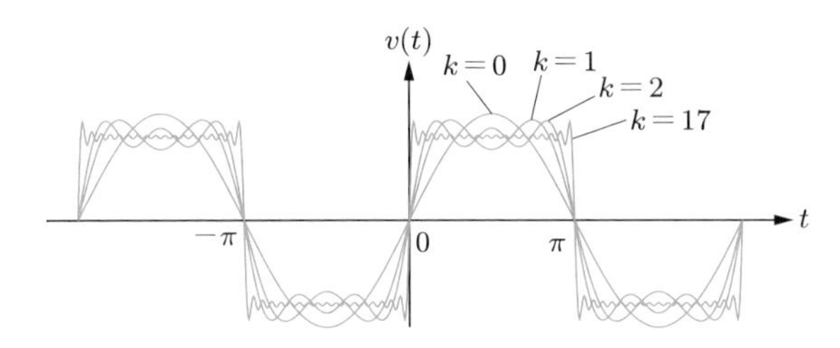

図 1.8　フーリエ級数で近似された周期関数

複素フーリエ級数展開

フーリエ級数 (1.29) に公式 (1.6)，(1.7) を適用すると，

$$
\begin{aligned}
v(t) &= a_0 + \sum_{n=1}^{\infty}\left(a_n \frac{e^{j2\pi n f_0 t} + e^{-j2\pi n f_0 t}}{2} - jb_n \frac{e^{j2\pi n f_0 t} - e^{-j2\pi n f_0 t}}{2}\right) \\
&= c_0 + \sum_{n=1}^{\infty}(c_n e^{j2\pi n f_0 t} + c_{-n} e^{-j2\pi n f_0 t})
\end{aligned}
$$

と書ける．ここで，

$$
c_0 = a_0, \quad c_n = \frac{a_n - jb_n}{2}, \quad c_{-n} = \frac{a_n + jb_n}{2} \quad (n\text{：自然数}) \tag{1.31}
$$

である．これらのフーリエ係数をまとめて，周期関数 $v(t)$ はつぎのように**複素フーリエ級数**展開できる．

$$
v(t) = \sum_{n=-\infty}^{\infty} c_n e^{j2\pi n f_0 t} \tag{1.32}
$$

$$
c_n = \frac{1}{T_0}\int_{-T_0/2}^{T_0/2} v(t) e^{-j2\pi n f_0 t}\,\mathrm{d}t \tag{1.33}
$$

c_n は $v(t)$ の周波数 nf_0 成分を表し，**スペクトル**（spectrum，複数形は spectra あるいは spectrums，仏語の spectre がよび方の由来）とよばれる．

$v(t)$ が実関数のとき，a_0，a_n，b_n は実数であり，式 (1.31) より c_{-n} は c_n の共役複素数になっている．そのため，実関数 $v(t)$ の級数展開の係数 c_n，c_{-n} に虚部があっても，足し合わされる際に相殺される．

c_n は複素平面上では図 1.9 のように示され，

$$|c_n| = |c_{-n}| = \frac{\sqrt{a_n^2 + b_n^2}}{2} \tag{1.34}$$

を**振幅スペクトル**とよび，

$$\begin{aligned}\arg[c_n] &= \angle c_n = -\angle c_{-n} \\ &= -\tan^{-1}\left(\frac{b_n}{a_n}\right)\end{aligned} \tag{1.35}$$

を**位相スペクトル**とよぶ．

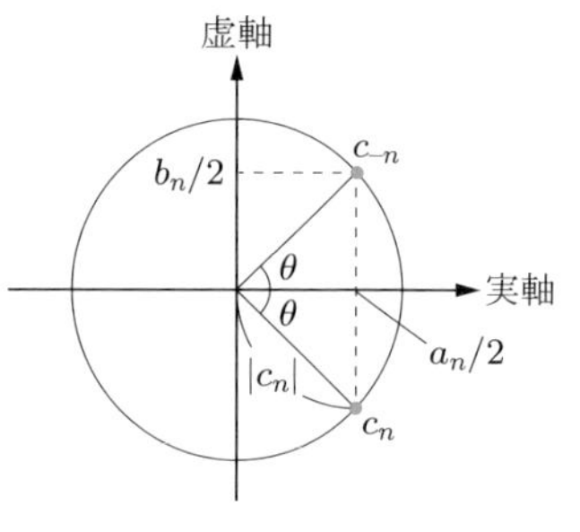

図 1.9　複素平面上のスペクトル

振幅スペクトルは偶関数であり，実周期関数を図 1.3 の両側スペクトル表現で表す場合，必ず左右対称となる．また，式 (1.35) より，位相スペクトルは奇関数となる．

また，周波数 nf_0 は負の値もとる．そのような場合は，角周波数 $\omega_0 = 2\pi f_0$ とした図 1.2 で，正の周波数と逆回りの複素正弦波で考えればわかりやすい．

● ベクトルとフーリエ級数の比較

ベクトルとフーリエ級数を直交性の考え方から比較すると，表 1.1 のようになる．ここでは，フーリエ級数のほうの演算を

$$\langle v(t), w(t)\rangle = \frac{1}{T_0}\int_{-T_0/2}^{T_0/2} v(t)w^*(t)\,\mathrm{d}t$$

表 1.1　直交性

	ベクトル	フーリエ級数
直交系	$\boldsymbol{e}_k = (0, \ldots, 0, 1, 0, \ldots)$ k 番目のみ 1	$e^{j2\pi nf_0t}$
演算	$\boldsymbol{a}\cdot\boldsymbol{b} = \sum_i a_ib_i$	$\langle v(t), w(t)\rangle = \frac{1}{T_0}\int_{-T_0/2}^{T_0/2} v(t)w^*(t)\,\mathrm{d}t$
直交性	$\boldsymbol{e}_i\cdot\boldsymbol{e}_j = \begin{cases}1 & (i=j)\\ 0 & (i\neq j)\end{cases}$	$\langle e^{j2\pi nf_0t}, e^{j2\pi mf_0t}\rangle = \begin{cases}1 & (n=m)\\ 0 & (n\neq m)\end{cases}$
係数	$v_k = \boldsymbol{v}\cdot\boldsymbol{e}_k$	$c_n = \langle v(t), e^{j2\pi nf_0t}\rangle$
級数展開	$\boldsymbol{v} = \sum_k v_k\boldsymbol{e}_k$	$v(t) = \sum_{n=-\infty}^{\infty} c_ne^{j2\pi nf_0t}$

と定義している．$w^*(t)$ は $w(t)$ の共役複素関数を示し，$w(t)$ が実関数の場合は $w^*(t) = w(t)$ である．

例題 1.2　図 1.10 に示す矩形パルス列を複素フーリエ級数展開せよ．

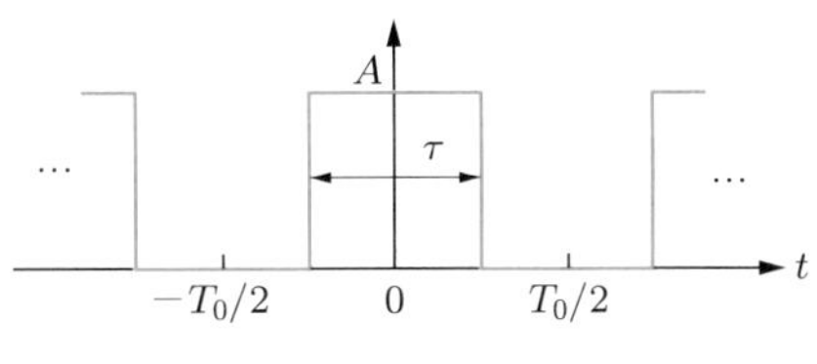

図 1.10　**矩形パルス列**

［解答］

図 1.10 の矩形パルス列を表す式は

$$v(t) = \begin{cases} A & (|t| \le \tau/2) \\ 0 & (\tau/2 < |t| < T_0/2) \end{cases}, \qquad v(t + T_0) = v(t)$$

である．式 (1.33) よりフーリエ係数は

$$\begin{aligned} c_n &= \frac{1}{T_0}\int_{-T_0/2}^{T_0/2} v(t) e^{-j2\pi n f_0 t}\,\mathrm{d}t = \frac{A}{T_0}\int_{-\tau/2}^{\tau/2} e^{-j2\pi n f_0 t}\,\mathrm{d}t \\ &= \frac{A}{T_0}\left[\frac{1}{-j2\pi n f_0} e^{-j2\pi n f_0 t}\right]_{-\tau/2}^{\tau/2} = \frac{A}{-j2\pi n f_0 T_0}(e^{-j2\pi n f_0 \tau/2} - e^{j2\pi n f_0 \tau/2}) \\ &= \frac{A \sin \pi n f_0 \tau}{\pi n f_0 T_0} \quad (n \ne 0) \\ c_0 &= \frac{A\tau}{T_0} \end{aligned}$$

となる．ここで，最後の式変形でオイラーの公式 (1.7) を用いた．あとは式 (1.32) に代入するだけで複素フーリエ級数展開が得られる．

$$v(t) = \sum_{n=-\infty}^{\infty} c_n e^{j2\pi n f_0 t} = \frac{A\tau}{T_0} + \sum_{n=-\infty,\, n\ne 0}^{\infty} \frac{A \sin \pi n f_0 \tau}{\pi n f_0 T_0} e^{j2\pi n f_0 t}$$

1.2.2　特殊関数

ここで，この後の議論に必要となるいくつかの関数を紹介する．

● 標本化関数（sinc 関数）

sinc 関数 (cardinal sine) はつぎのように定義される．

$$\mathrm{sinc}(t) = \frac{\sin \pi t}{\pi t} \tag{1.36}$$

この関数は，$\lim_{x\to 0} \frac{\sin x}{x} = 1$ であることに注意して，図 1.11 のように

$$\mathrm{sinc}(t) = \begin{cases} 1 & (t = 0) \\ 0 & (t = \pm 1, \pm 2, \ldots) \end{cases} \tag{1.37}$$

となる特徴をもつ．sinc 関数を用いると，例題 1.2 のフーリエ係数は

$$c_n = \frac{A \sin \pi n f_0 \tau}{\pi n f_0 T_0} = \frac{A\tau}{T_0} \mathrm{sinc}(n f_0 \tau)$$

と書くことができる．

なお，数学では $\mathrm{sinc}\, x = \frac{\sin x}{x}$ と定義する場合があるが，通信や信号処理では正規化された定義 (1.36) が使われる．これは，第 4 章で説明する標本化で重要であるため，**標本化関数**ともよばれる．

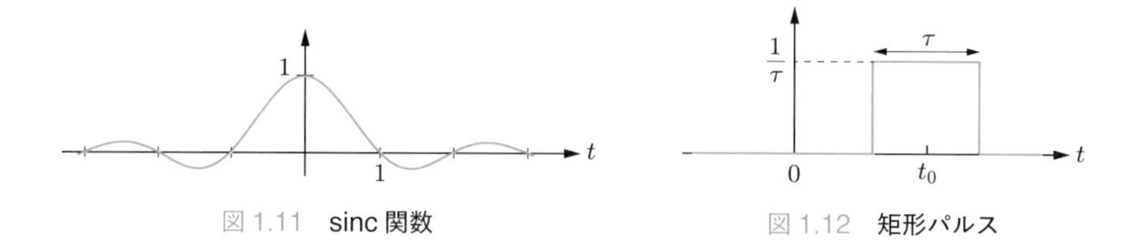

図 1.11　sinc 関数

図 1.12　矩形パルス

● 矩形関数（rect 関数）

矩形関数，すなわち **rect 関数** (rectangular function) はつぎのように定義される．

$$\mathrm{rect}(t) = \begin{cases} 1 & (|t| \le 1/2) \\ 0 & (|t| > 1/2) \end{cases} \tag{1.38}$$

この関数は $t = 0$ に中心をもち，高さ 1，時間幅 1 の単一矩形パルスを表し，全時間で積分すると 1 になる．この定義を基に任意の時刻 t_0 に任意の時間幅 τ の矩形パルスを表すことができる．その中で積分値が 1 のものは図 1.12 に示すように

$$\frac{1}{\tau} \mathrm{rect}\left(\frac{t - t_0}{\tau}\right) \tag{1.39}$$

であり，実際に積分すると，

$$\int_{-\infty}^{\infty} \frac{1}{\tau} \mathrm{rect}\left(\frac{t - t_0}{\tau}\right) \mathrm{d}t = \int_{t_0-\tau/2}^{t_0+\tau/2} \frac{1}{\tau}\, \mathrm{d}t = 1 \tag{1.40}$$

となっている．

● **インパルス関数**

rect 関数の積分値を 1 に保ったまま式 (1.39) の時間幅 τ を無限小まで小さくしたものを**インパルス関数** (impulse function) または **δ 関数**とよび，次式で定義される．

$$\delta(t) = \lim_{\tau \to 0} \frac{1}{\tau} \mathrm{rect}\left(\frac{t}{\tau}\right) = \begin{cases} \infty & (t = 0) \\ 0 & (t \neq 0) \end{cases} \tag{1.41}$$

ここで定義された δ 関数の積分値は 1 であり，

$$\int_{-\infty}^{\infty} \delta(t)\,\mathrm{d}t = 1 \tag{1.42}$$

となる．図では δ 関数を矢印で表す．また，図 1.13 のように，時刻 t_0 における δ 関数である $\delta(t - t_0)$ に任意の関数 $v(t)$ を乗算したものを，t_0 を含む区間で積分すると，

$$\int_{-\infty}^{\infty} v(t)\delta(t - t_0)\,\mathrm{d}t = v(t_0) \tag{1.43}$$

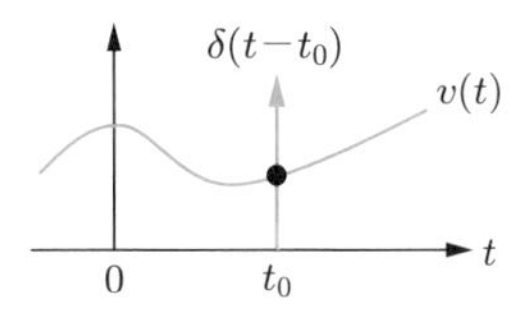

図 1.13　**δ 関数の機能**

となる．このように，関数 $\delta(t - t_0)$ には $v(t)$ の時刻 t_0 における値を得る機能がある．

1.3　フーリエ変換と信号

本節では，フーリエ級数を拡張することで，フーリエ変換について説明する．これは周期関数に限らず単一パルスなどにも適用できる．また，フーリエ級数とフーリエ変換を比較する．

さらに，信号電圧，電力，エネルギーについて，フーリエ級数やフーリエ変換を用いて解析する．そこでは，周期関数の電力がフーリエ級数展開された複素正弦波の個々の電力の和で表されること，フーリエ変換の 2 乗がエネルギースペクトル密度になること，いわゆるパーセバルの定理を示す．

最後に，フーリエ変換の特徴および重要な関数のフーリエ変換を紹介する．それらは次章以降の変調，復調において重要な役割を果たす．

1.3.1　フーリエ変換

例題 1.2 で示した矩形パルス列において，周期 T_0 とパルス時間幅 τ の比である**デューティ** (duty) $d_\mathrm{r} = \tau/T_0$ を変化させる．図 1.14 に示すように，$T_0 = 5\tau, 10\tau, 15\tau$ と増やしていき，さらに $T_0 \to \infty$ とすることを考える．ただし，図の (d) の $T_0 \to \infty$ の場合には単一パルスとなり，周期関数ではない．

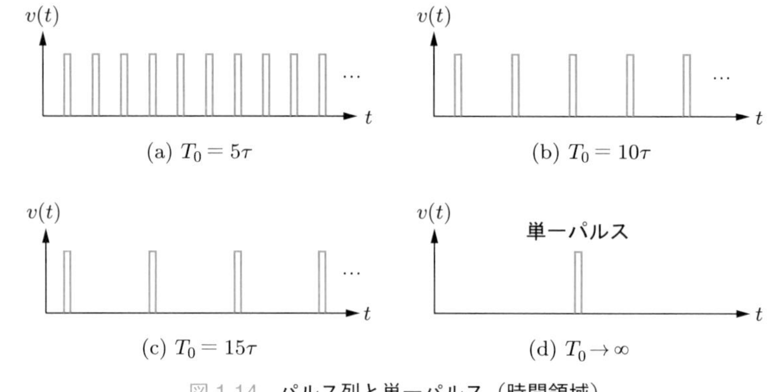

図 1.14　パルス列と単一パルス（時間領域）

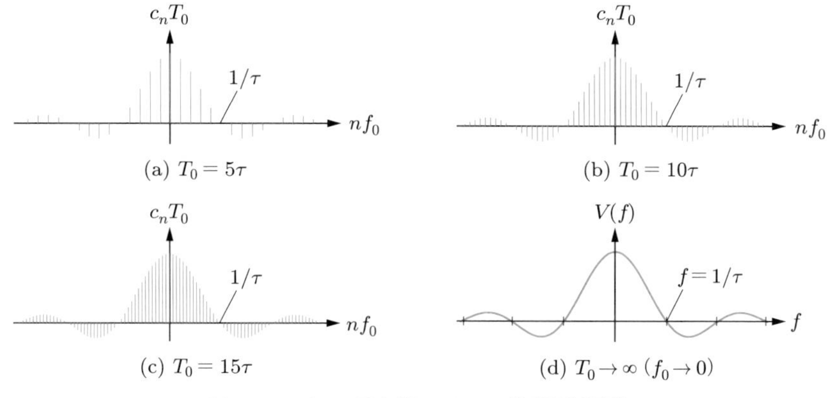

図 1.15　パルス列と単一パルス（周波数領域）

ここで，nf_0 と $c_n T_0$ の関係は図 1.15 となる．周期関数である (a)，(b)，(c) を見ると，離散値 n に対してのみフーリエ級数の係数 c_n が与えられるため，幅のないスペクトルとなる．これを**線スペクトル**とよぶ．

図 1.15 の各図は全体として類似の形をしながら，デューティが小さくなる（T_0 が大きくなる）に従って，スペクトルの横軸方向の密度が大きくなる．これをさらに $T_0 \to \infty$ とすると，(d) のように拡張される．このとき，離散的な線スペクトルだったものが**連続スペクトル**となる．なお，ここで縦軸は $c_n T_0$ であり，c_n について見ると，T_0 が大きくなるにつれて小さくなり，$T_0 \to \infty$ のときには c_n は無限小となる．

以上で，周期関数のフーリエ級数展開を単一パルスに拡張することができた．

フーリエ係数の表式 (1.33) において，$T_0 \to \infty$，すなわち $f_0 \to 0$ として，T_0 で割らず，離散値 nf_0 の関数 c_n を連続値 f の関数 $V(f)$ にすると，

$$V(f) = \mathcal{F}[v(t)] = \int_{-\infty}^{\infty} v(t) e^{-j2\pi f t}\, \mathrm{d}t \tag{1.44}$$

となる．ここで，$V(f)$ は $v(t)$ の**フーリエ変換** (Fourier transform) とよび，$\mathcal{F}$ は**フーリエ演算子**である．$V(f)$ は $v(t)$ の周波数 f 成分を意味する．

また，式 (1.32) において c_n を $V(f)$ に，離散値 nf_0 の関数の級数を連続値 f の積分に置き換えると，

$$v(t) = \mathcal{F}^{-1}[V(f)] = \int_{-\infty}^{\infty} V(f)e^{j2\pi ft}\,\mathrm{d}f \tag{1.45}$$

となる[†1]．$\mathcal{F}^{-1}$ を**逆フーリエ演算子**，$v(t)$ を $V(f)$ の**逆フーリエ変換**とよぶ．この関係を

$$v(t) \quad \leftrightarrow \quad V(f) \tag{1.46}$$

と表す．

フーリエ変換 (1.44) および (1.45) と，フーリエ級数 (1.32) およびフーリエ係数 (1.33) を書き直した

$$c_n T_0 = \int_{-T_0/2}^{T_0/2} v_\mathrm{p}(t)e^{-j2\pi nf_0t}\,\mathrm{d}t \tag{1.47}$$

を比較すると，級数と積分の違いがあり，フーリエ変換 $V(f)$ に対応するのは，フーリエ級数では同次元（単位が同じ）の c_nT_0 である．c_n，$V(f)$ はそれぞれ周波数 nf_0，f の成分を示すスペクトルとなる．$V(f)$ の f は c_n の n と同様に負の値になり得る．また，実関数 $v(t)$ に対して，$V(-f)$ は $V(f)$ の共役複素数となる．フーリエ級数のときと同様に，$|V(f)|$ を**振幅スペクトル**とよび，

$$\arg[V(f)] = \angle V(f) = -\angle V(-f) = -\tan^{-1}\left(\frac{\mathcal{I}m[V(f)]}{\mathcal{R}e[V(f)]}\right) \tag{1.48}$$

を**位相スペクトル**とよぶ．

$$\begin{aligned} V(\pm f) &= \int_{-\infty}^{\infty} v(t)e^{\mp j2\pi ft}\,\mathrm{d}t \\ &= \int_{-\infty}^{\infty} v(t)\cos 2\pi ft\,\mathrm{d}t \mp j\int_{-\infty}^{\infty} v(t)\sin 2\pi ft\,\mathrm{d}t \end{aligned} \tag{1.49}$$

---

†1　フーリエ変換 (1.44) および逆フーリエ変換 (1.45) をつぎのように角周波数 ω で表す場合もある．

$$V(\omega) = \mathcal{F}[v(t)] = \int_{-\infty}^{\infty} v(t)e^{-j\omega t}\,\mathrm{d}t \tag{1.44$'$}$$

$$v(t) = \frac{1}{2\pi}\int_{-\infty}^{\infty} V(\omega)e^{j\omega t}\,\mathrm{d}\omega \tag{1.45$'$}$$

であり，実関数である信号 $v(t)$ に対して

$$
\begin{aligned}
|V(f)| &= |V(-f)| \\
&= \sqrt{\left\{\int_{-\infty}^{\infty} v(t)\cos 2\pi f t\,\mathrm{d}t\right\}^2 + \left\{\int_{-\infty}^{\infty} v(t)\sin 2\pi f t\,\mathrm{d}t\right\}^2}
\end{aligned}
\tag{1.50}
$$

となるので，振幅スペクトルは偶関数になる．同様に，実関数の位相スペクトルは奇関数となる．

1.3.2 信号と電力

ここまで信号 $v(t)$ のフーリエ変換により，その周波数成分を示してきたが，この信号は通常電圧値として伝送される．信号電圧 v [V] に対する電力 p_w [W] は，抵抗値を r [Ω] とすると $p_w = v^2/r$ となる．ここでは抵抗 r を使わず電力についての検討を進めるため，$r = 1$ とした**正規化電力** $p = v^2$ [V^2] について議論を進める．p の単位は V^2 と同次元の $\mathrm{W/S} = \mathrm{W}\Omega$ となるが，$1\,\Omega$ に正規化して W として扱われる．本書では今後，電力とはこの正規化電力を意味する．

信号電圧，瞬時電力，平均電力，エネルギー（電力量）は以下のように定義される．

信号電圧　$v(t)$ [V] (1.51)

瞬時電力　$p(t) = |v(t)|^2$ [W] (1.52)

（$|v(t)|^2 = v(t)v^*(t)$，$v(t)$ が実関数のとき $v(t) = v^*(t)$）

平均電力　$P = \mathcal{A}[|v(t)|^2] = \lim_{T_\mathrm{I}\to\infty} \frac{1}{T_\mathrm{I}} \int_{-T_\mathrm{I}/2}^{T_\mathrm{I}/2} p(t)\,\mathrm{d}t$ [W] (1.53)

（$\mathcal{A}$：平均演算子）

エネルギー　$E = \int_{-\infty}^{\infty} p(t)\,\mathrm{d}t$ [J] (1.54)

平均電力は十分長い時間 T_I の間の瞬時電力を積分して，積分した時間で割ることで求める．つまり，平均電力は瞬時電力の時間平均である．対して，エネルギーは瞬時電力の全時間での時間積分である．周期的な信号の場合には平均電力を，単一パルスなど局在した信号の場合にはエネルギーを求める．

例題 1.3　周期信号 $v(t)$ の時間平均を，フーリエ係数を用いて表せ．

［解答］

全時間の平均は 1 周期での平均と同じであり，

$$\mathcal{A}[v(t)] = \lim_{T_1\to\infty} \frac{1}{T_1}\int_{-T_1/2}^{T_1/2} v(t)\,\mathrm{d}t = \frac{1}{T_0}\int_{-T_0/2}^{T_0/2} v(t)\,\mathrm{d}t = c_0 \tag{1.55}$$

のようになる．すなわち，周期信号の平均値は直流 $(f = 0)$ 成分 c_0 となる．

ここで，図 1.16 (a) と (c) に示す矩形パルス列と単一矩形パルスを例に，周期信号，非周期信号の電力とエネルギーについて考える．(a) の矩形パルス列はフーリエ級数展開可能で，そのフーリエ係数は

$$c_n = \frac{1}{T_0}\int_{-T_0/2}^{T_0/2} v(t)e^{-j2\pi nf_0t}\,\mathrm{d}t$$

となる．また，(c) の単一矩形パルスはフーリエ変換

$$V(f) = \int_{-\infty}^{\infty} v(t)e^{-j2\pi ft}\,\mathrm{d}t$$

となる．これら c_n，$V(f)$ の 2 乗は図 1.16 (b) と (d) のようになる．(a) の矩形パルス列の積分値は無限大であり，評価する場合，時間平均の電力を使うのが適当である．このような信号を**電力有限信号**とよぶ．一方，(c) の単一パルスの $(-\infty, \infty)$ 区間での時間平均は 0 となり，積分値であるエネルギーで評価するのが適当である．これを**エネルギー有限信号**とよぶ．

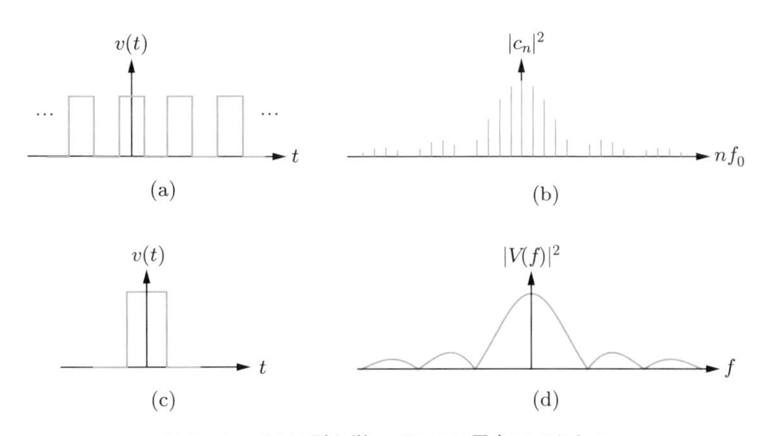

図 1.16　パルス列と単一パルスの電力スペクトル

式 (1.33) からわかるように，フーリエ係数 c_n は信号 $v(t)$ の周波数 nf_0 成分についての 1 周期における時間平均であり，$|c_n|^2$ は周波数 nf_0 の複素正弦波の電力となる．一方，式 (1.44) より，フーリエ変換 $V(f)$ は信号 $v(t)$ の周波数 f 成分についての時間積分であるから，$|V(f)|^2$ は周波数あたりのエネルギーとなることがわかる．

周期信号 $v(t) = \sum_{n=-\infty}^{\infty} c_n e^{j2\pi nf_0t}$ の平均電力 P は，複素正弦波 $e^{j2\pi nf_0t}$ が互いに直交し，

$$|e^{j2\pi nf_0t}|^2 = 1 \tag{1.56}$$

であることから，式 (1.32)，(1.53)，(1.56) より

$$\begin{aligned} P &= \frac{1}{T_0}\int_{-T_0/2}^{T_0/2} |v(t)|^2 \, \mathrm{d}t = \sum_{n=-\infty}^{\infty} |c_n|^2 \frac{1}{T_0}\int_{-T_0/2}^{T_0/2} |e^{j2\pi nf_0t}|^2 \, \mathrm{d}t \\ &= \sum_{n=-\infty}^{\infty} |c_n|^2 \end{aligned} \tag{1.57}$$

となる．すなわち，周期信号の電力はフーリエ級数展開された各複素正弦波の電力の和となる．$|c_n|^2$ の単位は V^2 あるいは正規化電力の単位 W となる．この関係を**パーセバルの定理**とよぶ．

同様に，信号 $v(t) = \int_{-\infty}^{\infty} V(f)e^{j2\pi ft} \, \mathrm{d}f$ のエネルギー E は電力 $|v(t)|^2$ の時間積分であり，

$$E = \int_{-\infty}^{\infty} |v(t)|^2 \, \mathrm{d}t = \int_{-\infty}^{\infty} |V(f)|^2 \, \mathrm{d}f \tag{1.58}$$

となる．実際に，

$$\begin{aligned} E &= \int_{-\infty}^{\infty} v(t)v^*(t) \, \mathrm{d}t = \int_{-\infty}^{\infty} v(t)\left\{\int_{-\infty}^{\infty} V(f)e^{j2\pi ft} \, \mathrm{d}f\right\}^* \mathrm{d}t \\ &= \int_{-\infty}^{\infty} v(t)\left\{\int_{-\infty}^{\infty} V^*(f)e^{-j2\pi ft} \, \mathrm{d}f\right\} \mathrm{d}t \\ &= \int_{-\infty}^{\infty} \left\{\int_{-\infty}^{\infty} v(t)e^{-j2\pi ft} \, \mathrm{d}t\right\} V^*(f) \, \mathrm{d}f = \int_{-\infty}^{\infty} V(f)V^*(f) \, \mathrm{d}f \end{aligned}$$

となる．すなわち，信号 $v(t)$ のエネルギーは，そのフーリエ変換の 2 乗 $|V(f)|^2$ の周波数積分となる．この $|V(f)|^2$ は**エネルギースペクトル密度**とよばれ，これを周波数で積分することで，その積分区間の周波数範囲でのエネルギーとなる．

瞬時電力 p [W] を時間積分したエネルギー E および $|V(f)|^2 \, \mathrm{d}f$ の正規化した単位は，J または Ws であり，$|V(f)|^2$ の単位は J/Hz となる．また，J/Hz = Ws/Hz =

$W/Hz^2 = (V/Hz)^2$ から，$V(f)$ の単位は V/Hz となることがわかる．

1.3.3 フーリエ変換の特徴

$v(t) \leftrightarrow V(f)$ のとき，以下が成立する．

（1）線形性

$$av(t) + bw(t) \quad \leftrightarrow \quad aV(f) + bW(f) \tag{1.59}$$

（2）共役対称性

$$V(-f) = V^*(f) \tag{1.60}$$

（3）時間伸縮

$$v(at) \quad \leftrightarrow \quad \frac{V(f/a)}{|a|} \tag{1.61}$$

これは以下のようにして確かめられる．

$$\int_{-\infty}^{\infty} v(at)e^{-j2\pi ft}\,\mathrm{d}t$$
$$= \begin{cases} \displaystyle\int_{-\infty}^{\infty} v(\tau)e^{-j2\pi f(\tau/a)}\frac{\mathrm{d}\tau}{a} = \frac{1}{a}\int_{-\infty}^{\infty} v(\tau)e^{-j2\pi(f/a)\tau}\,\mathrm{d}\tau & (a > 0) \\ \displaystyle\int_{\infty}^{-\infty} v(\tau)e^{-j2\pi f(\tau/a)}\frac{\mathrm{d}\tau}{a} = \frac{1}{-a}\int_{-\infty}^{\infty} v(\tau)e^{-j2\pi(f/a)\tau}\,\mathrm{d}\tau & (a < 0) \end{cases}$$

（4）時間遅れ

$$v(t - t_d) \quad \leftrightarrow \quad V(f)e^{-j2\pi ft_\mathrm{d}} \tag{1.62}$$

これは以下のようにして確かめられる．

$$\int_{-\infty}^{\infty} v(t - t_d)e^{-j2\pi ft}\,\mathrm{d}t = \int_{-\infty}^{\infty} v(\tau)e^{-j2\pi f(\tau + t_\mathrm{d})}\,\mathrm{d}\tau$$
$$= e^{-j2\pi ft_\mathrm{d}}\int_{-\infty}^{\infty} v(\tau)e^{-j2\pi f\tau}\,\mathrm{d}\tau$$

（5）双対性

$$V(t) \quad \leftrightarrow \quad v(-f) \tag{1.63}$$

これはフーリエ変換，フーリエ逆変換の式 (1.44)，(1.45) から求められる．

(6) **微分**

$$\frac{\mathrm{d}}{\mathrm{d}t}v(t) \quad \leftrightarrow \quad j2\pi f V(f) \tag{1.64}$$

これは以下のようにして確かめられる．

$$\begin{aligned}\frac{\mathrm{d}}{\mathrm{d}t}\int_{-\infty}^{\infty} V(f)e^{j2\pi ft}\,\mathrm{d}f &= \int_{-\infty}^{\infty} V(f)\frac{\mathrm{d}}{\mathrm{d}t}e^{j2\pi ft}\,\mathrm{d}f \\ &= \int_{-\infty}^{\infty} j2\pi f V(f)e^{j2\pi ft}\,\mathrm{d}f\end{aligned}$$

(7) **積分**

$$\int_{-\infty}^{t} v(\tau)\,\mathrm{d}\tau \quad \leftrightarrow \quad \frac{V(f)}{j2\pi f} \tag{1.65}$$

これは $\frac{\mathrm{d}}{\mathrm{d}t}\int_{-\infty}^{t} v(\tau)\,\mathrm{d}\tau = v(t)$ の両辺をフーリエ変換し，式 (1.64) を使うことで，

$$j2\pi f\mathcal{F}\left[\int_{-\infty}^{t} v(\tau)\,\mathrm{d}\tau\right] = \mathcal{F}[v(t)] = V(f)$$

となることから確かめられる．

(2) の共役対称性は，角周波数 ω $(= 2\pi f)$ に対して $e^{j\omega t}$ と $e^{-j\omega t}$ を並べた図 1.2 で，これらが互いに共役複素数であることに相当する．

(3) の時間伸長は，録音した音声をスローで再生すると低い周波数の音に聞こえることに相当する．

(4) の時間遅れは，遅れ時間 t_{d} が位相 $2\pi f t_{\mathrm{d}}$ に相当することを示す．

(5) の双対性は，$v(-f) \leftrightarrow v(f)$ を満たす偶関数の場合には $V(t) \leftrightarrow v(f)$ となる．したがって，実偶関数のフーリエ変換は実偶関数となる．

最後に，(6) より波形微分は掛け算なので高周波数が強調され，低周波数が抑圧されるのに対して，(7) より波形積分は割り算なので高周波数が抑圧され，低周波数が強調される．

1.3.4 重要な関数のフーリエ変換

とくに重要な関数のフーリエ変換を以下に紹介する．また，変換結果として得られる関数の便利な性質も見る．

● rect 関数と sinc 関数

rect 関数のフーリエ変換は

$$
\begin{aligned}
V(f) &= \mathcal{F}[\mathrm{rect}(t)] = \int_{-\infty}^{\infty} \mathrm{rect}(t) e^{-j2\pi ft}\,\mathrm{d}t \\
&= \int_{-1/2}^{1/2} e^{-j2\pi ft}\,\mathrm{d}t = \frac{1}{-j2\pi f}[e^{-j2\pi ft}]_{-1/2}^{1/2} \\
&= \frac{1}{-j2\pi f}(e^{-j\pi f} - e^{j\pi ft}) = \frac{1}{\pi f}\frac{-j}{2}(e^{j\pi f} - e^{-j\pi ft}) \\
&= \frac{\sin \pi f}{\pi f} = \mathrm{sinc}(f)
\end{aligned}
$$

となる．実偶関数の双対性から

$$\mathrm{rect}(t) \quad \leftrightarrow \quad \mathrm{sinc}(f) \tag{1.66}$$

$$\mathrm{sinc}(t) \quad \leftrightarrow \quad \mathrm{rect}(f) \tag{1.67}$$

が得られる．

● δ 関数と 1

δ 関数のフーリエ変換は

$$V(f) = \mathcal{F}[\delta(t)] = \int_{-\infty}^{\infty} \delta(t) e^{-j2\pi ft}\,\mathrm{d}t = 1$$

となる．これは δ 関数の性質 (1.43) で $t_0 = 0$ とした

$$\int_{-\infty}^{\infty} v(t)\delta(t)\,\mathrm{d}t = v(0)$$

において $v(t) = e^{-j2\pi ft}$ を考え，$v(0) = 1$ からわかる．実偶関数の双対性から

$$\delta(t) \quad \leftrightarrow \quad 1 \tag{1.68}$$

$$1 \quad \leftrightarrow \quad \delta(f) \tag{1.69}$$

が得られる．式 (1.68) から，インパルス $\delta(t)$ はすべての周波数に一様の成分をもつことがわかる．また，式 (1.69) から，$v(t) = c_0$（c_0：定数）のフーリエ変換は $c_0\delta(f)$ であり，$f = 0$ の成分のみをもつ直流となることがわかる．

さらに，式 (1.69) の $1 \leftrightarrow \delta(f)$ から $\mathcal{F}[1] = \int_{-\infty}^{\infty} e^{-j2\pi ft}\,\mathrm{d}t = \delta(f)$ となり，逆フーリエ変換も合わせて

$$\delta(t) = \int_{-\infty}^{\infty} e^{\pm j2\pi ft}\, \mathrm{d}t \tag{1.70}$$

のように，δ 関数を指数関数の積分で表示できる．

● 複素正弦波と線スペクトル

式 (1.68) の $\delta(t) \leftrightarrow 1$ に式 (1.62) を使い，$\delta(t - t_{\mathrm{d}}) \leftrightarrow e^{-j2\pi ft_{\mathrm{d}}}$ とし，式 (1.63) を使うことで，

$$Ae^{j2\pi f_{\mathrm{c}}t} \quad \leftrightarrow \quad A\delta(f - f_{\mathrm{c}}) \quad (A：定数) \tag{1.71}$$

が得られる．すなわち，複素正弦波のフーリエ変換は，帯域幅（周波数領域での幅）が無限小の δ 関数であり，図示すると線になる．これを**線スペクトル**とよぶ．

● 周期関数

周期関数 $v_{\mathrm{p}}(t)$ はそのフーリエ級数展開から，フーリエ変換の線形性 (1.59) を利用して

$$v_{\mathrm{p}}(t) = \sum_{n=-\infty}^{\infty} c_n e^{j2\pi nf_0 t} \quad \leftrightarrow \quad V(f) = \sum_{n=-\infty}^{\infty} c_n \delta(f - nf_0) \tag{1.72}$$

となる．すなわち，周期関数のフーリエ変換は線スペクトルの和となる．また，周期関数の場合でも，$v_{\mathrm{p}}(t)$ が実信号，すなわち実関数であれば，その振幅スペクトルは偶関数となる．

● 三角関数

オイラーの公式 (1.6) から余弦波は共役複素の和であり，そのフーリエ変換は

$$A\cos 2\pi f_{\mathrm{c}}t = \frac{A}{2}(e^{j2\pi f_{\mathrm{c}}t} + e^{-j2\pi f_{\mathrm{c}}t}) \quad \leftrightarrow \quad \frac{A}{2}\{\delta(f - f_{\mathrm{c}}) + \delta(f + f_{\mathrm{c}})\} \tag{1.73}$$

となる．また，**初期位相**とよばれる $t = 0$ における位相 φ_0 が 0 でない場合は

$$\begin{aligned} s(t) = A\cos(2\pi f_{\mathrm{c}}t + \varphi_0) &= \frac{A}{2}e^{j(2\pi f_{\mathrm{c}}t+\varphi_0)} + \frac{A}{2}e^{-j(2\pi f_{\mathrm{c}}t+\varphi_0)} \\ \leftrightarrow \quad &\frac{Ae^{j\varphi_0}}{2}\delta(f - f_{\mathrm{c}}) + \frac{Ae^{-j\varphi_0}}{2}\delta(f + f_{\mathrm{c}}) \end{aligned} \tag{1.74}$$

となる．式 (1.74) は式 (1.73) に比べて，共役複素数それぞれのフーリエ変換に初期位相成分 $e^{j\varphi_0}$，$e^{-j\varphi_0}$ が掛かっていることがわかる．

余弦波はオイラーの公式により式 (1.73) で 2 項の和で表される．t がいずれの値でも 2 項は互いに共役複素数で加算することにより虚部は打ち消される．初期位相が φ_0 の場合，2 項は $t = 0$（初期）において

$$s(0) = A\cos\varphi_0 = e^{j\varphi_0}\frac{A}{2} + e^{-j\varphi_0}\frac{A}{2} \tag{1.75}$$

となり，図 1.17 のように $(A/2)e^{j\varphi_0}$，$(A/2)e^{-j\varphi_0}$ からそれぞれ逆向きに回転する複素正弦波となる．

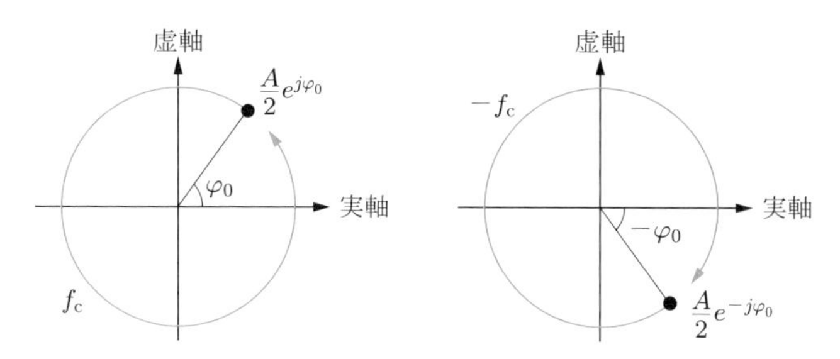

図 1.17　余弦波 $A\cos(2\pi f_c t + \varphi_0)$ の 2 項

一方，正弦波のフーリエ変換は

$$\begin{aligned} A\sin 2\pi f_c t &= -j\frac{A}{2}(e^{j2\pi f_c t} - e^{-j2\pi f_c t}) \\ \leftrightarrow\quad & -j\frac{A}{2}\{\delta(f - f_c) - \delta(f + f_c)\} \end{aligned} \tag{1.76}$$

となる．$-j = e^{-j\pi/2}$ なので，正弦波は初期位相が $-\pi/2$ の余弦波，すなわち $\sin\varphi = \cos(\varphi - \pi/2)$ である．cos と sin は $\pi/2$ の位相差で，直交している．初期位相が 0 のときのフーリエ変換は，cos のときは式 (1.74) で $\varphi_0 = 0$ としたものから実部のみとなり，これに直交する sin のときは式 (1.76) から虚部のみとなる．

● **周波数変換（変調定理）**

つぎの周波数変換は非常に重要で，便利である．

$$v(t)e^{j2\pi f_c t} \quad \leftrightarrow \quad V(f - f_c) \tag{1.77}$$

これは以下のように示せる．

$$\int_{-\infty}^{\infty} v(t)e^{j2\pi f_c t}e^{-j2\pi f t}\,\mathrm{d}t = \int_{-\infty}^{\infty} v(t)e^{-j2\pi(f-f_c)t}\,\mathrm{d}t$$

ただし，$v(t)e^{j2\pi f_c t}$ は実関数ではなく，$V(f - f_c)$ は偶関数でない．このため，実際の信号の周波数を f から $f \pm f_c$ にシフトする場合は，実関数 $\cos 2\pi f_c t$ などの実信号を用いる．ここでは回路も含めて説明する．

さらに，式 (1.6)，(1.77) から

$$v(t) \cos 2\pi f_c t \quad \leftrightarrow \quad \frac{V(f - f_c)}{2} + \frac{V(f + f_c)}{2} \tag{1.78}$$

が得られる．ここで，$v(t) \cos 2\pi f_c t$ は実関数である．式 (1.78) の周波数変換は，実際に図 1.18 に示す回路で用いられる．$v(t)$ のフーリエ変換が①のように中心周波数 0 のとき，乗算回路の出力 $v(t) \cos 2\pi f_1 t$ のフーリエ変換は②のように中心周波数 $\pm f_1$ になる．これは第 3 章で扱う DSB 変調出力に相当する．さらに，$v(t) \cos 2\pi f_2 t$ を乗算すると③のようになる．これを **HPF**（high pass filter：**高域通過フィルタ**）に通すと，④のように中心周波数が f_1 から $f_2 + f_1$ に変換されたことになる．これを**周波数アップコンバート**という．逆に，**LPF**（low pass filter：**低域通過フィルタ**）を通すと，⑤のように中心周波数が $f_2 - f_1$ に変換されたことになる．これを**周波数ダウンコンバート**という．

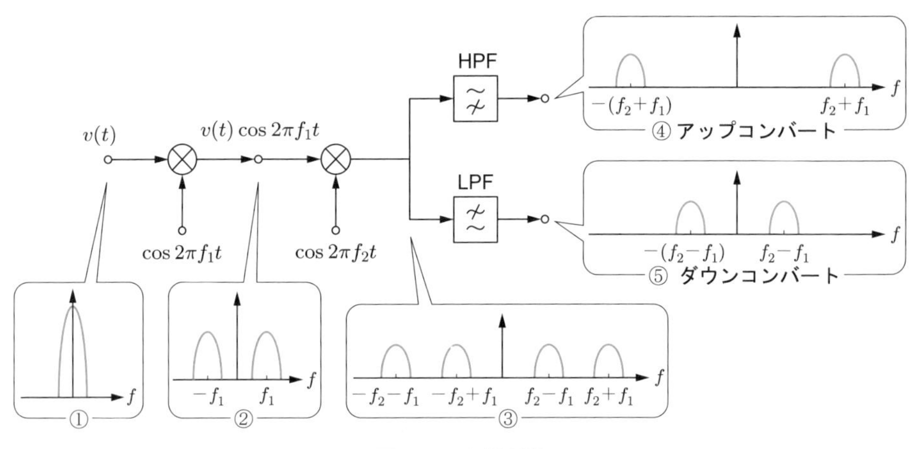

図 1.18　**変調定理**

とくに $f_1 = f_2$ のとき，④の中心周波数は $2f_1$ となるが，これは周波数を 2 倍にさせる**逓倍**（ていばい）とよばれる．⑤の中心周波数は①と同じく中心周波数が 0 となる．これは第 3 章で扱う復調に相当する．

例題 1.4　$v(t) = \mathrm{rect}(t)$ のとき，$v_\mathrm{c}(t) = v(t)\cos 2\pi f_\mathrm{c} t$ をフーリエ変換せよ．また，時間領域，周波数領域それぞれで図示せよ．

［解答］

式 (1.66)，(1.78) よりフーリエ変換は

$$V_\mathrm{c}(f) = \frac{\mathrm{sinc}(f - f_\mathrm{c})}{2} + \frac{\mathrm{sinc}(f + f_\mathrm{c})}{2} \tag{1.79}$$

となり，各領域での概形は図 1.19 のようになる．

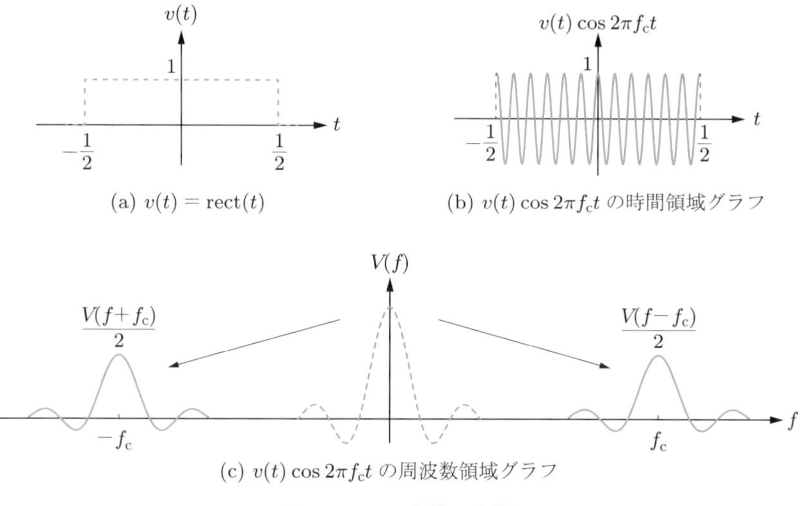

図 1.19　rect 関数の変調

例題 1.5　インパルス列 $v(t) = \sum_{k=-\infty}^{\infty} \delta(t - kT_0)$ をフーリエ変換せよ．ここで $f_0 = 1/T_0$ とする．

［解答］

時間領域のインパルス列は周期関数であることからフーリエ級数展開できる．フーリエ係数は

$$c_n = \frac{1}{T_0}\int_{-T_0/2}^{T_0/2} \delta(t - kT_0) e^{-j2\pi n f_0 t}\,\mathrm{d}t = \frac{1}{T_0}\int_{-T_0/2}^{T_0/2} \delta(t)\,\mathrm{d}t = \frac{1}{T_0}$$

となる．ここで，$\int_{-\infty}^{\infty} \delta(t)\,\mathrm{d}t = 1$ と $e^0 = 1$ を用いた．すると，フーリエ級数展開は

$$v(t) = \frac{1}{T_0}\sum_{n=-\infty}^{\infty} e^{j2\pi n f_0 t}$$

となる．これをフーリエ変換すると，

$$V(f) = \int_{-\infty}^{\infty} \left(\frac{1}{T_0} \sum_{n=-\infty}^{\infty} e^{j2\pi n f_0 t} e^{-j2\pi n f t} \right) \mathrm{d}t$$

$$= \frac{1}{T_0} \sum_{n=-\infty}^{\infty} \int_{-\infty}^{\infty} e^{-j2\pi n(f-f_0)t}\, \mathrm{d}t = \frac{1}{T_0} \sum_{n=-\infty}^{\infty} \delta(f - nf_0)$$

となる．最後の式変形では式 (1.70) の表示を使った．

結果をまとめると，以下のようになる．

$$\sum_{k=-\infty}^{\infty} \delta(t - kT_0) \;\leftrightarrow\; \frac{1}{T_0} \sum_{n=-\infty}^{\infty} \delta(f - nf_0) \tag{1.80}$$

このように，インパルス列のフーリエ変換はインパルス列になる．この関係は第 4 章で用いる．

章末問題

1-1　$v(t) = |\cos t|$ をフーリエ級数展開せよ．

1-2　正弦波 $\sin 2\pi f_0 t$ を整流すると，図 1.20 の $v(t)$ のようになる．この $v(t)$ をフーリエ級数展開したときのフーリエ係数を求めよ．

1-3　図 1.21 に示す $v(t)$ をフーリエ変換せよ．

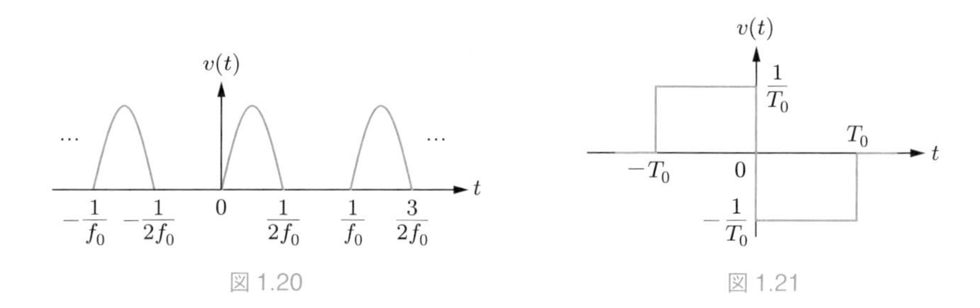

図 1.20　　　　図 1.21

1-4　図 1.22 に示す双極インパルス列 $v(t)$ をフーリエ級数展開せよ．

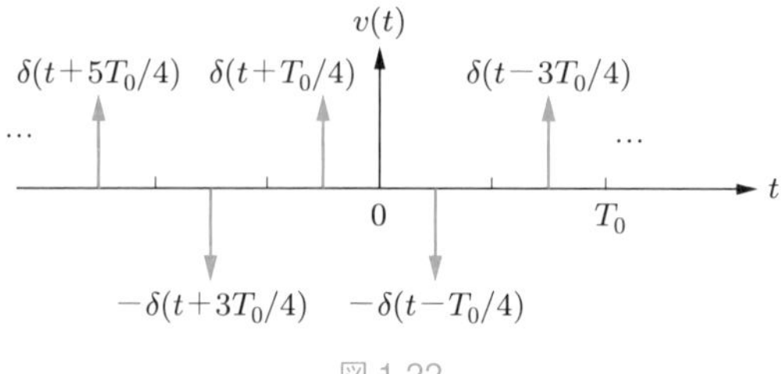

図 1.22

第2章 線形システム

通信とは，遠くの人にメッセージ（情報）を伝えるために，送受信者間の距離を克服する手段といえる．送信側はメッセージを載せた信号を送り，受信側はその信号を受ける．送受信者間には信号を媒介する**システム**があり，システムには送信側からの信号が入力され，そのシステムが担う機能 (function) に対応した信号が受信側へ出力される．その入出力の関係はそのシステムの伝達関数 (transfer function) によって与えられる．

本章ではまず 2.1 節で，線形性と時不変性のあるシステムとその伝達関数を説明する．2.2 節で周波数フィルタと入力信号をそのままの形で伝送する無歪み通信路を説明し，2.3 節で通信路で発生するさまざまな歪みの種類と原因について述べ，歪みの影響を小さくする補償器として，プリディストータと等化器を紹介する．

2.1 線形システムと伝達関数

本節では，線形システムの特性について説明する．まず，線形システムとはどういうものか述べる．そして，時間領域では，出力信号が入力信号とシステムのインパルス応答の畳み込みとなることを示す．また，周波数領域では，出力信号が伝達関数と入力信号のスペクトルの積となることを示す．伝達関数はインパルス応答のフーリエ変換で表される．

2.1.1 線形・時不変システム

図 2.1 に示すように，信号を入力したとき，これに対する信号を出力するシステムがある．ここで，入力信号を $x(t)$，出力信号を $y(t) = S[x(t)]$ と時間関数で表したとき，

線形性 $$S\left[\sum_{i=1}^{n} a_i x_i(t)\right] = \sum_{i=1}^{n} a_i S[x_i(t)] \tag{2.1}$$

時不変性 $$y(t - t_{\mathrm{d}}) = S[x(t - t_{\mathrm{d}})] \tag{2.2}$$

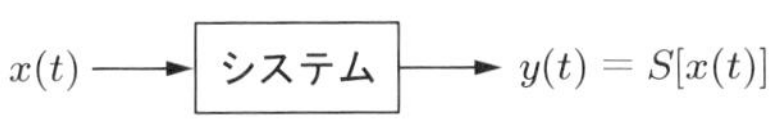

$x(t)$ → システム → $y(t) = S[x(t)]$

図 2.1 システムのモデル

を満たすシステムを**線形システム** (linear system) とよぶ.

線形性 (2.1) は，複数の信号 $x_i(t)$ の和が入力されたとき，各信号に対する出力信号 $y_i(t)$ の和が出力される性質（例：$x_1(t)+x_2(t) \to S[x_1(t)]+S[x_2(t)]$）と，振幅が入力信号 $x_i(t)$ の a_i 倍となる信号 $a_i x_i(t)$ が入力されたとき，$x_i(t)$ に対する $y_i(t)$ の a_i 倍となる信号 $a_i y_i(t)$ が出力される性質（例：$ax(t) \to aS[x(t)]$）である．実際のシステムでは入出力信号振幅に限界があり，$a_i x_i(t)$ あるいは $a_i y_i(t)$ がある値までの領域（**線形領域**とよぶ）でのみ線形性が成立する.

また，時不変性 (2.2) は，入力信号 $x_i(t)$ に対する出力信号が $y_i(t)$ の場合に，$x_i(t)$ と同じ信号が異なる時刻 t_d に $x_i(t-t_\mathrm{d})$ として入力されたとき，時刻 t_d に $y_i(t-t_\mathrm{d})$ が出力される性質である.

2.1.2 畳み込みと伝達関数

線形システムにインパルス信号 $\delta(t)$ を入力したときの出力信号 $h(t)$ は**インパルス応答** (impulse response) とよばれ，この線形システムの特性を表す．このようにシステムの特性が時間関数で表されれば，この特性と入力信号 $x(t)$ による演算結果で出力信号 $y(t)$ を表すことができる．線形システムに $x(t)$ を入力したときの出力信号 $y(t)$ は，$x(t)$ と $h(t)$ の**畳み込み** (convolution) という演算の結果 $y(t)=x(t)\otimes h(t)$ で表すことができる．本項では，この畳み込みがどのような演算になるかを示す.

図 2.2 に示すようなインパルス応答 $h(t)$ の線形システムに，時刻 τ に大きさ $x(\tau)$ のインパルス信号，すなわち $x(\tau)\delta(t-\tau)$ が入力されたときの出力信号は，線形性と時不変性から $x(\tau)h(t-\tau)$ となる.

離散的な時刻 τ_i（i は整数）にそれぞれ大きさ $x(\tau_i)$ のインパルス信号が入力されるとき，図 2.3 のように，入力信号は $x(t)=\sum_i x(\tau_i)\delta(t-\tau_i)$ であり，線形性より出力信号は $y(t)=\sum_i x(\tau_i)h(t-\tau_i)$ となる．さらに入力信号が連続的な $x(t)$ であるとき，出力信号 $y(t)$ はつぎのように表される.

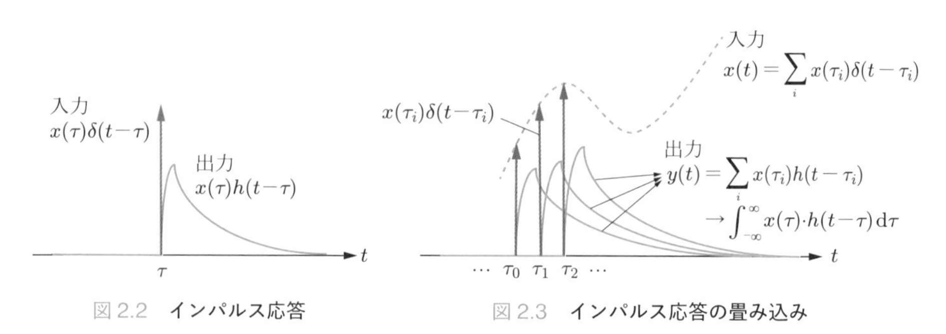

図 2.2 インパルス応答　　図 2.3 インパルス応答の畳み込み

$$y(t) = x(t) \otimes h(t) = \int_{-\infty}^{\infty} x(\tau) \cdot h(t-\tau) \, \mathrm{d}\tau \tag{2.3}$$

このように，インパルス応答 $h(t)$ の線形システムに信号 $x(t)$ が入力されたときの出力信号 $y(t)$ は，式 (2.3) で表される．しかし，式 (2.3) の積分は一般に計算するのが大変で，解析的に計算できないことすらある．

そこで，$y(t) = x(t) \otimes h(t)$ のフーリエ変換 $Y(f)$ を考える．ここで，$x(t)$ のフーリエ変換を $X(f)$，$h(t)$ のフーリエ変換を $H(f)$ とすると，

$$Y(f) = \mathcal{F}[x(t) \otimes h(t)] = X(f)H(f) \tag{2.4}$$

となる．これは

$$\begin{aligned}
Y(f) &= \mathcal{F}[y(t)] = \mathcal{F}[x(t) \otimes h(t)] = \mathcal{F}\left[\int_{-\infty}^{\infty} x(\tau)h(t-\tau) \, \mathrm{d}\tau\right] \\
&= \int_{-\infty}^{\infty} \left[\int_{-\infty}^{\infty} x(\tau)h(t-\tau) \, \mathrm{d}\tau\right] e^{-j2\pi t} \, \mathrm{d}t \\
&= \int_{-\infty}^{\infty} x(\tau) \left[\int_{-\infty}^{\infty} h(t-\tau)e^{-j2\pi t} \, \mathrm{d}t\right] \mathrm{d}\tau \\
&= \int_{-\infty}^{\infty} x(\tau)e^{-j2\pi\tau} H(f) \, \mathrm{d}\tau = \int_{-\infty}^{\infty} x(\tau)e^{-j2\pi\tau} \, \mathrm{d}\tau \cdot H(f) \\
&= X(f)H(f)
\end{aligned}$$

のようにして確かめられる．この計算により，一般に，畳み込みのフーリエ変換は個々のフーリエ変換の積となることがわかる．式 (2.4) で出てきた $h(t)$ のフーリエ変換 $H(f)$ をシステムの**伝達関数** (transfer function) とよぶ．このように，周波数領域での出力信号は入力信号と伝達関数の積となる．このおかげで，図 2.4 のように複数の線形システムを通過する場合も簡単に表すことができる．

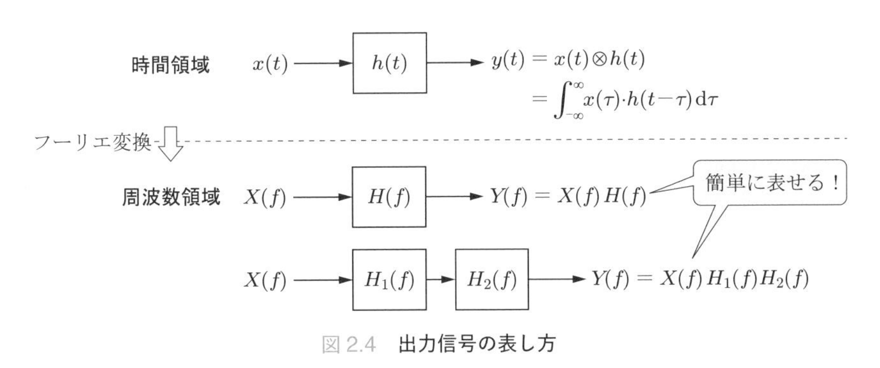

図 2.4　**出力信号の表し方**

例題 2.1　図 2.4 の上段のシステムにおいて，入力信号が $x(t) = \mathrm{rect}(t)$，インパルス応答が $h(t) = \mathrm{rect}(t)$ の場合に，出力信号 $y(t)$ と $Y(f)$ を求めよ．

[解答]

$$y(t) = x(t) \otimes h(t) = \int_{-\infty}^{\infty} \mathrm{rect}(\tau) \cdot \mathrm{rect}(t-\tau)\,\mathrm{d}\tau$$

において，図 2.5 のような $\mathrm{rect}(\tau)$ と $\mathrm{rect}(t-\tau) = \mathrm{rect}(\tau - t)$ の重なり（積）を考える．

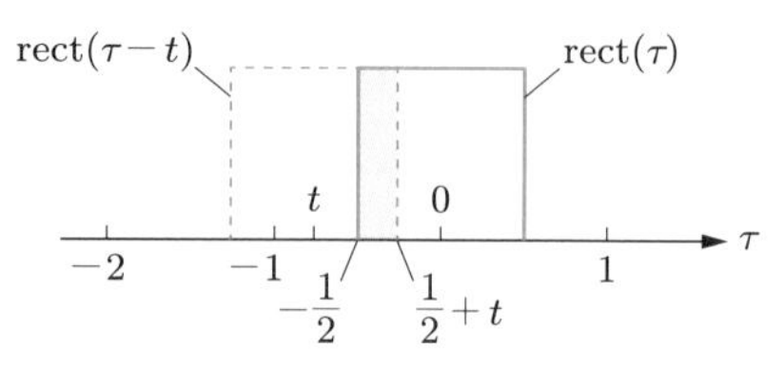

図 2.5　rect 関数の畳み込み（$-1 < t < 0$ の場合）

図 2.6 のように，$|t| > 1$ では $\mathrm{rect}(\tau)$ と $\mathrm{rect}(t-\tau)$ は重ならない（少なくとも一方は必ず 0 である）ため，$y(t) = 0$ となる．$0 < t \leq 1$ の場合は，$-1/2 - t$ から $1/2$ で重なり，τ の積分範囲となる．さらに $-1 \leq t \leq 0$ の場合，$-1/2$ から $1/2 + t$ で重なり，この区間が τ の積分範囲となる．これらから

$$y(t) = x(t) \otimes h(t) = \int_{-\infty}^{\infty} \mathrm{rect}(\tau) \cdot \mathrm{rect}(t-\tau)\,\mathrm{d}\tau$$

$$= \begin{cases} \displaystyle\int_{-1/2-t}^{1/2} \mathrm{d}\tau = 1 - t & (0 < t \leq 1) \\ \displaystyle\int_{-1/2}^{1/2+t} \mathrm{d}\tau = 1 + t & (-1 \leq t \leq 0) \\ 0 & (|t| > 1) \end{cases}$$

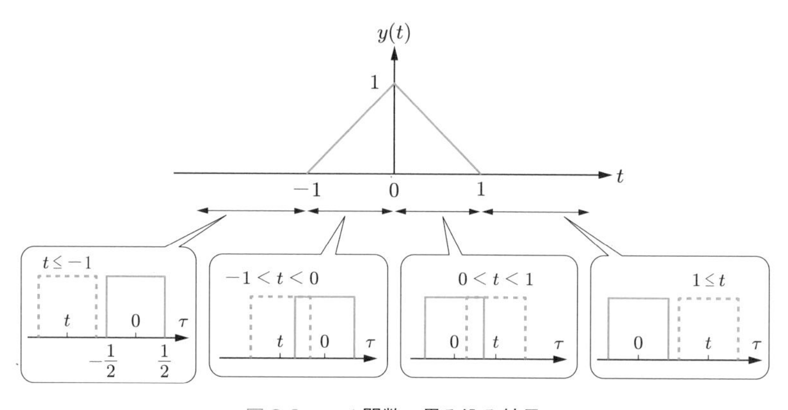

図 2.6　rect 関数の畳み込み結果

が得られる．これは**三角形関数** tri(t) とよばれ，

$$\mathrm{rect}(t) \otimes \mathrm{rect}(t) = \mathrm{tri}(t) \tag{2.5}$$

となることがわかる．

一方，$y(t) = \mathrm{tri}(t)$ のフーリエ変換 $Y(f)$ は，畳み込みのフーリエ変換がフーリエ変換の積になること（式 (2.4) の下の計算を参照）と，式 (1.66) より $\mathcal{F}[\mathrm{rect}(t)] = \mathrm{sinc}(f)$ であることから，

$$Y(f) = \mathcal{F}[\mathrm{tri}(t)] = \mathcal{F}[\mathrm{rect}(t) \otimes \mathrm{rect}(t)] = \{\mathrm{sinc}(f)\}^2 \tag{2.6}$$

となる．これは $\mathcal{F}[\mathrm{tri}(t)]$ を直接計算することでも確かめられる．

2.2 線形システムの例

前節で，線形システムの特性が伝達関数で表されることを見た．本節では，伝達関数が簡単なだけでなく，通信において重要なフィルタの例と無歪み通信路を紹介する．

2.2.1 フィルタ

入力信号のうち特定の周波数成分のみを通過するシステムを周波数フィルタとよぶ．とくに本書では，図 2.7 に示すような，遮断周波数 B [Hz] 以下の帯域の信号成分のみを通過させる**低域通過フィルタ**（LPF：low pass filter），特定の帯域の成分のみを通過させる**帯域通過フィルタ**（BPF：band pass filter）などを扱う．たとえば，BPF を使うことで，空間で混在している複数のラジオ放送電波のうちから一つの周波数成分のみを取り出して，特定局の放送を聞くことができる．

周波数領域で，入力信号 $X(f)$ のうち，通過すべき帯域の成分のみそのまま無歪みで通過し，それ以外の帯域の成分が遮断された信号 $Y(f)$ が出力される．式 (2.4) より，フィルタの伝達関数 $H_{\mathrm{LPF}}(f)$，$H_{\mathrm{BPF}}(f)$ は周波数領域で表すと，

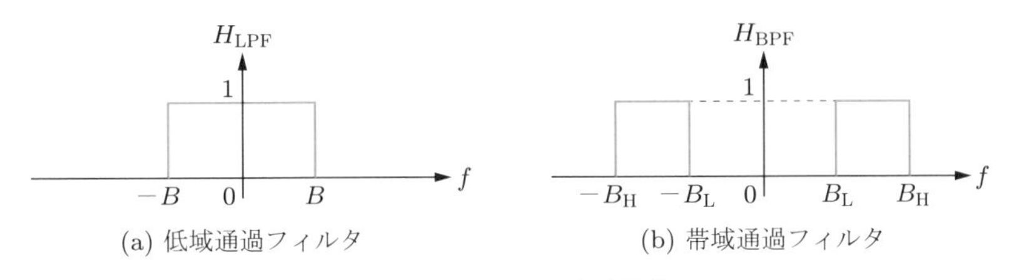

図 2.7 **フィルタの伝達関数**

$$H_{\mathrm{LPF}}(f) = \begin{cases} 1 & (|f| \leq B) \\ 0 & (|f| > B) \end{cases}, \qquad H_{\mathrm{BPF}}(f) = \begin{cases} 1 & (B_{\mathrm{L}} \leq |f| \leq B_{\mathrm{H}}) \\ 0 & (|f| < B_{\mathrm{L}},\ B_{\mathrm{H}} < |f|) \end{cases}$$

であり，関数形は図 2.7 のようになる．周波数領域において，それぞれの入力を $X_{\mathrm{LPF}}(f)$，$X_{\mathrm{BPF}}(f)$，出力を $Y_{\mathrm{LPF}}(f)$，$Y_{\mathrm{BPF}}(f)$ とおくと，$Y_{\mathrm{LPF}}(f) = X_{\mathrm{LPF}}(f)H_{\mathrm{LPF}}(f)$，$Y_{\mathrm{BPF}}(f) = X_{\mathrm{BPF}}(f)H_{\mathrm{BPF}}(f)$ となる．ここで入出力信号が時間領域で実関数であることから，周波数領域での振幅スペクトルは偶関数になる．このため伝達関数も偶関数になる．

式 (1.68) よりインパルス信号 $\delta(t)$ のフーリエ変換は 1 であることから，インパルス信号 $X(f) = 1$ を入力したときの出力信号は $Y(f) = X(f)H(f) = H(f)$ となる．

遮断周波数が B である LPF の伝達関数は，式 (1.39) より $\mathrm{rect}(f/2B)$ で表される．したがって，インパルス応答は式 (1.61)，(1.67) より，図 2.8 のように，伝達関数の逆フーリエ変換である $2B\,\mathrm{sinc}(2Bt)$ となる．このフィルタは時間領域において，インパルス信号 $\delta(t)$ を sinc 関数のパルス信号に変換する**波形整形** (waveform shaping) の機能をもつ．

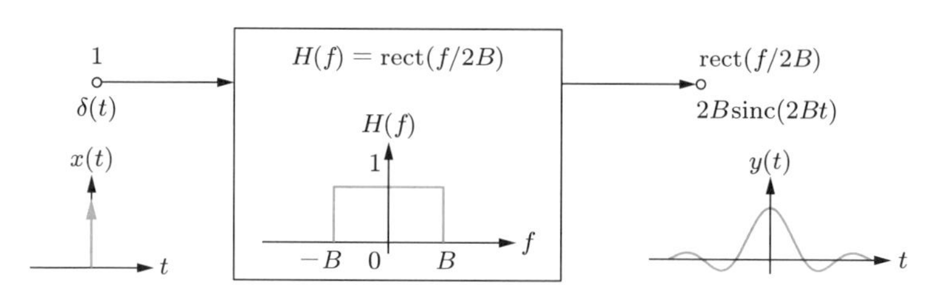

図 2.8　理想 LPF

上述のフィルタは**理想 LPF** とよばれる．しかし，sinc 関数で表される出力信号の左半分はインパルス信号 $\delta(t)$ が入力される時刻 0 より前に出力されることになり，原因の後に結果が起きるという因果律に反することになるので，理想 LFP は実現できない．実際の LPF には，図 2.9 のように時刻 0 における振幅が十分小さくなる程度

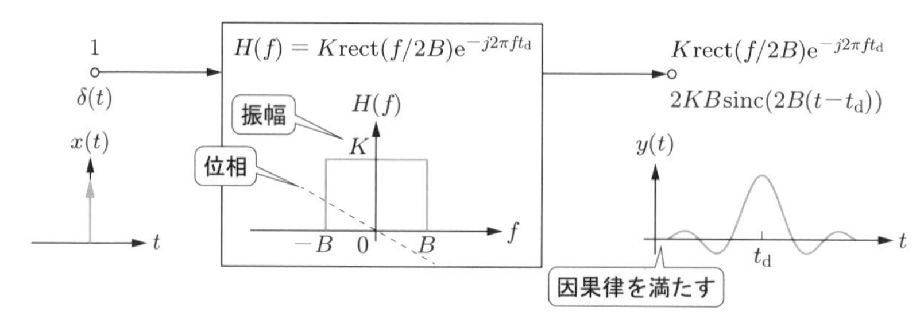

図 2.9　LPF の遅延と位相

に遅延時間 t_{d} が発生する．これは式 (1.62) より伝達関数 $e^{-j2\pi ft_{\mathrm{d}}}$ に相当し，図 2.9 のように位相成分が発生する．

2.2.2 無歪み通信路

通信では，遠隔地に送信された情報が，歪(ひず)みなく届くことが望まれる．実際の信号は遅延し，減衰するため，無歪み通信路の入出力はつぎのように表される．

$$y(t) = Kx(t - t_{\mathrm{d}}) \quad \leftrightarrow \quad Y(f) = KX(f)e^{-j2\pi ft_{\mathrm{d}}} \tag{2.7}$$

$$H(f) = Ke^{-j2\pi ft_{\mathrm{d}}} \tag{2.8}$$

ここで，信号は振幅が K 倍され，時間 t_{d} だけ遅延する．K は増幅率，利得，あるいは減衰率，損失とよばれる．

例として，図 2.10 に示す無歪みな無線中継通信路をシステムとして考える．システム入力を $x(t)$，システム出力を $y(t)$ とする．2 ホップ（二つの無線通信路）それぞれの減衰を $1/L_1$，$1/L_2$，送信機利得を G_{T}，中継機利得を G_0，受信機利得を G_{R} とする．また，送受信間の遅延時間は全体で t_{d} とする．

図 2.10 中継系

このとき，$y(t) = Kx(t - t_{\mathrm{d}})$，$K = G_{\mathrm{T}}G_0G_{\mathrm{R}}/L_1L_2$ となる．また，システムの伝達関数は $H(f) = Ke^{-j2\pi ft_{\mathrm{d}}}$ となる．この伝達関数は増幅/減衰率 K と遅延時間を示す $e^{-j2\pi ft_{\mathrm{d}}}$ の積であり，それぞれ個別に扱うことができる．たとえば，遅延時間を考慮する必要がない場合には t_{d} を無視し，$y(t) = Kx(t)$ として扱える．逆に遅延時間にとくに注目したい場合には，t_{d} を送受信・中継機あるいは無線通信路ごとに詳細に設計することもできる．

必要な信号対雑音電力比が得られるように，複数の無歪み通信路を経由する送受信間の経路（リンク）の利得と損失を計算する設計法を**リンク・バジェット** (link budget) とよぶ．利得には，増幅利得のほか，アンテナや誤り訂正符号化による効果も，アンテナ利得や符号化利得として換算して用いる．損失はケーブルロス，自由空間伝搬損失のほか，**フェージング**（fading：伝搬損失の時間変動）や雑音による損失を含めて計算する．その際に利得・損失の計算は dB（デシベル）値で加減算する．

G 倍の電力利得，$1/L$ 倍の電力損失に対して dB 換算した値を G_{dB}，L_{dB} とすると，$G_{\mathrm{dB}} = 10\log_{10} G$，$L_{\mathrm{dB}} = 10\log_{10} L$ となる．また，基準となる 1 mW を 0 dBm

と表すことで，

$$P_{\mathrm{R}}\,[\mathrm{mW}] = \frac{P_{\mathrm{T}}G_{\mathrm{T}}G_{\mathrm{R}}}{L} \tag{2.9}$$

は，以下のように加減算で受信電力を求められる．

$$P_{\mathrm{RdBm}}\,[\mathrm{dBm}] = P_{\mathrm{TdBm}} + G_{\mathrm{TdB}} - L_{\mathrm{dB}} + G_{\mathrm{RdB}} \tag{2.10}$$

ここで，$P_{\mathrm{R}}\,[\mathrm{mW}]$，$P_{\mathrm{RdBm}}\,[\mathrm{dBm}]$ は受信電力，$P_{\mathrm{T}}\,[\mathrm{mW}]$，$P_{\mathrm{TdBm}}\,[\mathrm{dBm}]$ は送信電力，G_{T}，$G_{\mathrm{TdB}}\,[\mathrm{dB}]$ は送信利得，G_{R}，$G_{\mathrm{RdB}}\,[\mathrm{dB}]$ は受信利得，L，$L_{\mathrm{dB}}\,[\mathrm{dB}]$ は伝搬損失である．

たとえば，利得として 1，2，10，100 および 1/2 倍はデシベルではそれぞれ +1，+3，+10，+20，−3 dB となる．また，電力 0.01，0.02，0.05，0.1 mW はそれぞれ −20，−17，−13，−10 dBm となる．

2.3 歪み

信号を伝達することを目的とするシステムには，入力信号と同じ信号を出力する無歪み通信路が理想である．これに対して，さまざまな要因で通信路に歪みが発生する．本節では，非線形歪みを取り上げる．まず，非線形歪みの近似式とスペクトルについて示す．また，歪みの要因となるマルチパスについて説明する．さらに，歪みの影響を低減する補償器として，非線形歪みに対してプリディストータ，マルチパス対策として等化器を紹介する．

2.3.1 各種の歪み

出力と伝達関数が，2.2.2 項の式 (2.7)，(2.8) に示した $y(t) = Kx(t - t_{\mathrm{d}})$，$H(f) = Ke^{-j2\pi f t_{\mathrm{d}}}$ の形でないとき，これを**歪み** (distortion) のあるシステムとよぶ．歪みはマイクのエコーや電子楽器のディストータなど積極的に用いる場合もある．通信では品質劣化の要因となるため，対策となる補償技術が施される．

入力信号 $x(t)$ によって歪みの有無・大小が異なる．図 2.11 は**非線形歪み** (nonlinear distortion) のあるシステムの入出力電力の関係を示した例である．(a) では，ある値を超えると飽和し，入力電力をさらに大きくしても出力が大きくならない．(b) は，入力電力の振幅を一定にしたうえで，その周波数を大きくした場合，ある周波数以上では出力電力が小さくなるような**周波数特性** (frequency characteristic) のある例である．このようなシステムの場合でも，歪みのない領域では無歪みなシステムとして利用できる．

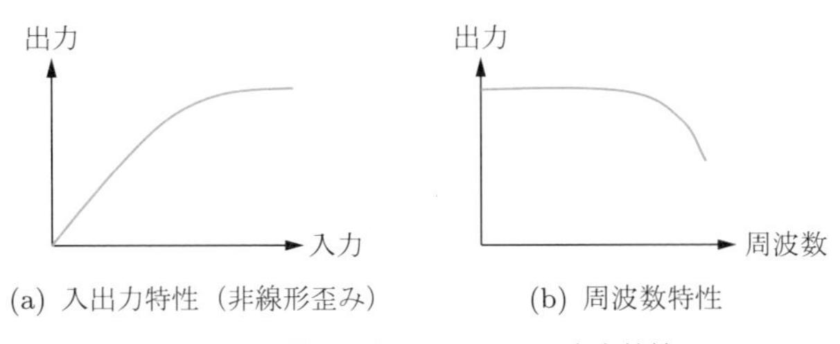

図 2.11　歪みのあるシステムの出力特性

種々の要因により歪みはさまざまな特性をもち，それぞれの歪みに対してその影響をなくす補償法が開発されている．以下では，代表的な非線形歪みとその対策としての**プリディストータ** (predistorter)，そして**マルチパス**（multipath：**多重伝搬路**）による歪みとその対策としての**等化器** (equalizer) を紹介する．

2.3.2　非線形歪みとプリディストータ

出力 $y(x)$ が入力 x に比例し，一次関数 $y(x) = ax$ で表されるとき，x-y 関係が図 2.12 ①のように直線で示される線形システムとなる．これに対して，②と③などの x-y 関係の場合は，線形性が成立しない非線形システムとなる．

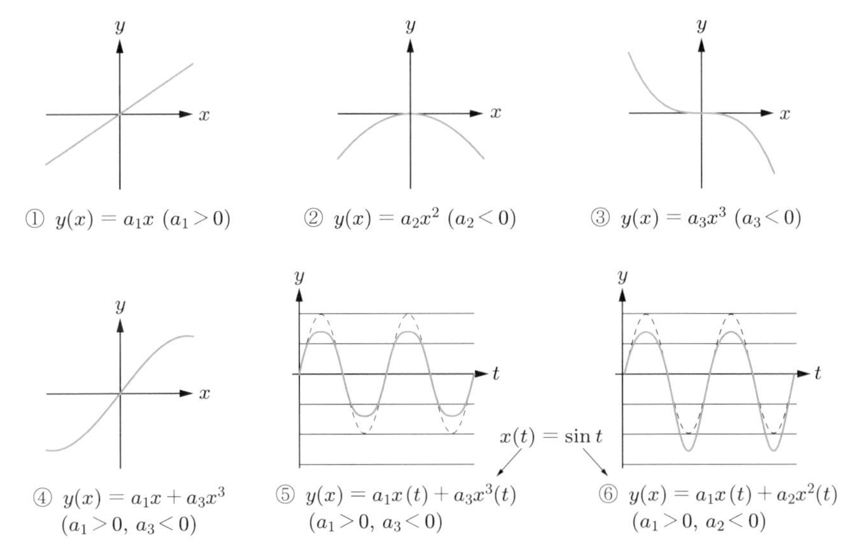

図 2.12　2 次，3 次歪みのある正弦波

図 2.11 (a) の入出力関係の場合も，非線形システムとなる．このような非線形システムの場合には，$y(x) = a_0 + a_1x + a_2x^2 + a_3x^3 + \cdots$ と多項式で近似することがある．たとえば図 2.11 (a) の場合は，出力が飽和するシステムの線形領域を少し外れた領域では，図 2.12 ④に示す $y(x) = a_1x + a_3x^3$（$a_1 > 0$，$a_3 < 0$）で近似で

きる．一例として，このようなシステムに正弦波，$x = \sin t$ を入力した場合，システムの出力 $y(t)$ は図 2.12 ⑤のようにピークがつぶれた波形に歪む．同様に，$y(x) = a_1 x + a_2 x^2$ ($a_1 > 0$，$a_2 < 0$) となるシステムに正弦波，$x = \sin t$ を入力した場合，図 2.12 ⑥のように波形が歪むとともに，平均値が負にシフトする．

$x(t)$ を実偶関数としたとき，式 (2.4) からわかる畳み込みの性質 $x_1(t) \otimes x_2(t) \leftrightarrow X_1(f)X_2(f)$ と式 (1.63) の双対性 $X(t) \leftrightarrow x(f)$ より，$\{x(t)\}^2 \leftrightarrow X(f) \otimes X(f)$ となる．このことから，たとえば，つぎのようになる．

$$y(t) = a_1 x(t) + a_2 x^2(t) \quad \leftrightarrow \quad Y(f) = a_1 X(f) + a_2 X(f) \otimes X(f) \tag{2.11}$$

例題 2.1 で見たように，幅 1 の rect 関数どうしの畳み込みが幅 2 の**三角形関数**になることから，図 2.13 のように，非線形歪みによりスペクトルが広がる．このため，図 2.14 のように周波数軸上に複数の信号を並べることは，非線形歪みによる隣接チャネルへの品質劣化の要因になる．図 2.14 では ch1 の信号の一部が ch2 の帯域に干渉している．音声の場合，これは ch2 側に ch1 の音声が聞こえる**漏話** (crosstalk) とよばれる現象となる．

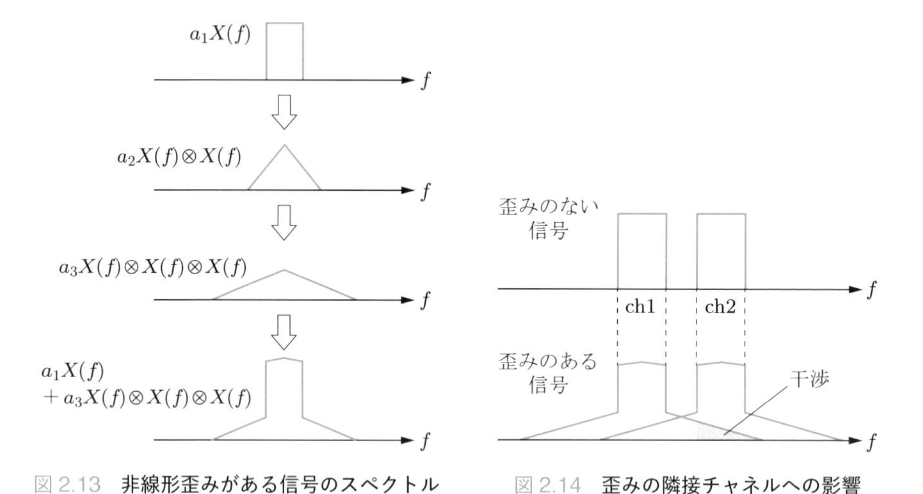

図 2.13　**非線形歪みがある信号のスペクトル**　　図 2.14　**歪みの隣接チャネルへの影響**

通信路の非線形特性 $H_{\mathrm{c}}(f)$ があらかじめ得られている場合，図 2.15 のように送信側であらかじめ $H_{\mathrm{c}}(f)$ の逆特性のプリディストータ $H_{\mathrm{p}}(f)$ を用いることにより，受信信号を $X(f)$ とする手法がある．たとえば，図 2.11 (b) のような周波数特性のある通信路の場合には，あらかじめ高い周波数成分の信号電力を大きくして送信することで，受信信号の周波数特性をフラットにすることができる．

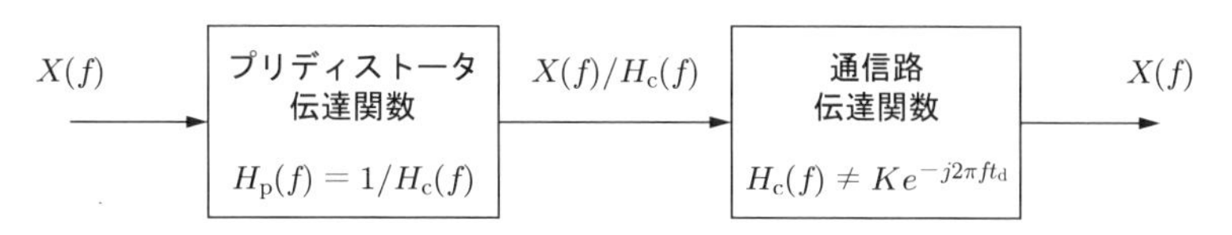

図 2.15　プリディストータ

2.3.3　マルチパス歪みと等化器

送信アンテナから直接受信アンテナに届く電波とともに反射波が受信される現象を**マルチパス**（multipath propagation：多重伝搬）という．音響でのやまびこやエコーはこれに相当するものである．

図 2.16 は無線中継システムにおける例で，反射波が 1 波だけの 2 波モデルとよばれる．送受信アンテナ位置が固定となる無線中継では指向性アンテナを用いるため，反射波の影響は少なくなる．これに対して，携帯電話では図 2.17 に示すように送受信アンテナの位置が定まらないため，無指向性アンテナを用いる．このため，多くの方向からの反射・回折・透過した波が受信され，マルチパスの影響は大きくなる．無線 LAN などの室内伝搬でも部屋の壁・天井・床や什器（本棚や机などの家具）などから多くの反射を受ける．図 2.18 は 6 面鏡の部屋の中のイメージ図である．可視光で多くの鏡像が見られるのと同様に，屋内では多くの反射波が影響する．

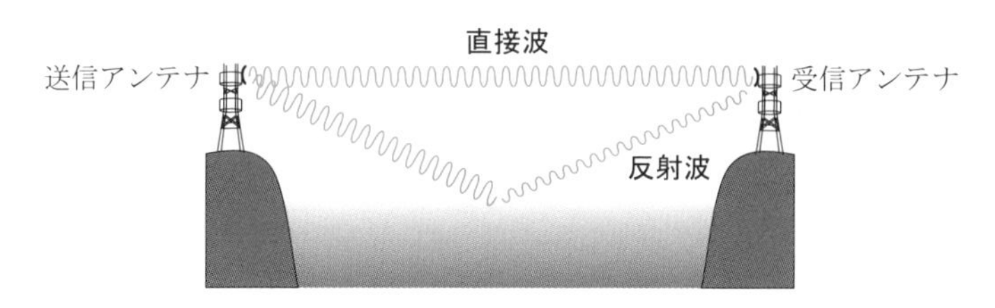

図 2.16　無線中継におけるマルチパス（2 波モデル）

図 2.17　携帯電話におけるマルチパス

図 2.18　鏡の部屋（屋内での反射波のイメージ）

図 2.19 はテレビ放送におけるマルチパスの影響の例で，送信信号 $x(t)$ に対して直接波が $K_1x(t-t_1)$，反射波が $K_2x(t-t_2)$ と表される場合を示す．反射波は直接波に対して K_2/K_1 倍電力が小さく，t_2-t_1 [s] 遅れて受信される．アナログテレビでは，弱い電力の画像は薄く，遅れた信号の画像は走査線の移動する時間だけ横方向に移動する現象（ゴースト現象）が見られた．

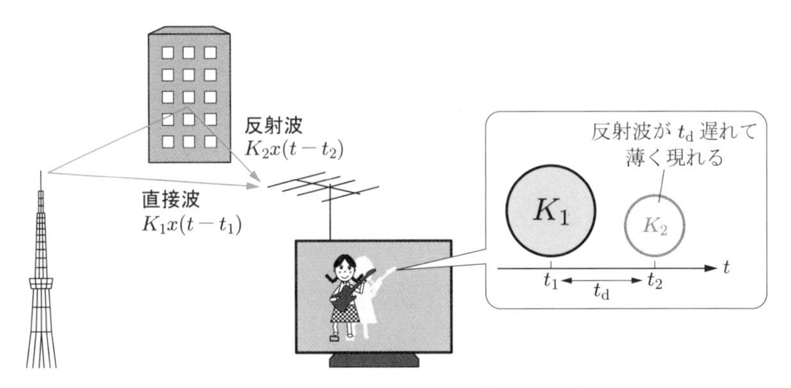

図 2.19　**アナログテレビでのゴースト現象**

マルチパスでは，送信電力を上げると反射波電力も上がってしまう．そのため，送信電力を上げることは対策としての効果がない．このようなマルチパス対策は無線通信において重要な課題となり，第 9 章においても多く扱う．ここでは，その対策の一つとして，図 2.20 に示す**等化器** (equalizer) について述べる．

図 2.20 の等価器は，遅延素子と，タップとよばれる重み付け回路 ($\otimes$) と，合成部 ($\oplus$) で構成される**トランスバーサルフィルタ**からなる．反射波が付加された受信信号 $x(t)+Kx(t-t_\mathrm{d})$ を入力とする（①）．この入力を t_d 遅延させて $-K$ 倍に重み付けした $-Kx(t-t_\mathrm{d})-K^2x(t-2t_\mathrm{d})$ を入力と合成することで，$x(t)-K^2x(t-2t_\mathrm{d})$

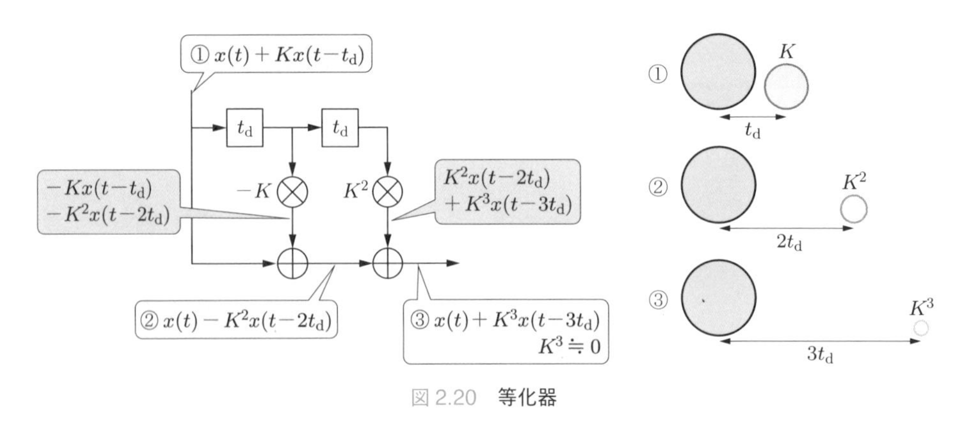

図 2.20　**等化器**

となり，第 2 項の反射波成分を小さくできる（②）．ここで，重み K をタップ係数とよぶ．タップする回数を増すことで，反射波成分をさらに小さくすることができる（③）．なお，アナログ信号の場合には，トランスバーサルフィルタの遅延時間を遅延波に合わせて調整する必要がある．また，K，t_{d} の変動に追随する等化器を**適応等化器**とよぶ．

章末問題

2-1 図 2.21 に示すように，信号 $a(t)$ と時刻 t_0 におけるインパルス $\delta(t-t_0)$ の乗算を，インパルス応答 $h(t)$ のシステムに入力した．システムの出力信号を求めよ．

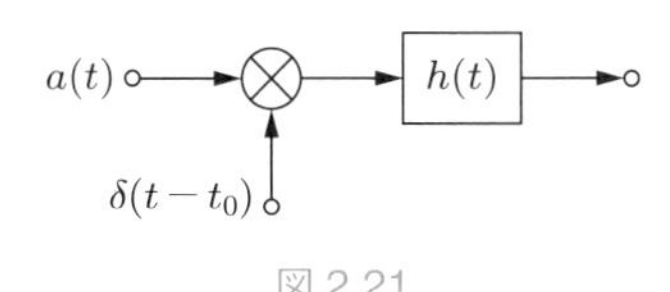

図 2.21

2-2 図 2.22 で①に $\mathrm{sinc}(bt)$ の信号を入力したとき，①～⑥における信号を時間領域と周波数領域で示せ．さらに，周波数領域の信号をそれぞれ図示せよ．ここで，$b>0$，$b/2<f_{\mathrm{i}}$，$f_{\mathrm{c}} \gg f_{\mathrm{i}}$ である．なお，$H_1(f)$，$H_2(f)$ は理想 LPF であり，伝達関数はつぎのとおりである．

$$H_1(f)=\begin{cases}0 & (|f|>f_{\mathrm{c}})\\ 1 & (|f|\le f_{\mathrm{c}})\end{cases},\qquad H_2(f)=\begin{cases}0 & (|f|>b/2)\\ 1 & (|f|\le b/2)\end{cases}$$

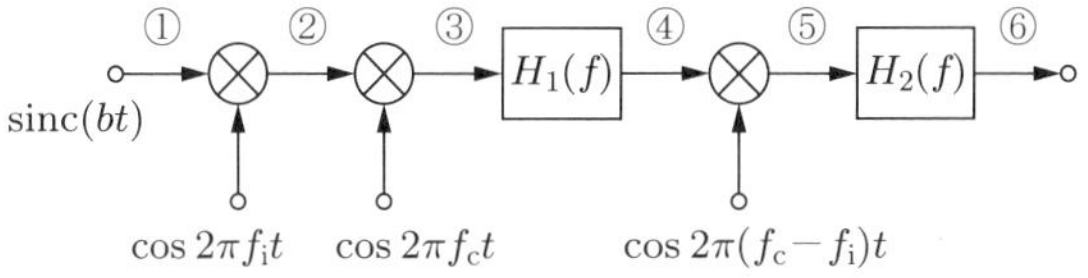

図 2.22

2-3 送信信号 $x(t)$ に対して，直接波の遅延と減衰を無視し，直接波 $x(t)$ と反射波 $Kx(t-t_{\mathrm{d}})$ が合成された信号 $y(t)$ が受信されるとしたとき，この伝搬路の伝達関数 $H(f)$ を求め，$|H(f)|$ をグラフに示せ．

第3章 アナログ変調

ラジオ放送などに代表されるように，人の発するアナログ音声情報をそのままアナログ信号である電波に載せることは，古くから放送や通信分野で行われている．このような情報を信号に載せることを変調とよぶ．

本章では，通信において基本となるアナログ変調を説明する．音声などは電気信号に変換され，アナログのまま通信路に適した信号に変調される．まず，このときの変調の種類や特徴について説明する．そして，搬送波を変調すると周波数領域で帯域が広がる原理を説明する．また，変調波の電力，復調方法について示す．さらに，周波数変調と位相変調は角度変調とよばれることもあるが，その特徴を紹介する．

3.1 アナログ変調の種類

ここではまず，基本的な通信路と変調の目的と機能を示す．

遠くの人に**メッセージ** (message) を伝えるためには，送受信間に**通信路** (channel)（**伝送路**ともいう）が必要となる．通信路としては電話線や光ファイバーなどの線路や電波が伝搬する空間などがあり，通信は大きく有線通信，無線通信に分類される．

情報理論の始祖シャノン（Claude Elwood Shannon，1916–2001）が提唱した通信路モデルを図 3.1 に示す．図で送信機と受信機の間に通信路がある．理想的には送信機から受信機までが無歪みのシステムで，送信メッセージと同じ受信メッセージが宛先に届く．有線や無線の種類ごとに，電気，電波，光などの信号が通信路上で伝送される．このため，送信機において，メッセージを変換して通信路上の信号に載せる．送信機，受信機は入出力がある個別のシステムであり，受信機は送信機の逆変換を行うことで，送受信で同じメッセージとなる．ただし，現実のシステムには，歪み

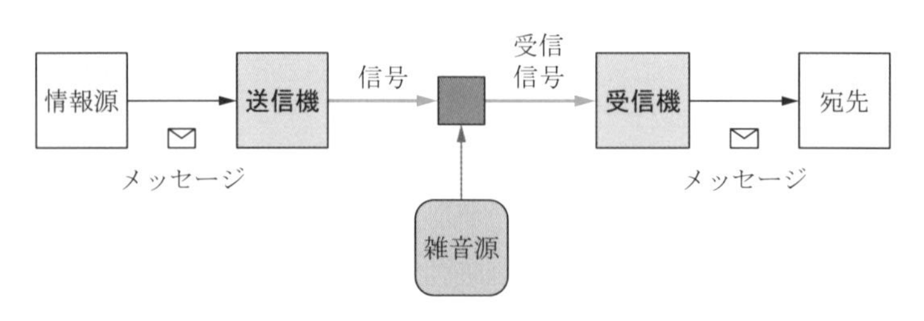

図 3.1 通信路のモデル

や雑音などにより品質の劣化，すなわち，送信メッセージと受信メッセージに違いが生じる．

通信路にさまざまな機能をもたせるために，通信の過程で種々の変換を行う．図 3.2 は人から人への情報を伝える例で，近くの人への情報伝達であれば，情報を言葉にして音声にして伝える．これに対して，さらに遠くの人に情報を伝える場合は，距離を克服するため，音声をマイクロフォンで電気信号に変え，遠くまで届くようにさらに空間を伝搬するマイクロ波など高周波の電波などに変換する．

図 3.2　**情報の伝達**

電波などの高周波の信号は波の性質をもつことで遠くまで伝送される．簡単な波の例として，ある地点での信号を時刻 t の余弦波関数として

$$v(t) = A\cos(2\pi ft + \varphi) \tag{3.1}$$

と表されるものがある．ここで，A は**振幅**，f は**周波数**，φ は**位相**であり，$v(t)$ はグラフに図示すると図 3.3 (a) のような形である．

情報に対応し，メッセージを表す信号であって，搬送波を変換する信号を**変調信号** (modulating signal) とよぶ．高周波の余弦波に変調信号を載せるための変換を**変調**，変調される余弦波を**搬送波** (carrier)，変調されてメッセージが載った電波を**変調波**あるいは**被変調信号** (modulated signal) とよぶ．そして，受信した変調波から情報を得ることを**復調**とよぶ．

変調方式には，送信したい情報信号に従って余弦波の何を変化させるかで分類した，

- **振幅変調**（AM：amplitude modulation）：振幅を変化させる方式
- **周波数変調**（FM：frequency modulation）：周波数を変化させる方式
- **位相変調**（PM：phase modulation）：位相を変化させる方式

がある．周波数変調と位相変調は**角度変調** (angle modulation) ともよばれる．変調波は図 3.3 (b) に示すように情報を載せて通信路を伝送する．図のトラックの絵のように，搬送波はメッセージを運ぶための文字どおりキャリアであり，変調はこれにメッセージを載せるようなものである．受信側はキャリアに載ったメッセージを受け取る．

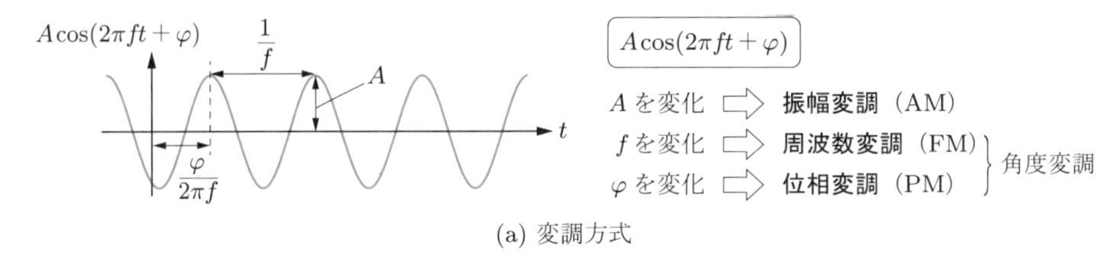

(a) 変調方式

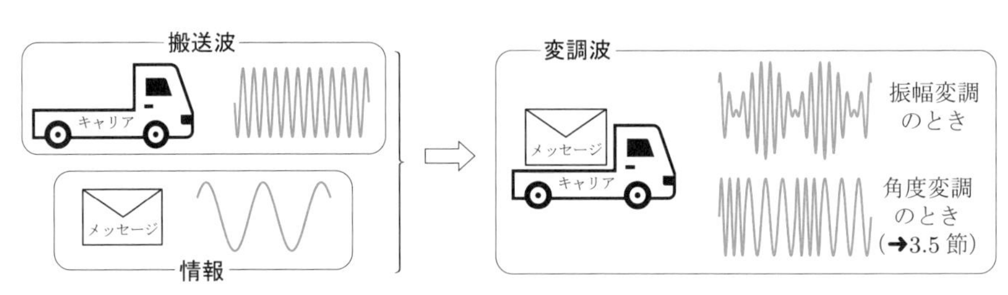

(b) 搬送波が情報を運ぶ

図 3.3　変調

放送を含む無線通信の場合，複数の搬送波が空間上に同時にあると混信し，正しく復調できなくなる．これを防ぐため，それぞれの変調波の搬送波周波数を異なるものにする．たとえばAM ラジオの場合，それぞれの放送局に個別の周波数を割り当てる．図 3.4 の東京での AM ラジオ局の例で示すように，周波数を変えることで，キャリアがそれぞれ違う車線を通るように衝突を避ける．電子回路による周波数フィルタにより，特定周波数の信号のみを抽出することで，他の放送局からの混信を排除できる．

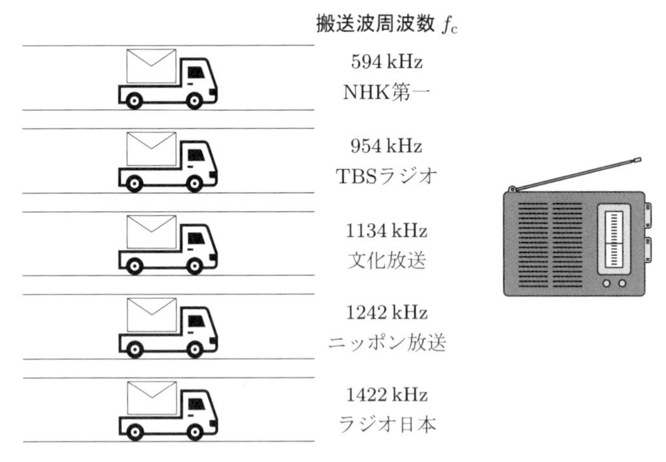

図 3.4　異なる搬送波周波数の割り当てによる混信防止

3.2 振幅変調

前節で，アナログ信号で変調するアナログ変調は，振幅変調 (AM)，周波数変調 (FM)，位相変調 (PM) に分類されることを述べた．本節では，基本的な変調方式として振幅変調について述べる．周波数領域で見ると，振幅変調波には搬送波成分のほかに**側波帯**があり，変調することで帯域が広がることを見る．さらに，AM ラジオを例に挙げて，占有帯域の考え方を示す．

3.2.1 振幅変調 (AM) の仕組み

振幅変調では，$|s(t)| \leq 1$ の範囲にある変調信号 $s(t)$ で，振幅 A_c，周波数 f_c の搬送波を変調したとき，変調波の振幅が $s(t)$ によって変化し，変調波は

$$v_\mathrm{AM}(t) = A_\mathrm{c}\{1 + m_\mathrm{AM}s(t)\}\cos 2\pi f_\mathrm{c}t \tag{3.2a}$$

と表される．ここでは簡単のため，搬送波の時刻 $t = 0$ における初期位相 $\varphi_0 = 0$ とした．ここで，m_AM は**変調指数** (modulation index) とよばれ，搬送波振幅と変調信号の最大振幅の比である．式 (3.2a) は

$$v_\mathrm{AM}(t) = A_\mathrm{c}\cos 2\pi f_\mathrm{c}t + A_\mathrm{c}m_\mathrm{AM}s(t)\cos 2\pi f_\mathrm{c}t \tag{3.2b}$$

のように，第 1 項の搬送波成分と第 2 項の信号成分に分けて示すことができる．

このような式 (3.2b) により振幅変調を実現する振幅変調器は，図 3.5 に示すような単純な構成となり，古くから用いられている．

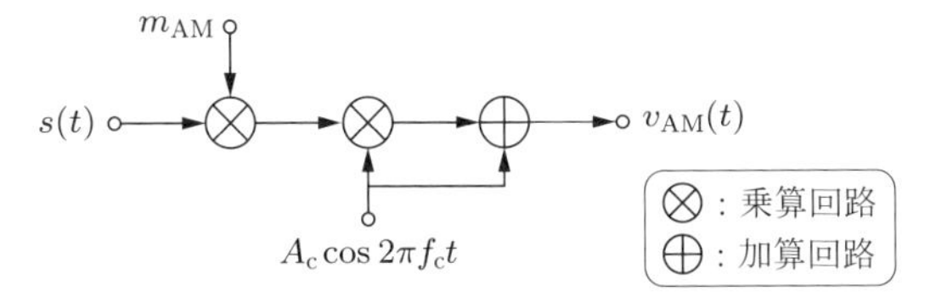

図 3.5 振幅変調器

変調信号 $s(t)$ が図 3.6 (a) のとき，変調波 $v_\mathrm{AM}(t)$ はたとえば図 3.6 (b) のようになる．なお，(b) の破線は**包絡線** (envelope) とよばれる．変調波の概形は m_AM の値によって変わり，図 3.7 に示すようになる．$0 < m_\mathrm{AM} \leq 1$（図 3.7 の (a) と (b)）の場合，包絡線の変化から変調信号成分 $s(t)$ を読み取れるため，包絡線を得ることで変調信号を得る**包絡線復調**ができる．とくに $m_\mathrm{AM} = 1$ のときは 100% 変調とよばれ，包絡線変調のできる振幅変調の中で最も電力効率が高い．$m_\mathrm{AM} > 1$ の場合，図 3.7 (c) に示すように，$A_\mathrm{c}\{1 + m_\mathrm{AM}s(t)\}$ が負となることがあり，包絡線から $s(t)$ を得られ

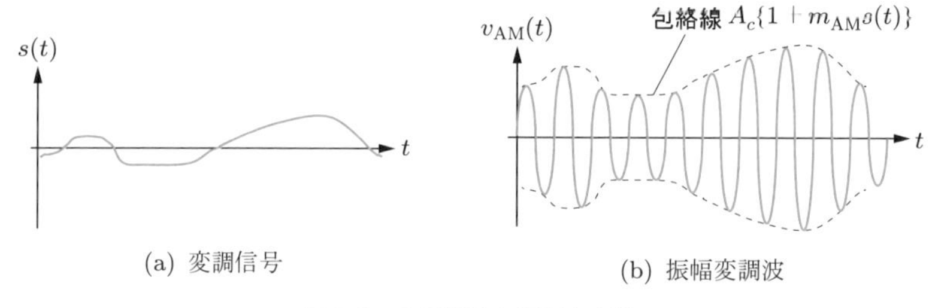

(a) 変調信号　　(b) 振幅変調波

図 3.6　**変調信号と振幅変調波**

(a) $m_{\mathrm{AM}} < 1$　　(b) $m_{\mathrm{AM}} = 1$（**100% 変調**）　　(c) $m_{\mathrm{AM}} > 1$（**過変調**）

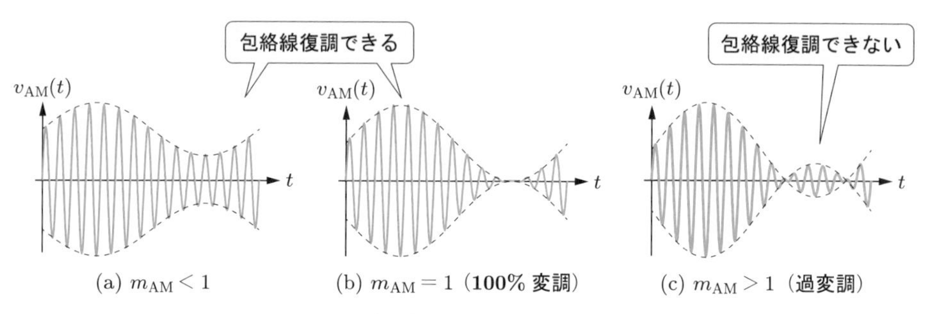

図 3.7　**変調指数による変調波の違い**

ず，包絡線復調ができない．負となっている時間帯は位相が反転することから，搬送波に同期して行う**同期復調** (synchronous demodulation) が必要となる．

3.2.2　トーン変調による解析

式 (3.2) で与えられる変調波をフーリエ変換すれば，変調波を周波数解析できる．しかし，変調信号のスペクトルが影響するため，一般に解析は容易ではない．そこでまず，変調信号が周波数 f_{s} のシングルトーンの余弦波

$$s(t) = \cos 2\pi f_{\mathrm{s}} t \tag{3.3}$$

であるトーン変調について考える．たとえば図 3.8 に示すように，五線譜上の「ラ」の音（基準音の 440 Hz）のみを発する音叉からの音による時報がこれに相当する．

図 3.8 における変調波 $v_{\mathrm{AM}}(t)$ は

$$\begin{aligned} v_{\mathrm{AM}}(t) &= A_{\mathrm{c}}(1 + m_{\mathrm{AM}} \cos 2\pi f_{\mathrm{s}} t) \cos 2\pi f_{\mathrm{c}} t \\ &= A_{\mathrm{c}} \cos 2\pi f_{\mathrm{c}} t + \frac{A_{\mathrm{c}} m_{\mathrm{AM}}}{2} \cos 2\pi (f_{\mathrm{c}} + f_{\mathrm{s}}) t \\ &\qquad + \frac{A_{\mathrm{c}} m_{\mathrm{AM}}}{2} \cos 2\pi (f_{\mathrm{c}} - f_{\mathrm{s}}) t \end{aligned} \tag{3.4}$$

となる．これを周波数領域で示すと，図 3.9 のように，式 (3.4) 最右辺の第 1 項の周

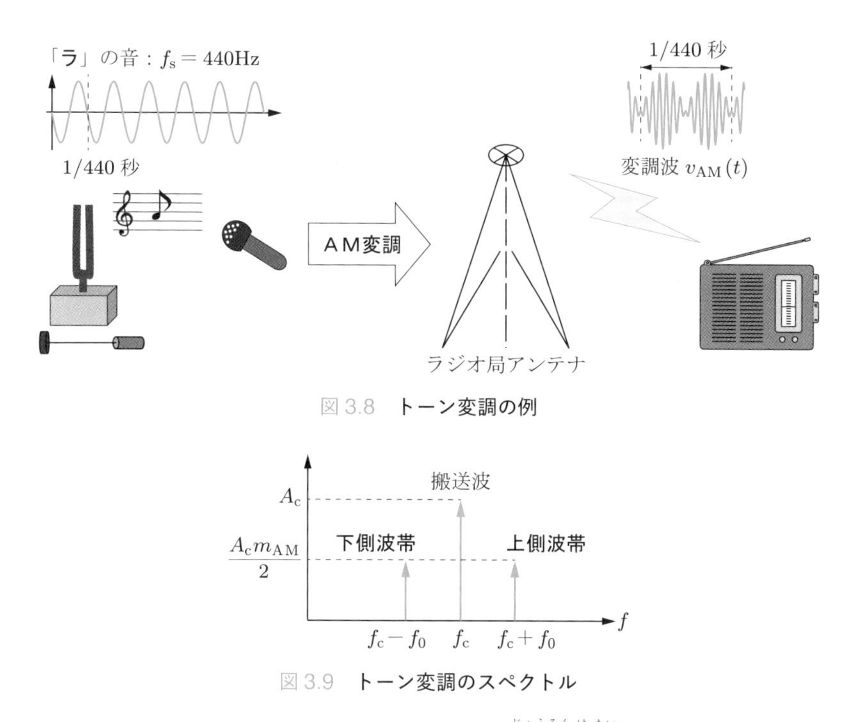

図 3.8　トーン変調の例

図 3.9　トーン変調のスペクトル

波数 f_c の搬送波と，その上下の周波数に第 2 項の**上側波帯** (upper sideband) と第 3 項の**下側波帯** (lower sideband) がある．たとえば，「ラ」(440 Hz) の音を NHK 第一（東京）の搬送波 594 kHz で変調した場合，上側波帯は 594.44 kHz，下側波帯は 593.56 kHz となる．

3.2.3　変調による帯域の広がり

図 3.10 は，音叉によるシングルトーン，ピアノによるマルチトーン，音声など連続的なスペクトルの音についての比較を示す．それぞれの音からマイクロフォンで得た変調信号のスペクトルを表す**基底帯域信号** (baseband (BB) signal) と，これで周波数 f_c の搬送波を変調した変調波の**無線帯域信号** (radio frequency (RF) band signal) を示す．無線帯域信号は中心周波数 f_c の BPF（帯域通過フィルタ）を通すので，**帯域通過信号**ともよばれる．図 3.10 ①のシングルトーン変調波に対して，ピアノで複数の周波数の音が同時に発生した場合を考えると図 3.10 ②のようになる．また，人の声などの音声の周波数成分は図 3.10 ③のように，ピアノの音のような離散的な成分だけではなく，連続的な成分もある．

この図 3.10 のように，変調することにより，変調波の帯域幅は広がる．スペクトルは搬送波を中心に上下（図 3.10 の右列のグラフでは左右）に対称となる．また，そ

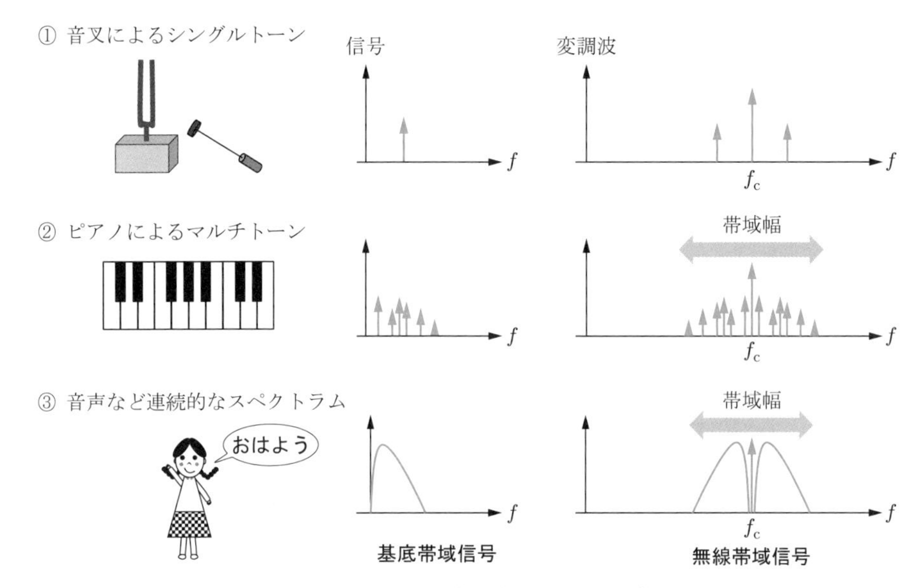

図 3.10　信号による変調波スペクトルの違い

の帯域幅は高い周波数の音があるほど広がる.

3.2.4　帯域制限

通信で利用できる周波数範囲は有限なので，送信信号の帯域幅は狭いほうが好ましい．たとえば，通信で音声を届ける場合，送信信号に可聴周波数を超える周波数成分が含まれていても，結局人には聴き取れないので意味がない[†1]．したがって，送信信号には不要な周波数領域をカットして帯域制限した信号を使うのでも問題ない．この帯域幅は通信システムの目的に応じて設計される．たとえば図 3.11 に示すように，AM ラジオ（中波放送）では人の声の周波数範囲に相当する 200 Hz～7.5 kHz に，固定電話では人の声を聞き分けるために必要な周波数範囲に相当する 300 Hz～3.4 kHz に帯域制限している.

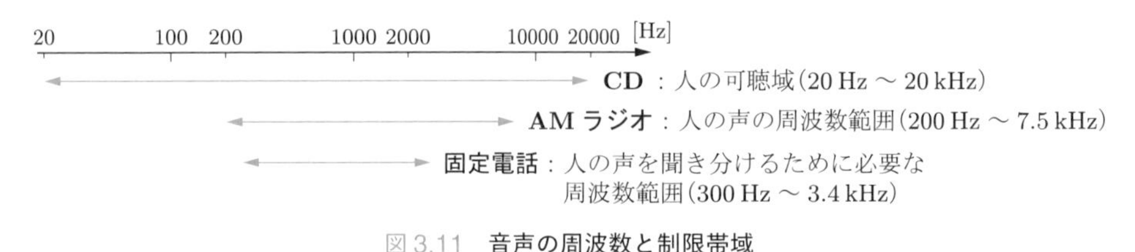

図 3.11　音声の周波数と制限帯域

†1　通信システムの例ではないが，たとえば，CD (compact disc) の出力音の帯域は人の可聴範囲の 20 Hz～20 kHz となっている.

各種の送信信号の周波数は，それぞれの帯域幅だけ搬送波周波数の上下に広がり得る．図 3.12 に示すように，音声の帯域を 7.5 kHz で制限している AM ラジオでは割り当てられた搬送波周波数の上下に側波帯があり，15 kHz の帯域がその局に占有される[†2]．混信を受けないようにするために，他の局がこの占有周波数帯域幅内の電波を送信しないようにそれぞれの周波数が割り当てられる．AM ラジオの各ラジオ局の周波数は 9 kHz の倍数になっている．異なる局が近いエリアにある場合は 18 kHz 以上離れた周波数が割り当てられる．ただし，十分離れた場所にある局の場合は遠いほうの局の電波が減衰し弱くなっているので，同じ周波数や 9 kHz 離しただけの周波数でも割当可能となる．

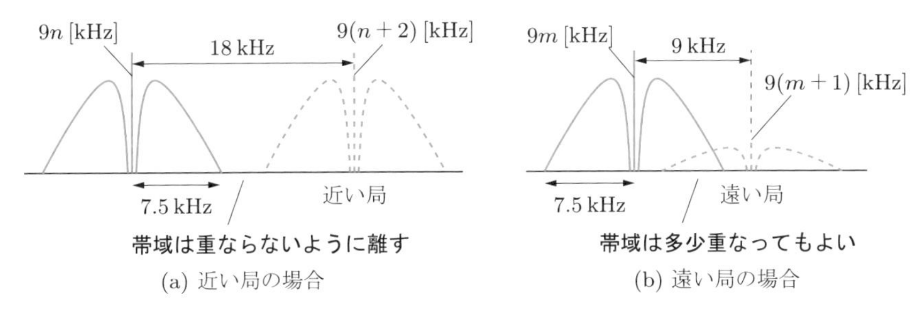

図 3.12　隣接チャネルの占有帯域

3.3　振幅変調の電力効率と搬送波抑圧

本節では，振幅変調の電力を搬送波成分と側波帯成分に分けて確認する．情報は側波帯成分に載るため，変調波電力のうち，側波帯成分の電力の比率である電力効率が高いほうが良い．また，信号が載らない搬送波成分の電力を低減するため，DSB などの搬送波抑圧振幅変調について説明する．

3.3.1　振幅変調波の電力

信号 $v(t)$ の平均電力は 1.3.2 項 (p. 22) で述べたように $P = \mathcal{A}[|v(t)|^2]$（式 (1.53)）となる．変調波平均電力 P のうち信号成分の平均電力 P_s の比率

$$\eta = \frac{P_\mathrm{s}}{P} \tag{3.5}$$

†2　FM ラジオは後述するように AM ラジオとは変調の仕方が異なり，搬送波周波数には 76.0～89.9 MHz という広い範囲（幅 13.9 MHz）から選ばれる．1 ラジオ局に割り当てられる帯域幅には余裕があり，各局の占有帯域は 200 kHz と AM ラジオ局に比べて広い．そのため，出力音の周波数の上限は 15 kHz となっており，AM ラジオ（上限 7.5 kHz）より音質が良い．

がどれくらいであるかは通信の質を測る指標となり，このηを**電力効率**とよぶ．

ここでは，振幅変調で簡単な信号の場合での電力効率を求めてみる．3.2.2 項で述べた振幅変調波の搬送波と側波帯のうち，信号が載る側波帯だけの平均電力をP_{s}，搬送波電力をP_{c}とすると，振幅変調波の平均電力は

$$P_{\mathrm{AM}} = P_{\mathrm{c}} + P_{\mathrm{s}} \tag{3.6}$$

となる．搬送波が余弦波$v(t) = A_{\mathrm{c}} \cos 2\pi f_{\mathrm{c}} t$の場合，搬送波電力は

$$P_{\mathrm{c}} = \frac{A_{\mathrm{c}}^2}{2} \tag{3.7}$$

となる．

つぎに，振幅変調波の電力効率$\eta = P_{\mathrm{s}}/P_{\mathrm{AM}} = P_{\mathrm{s}}/(P_{\mathrm{c}} + P_{\mathrm{s}})$が最大となる状況を考える．まず，3.2.1 項に示した振幅変調波 (3.2a) より，振幅変調波の瞬時電力は

$$p_{\mathrm{AM}}(t) = v_{\mathrm{AM}}^2(t) = A_{\mathrm{c}}^2\{1 + m_{\mathrm{AM}} s(t)\}^2 \cos^2 2\pi f_{\mathrm{c}} t \tag{3.8}$$

となる．よって，P_{s}は信号$s(t)$の影響を受ける．そこで，信号が振幅最大の余弦波$s(t) = \cos 2\pi f_{\mathrm{s}} t \ (f_{\mathrm{s}} < f_{\mathrm{c}})$であるトーン変調を考える．その場合，式 (3.4) から，

$$P_{\mathrm{AM}} = \frac{A_{\mathrm{c}}^2}{2} + \frac{A_{\mathrm{c}}^2 m_{\mathrm{AM}}^2}{4}, \qquad P_{\mathrm{s}} = \frac{A_{\mathrm{c}}^2 m_{\mathrm{AM}}^2}{4} \tag{3.9}$$

と求められ，電力効率は

$$\eta_{\mathrm{AM,\,single}} = \frac{P_{\mathrm{s}}}{P_{\mathrm{AM}}} = \frac{m_{\mathrm{AM}}^2}{2} \Bigg/ \left(1 + \frac{m_{\mathrm{AM}}^2}{2}\right) \tag{3.10}$$

となる．よって，振幅変調では，電力効率が最大となる変調指数$m_{\mathrm{AM}} = 1$の 100% 変調のときでも，電力効率ηは 33% である．このように振幅変調は電力効率が低いが，技術的にも簡易であることから古くから使われている．

3.3.2 DSB，SSB

前項で述べたように，搬送波と両側波帯を送信する振幅変調は効率が悪い．これに対して，搬送波を抑圧して電力効率を高める変調方式として **DSB**（double side band：**両側波帯振幅変調**）[†3] あるいは DSB-SC（double side band-suppressed carrier：

---

†3 DSB は両側波帯を送信する変調方式であり，本来は 3.2.1 項で述べた搬送波と両側波帯をともに送信する変調方式（DSB-WC (double side band-with carrier) とよぶ）のことも含んで意味する．ただし，DSB で両側波帯のみで送信する DSB-SC を指すことが多いため，本書でも単に DSB と表記したときは DSB-SC を意味することとする．

両側波帯－搬送波抑圧振幅変調）とよばれる変調方式がある．これは式 (3.2b) の右辺第 1 項にあたる搬送波成分を送信しないもので，

$$v_{\mathrm{DSB}}(t) = A_{\mathrm{c}} m_{\mathrm{DSB}} s(t) \cos 2\pi f_{\mathrm{c}} t \tag{3.11}$$

となる．周波数領域では，v_{DSB} をフーリエ変換して，

$$V_{\mathrm{DSB}}(f) = \frac{A_{\mathrm{c}} m_{\mathrm{DSB}}}{2} \{S(f - f_{\mathrm{c}}) + S(f + f_{\mathrm{c}})\} \tag{3.12}$$

となる．回路は，3.2.4 項で示した帯域制限のための LPF（低域通過フィルタ）を含めて，図 3.13 のようになる．これにより電力効率を向上できることから，DSB は広く使われている．ただし，復調方法としては包絡線復調を用いることはできず，同期復調が必要となる．

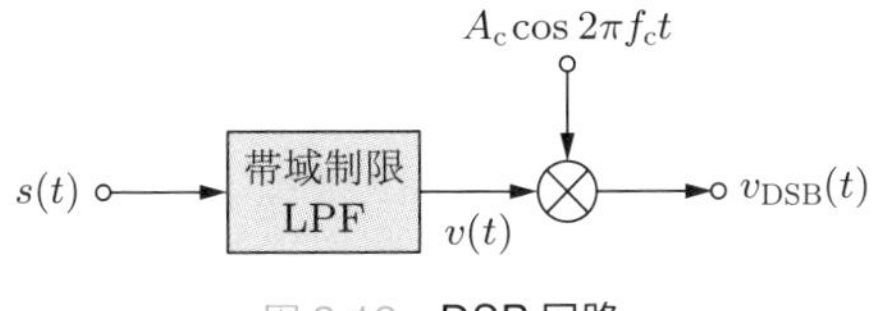

図 3.13　DSB 回路

さらに電力を節約するための方式として，**SSB**（single side band：**単側波帯振幅変調**）がある．上下対称なそれぞれの側波帯には同じ情報が載っていることから，一つの側波帯だけでも情報を送受信できる．このため，片側の側波帯のみを送信するのが SSB である．また，片側の側波帯をフィルタなどでなくすが，完全になくすことができず残る場合は **VSB**（vestigial side band：**残留側波帯振幅変調**）とよばれる．これらの場合は占有する帯域も半分程度になる．

以上の DSB，SSB，VSB のスペクトルを図 3.14 にまとめておく．

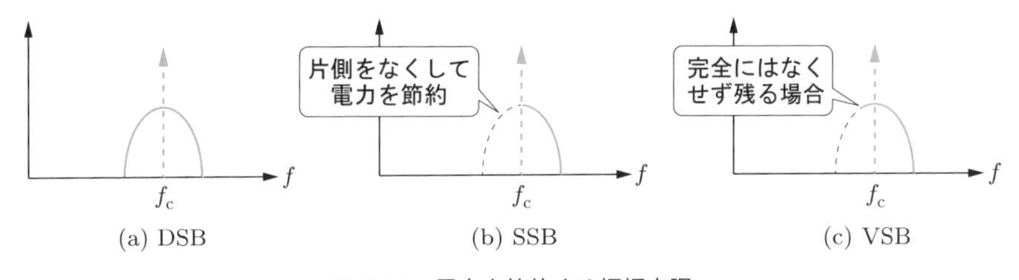

図 3.14　電力を節約する振幅変調

3.4 アナログ復調

本節では振幅変調の復調について説明する．過変調とならない振幅変調では簡易な包絡線復調が可能で，古くから用いられていた．一方，過変調あるいはDSBなどの搬送波を抑圧する振幅変調では，受信側で送信側と同期した搬送波を用意して復調に用いる同期復調が行われる．このために搬送波再生回路が必要となる．本節では，その原理と再生搬送波の誤差の影響を説明する．

3.4.1 AM波包絡線復調

変調指数$0 < m_{\mathrm{AM}} \leq 1$の振幅変調では，その包絡線に信号成分があり，これを得ることで復調することができる．これを**包絡線復調**あるいは包絡線検波とよぶ．図3.15に包絡線復調の復調回路と，回路内部での信号の様子（①〜③）を示す．

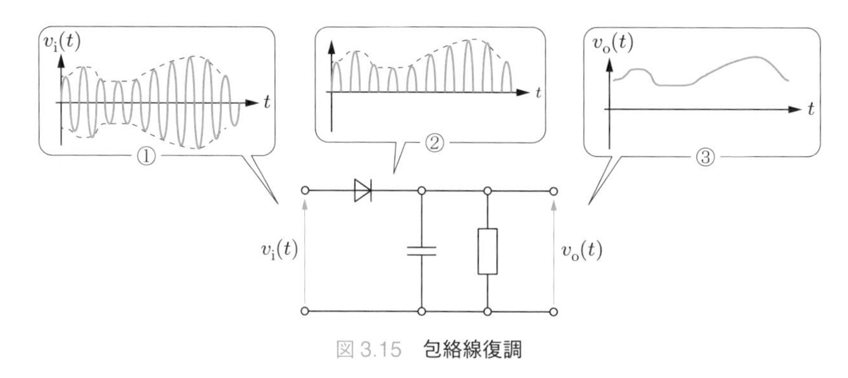

図3.15　包絡線復調

受信された振幅変調信号v_{AM}は，図3.15の復調回路に①の$v_{\mathrm{i}}(t)$として入力される．余弦波である搬送波は正／負の値をもつので，包絡線を得るために，まず復調器への入力①がダイオードを通して②のように整流される．さらに搬送波の高周波成分を取り除くために，コンデンサによる低域通過フィルタを通して③を得る．これが信号成分である包絡線となり，抵抗にかかる電圧$v_{\mathrm{o}}(t)$として復調器から出力される．これがAMラジオであれば，スピーカーに入力され，音声となる．このように，包絡線復調は非常に簡単な回路で実現される．AMラジオはアメリカで1920年，日本では1925年から使われている．

3.4.2 同期復調

包絡線復調は簡単な回路で実現できる利点がある．しかし，$m_{\mathrm{AM}} > 1$となる過変調の場合は，包絡線は図3.16のようになり，横軸に交差し，その際に位相が反転する．このことから包絡線だけで信号$s(t)$を得ることができない．

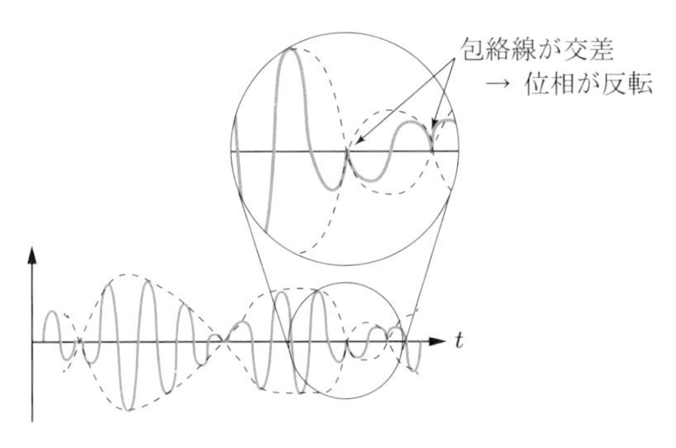

図 3.16　過変調の場合の包絡線

このような過変調の場合や，DSB，SSB，デジタル復調には包絡線復調は適用できず，搬送波の位相が必要となる．そこで，復調器には変調波の搬送波成分が必要となる．この際に復調器における搬送波は変調器の搬送波に同期させる必要があることから，この復調方法は**同期復調**あるいは同期検波とよばれる．DSB など搬送波を送信しない変調方式では，受信機で受信変調波を用いて送信側と同期した搬送波を得る**搬送波再生**が必要である．

1.3.4 項 (p. 26) で説明した変調定理では，信号 $v(t)$ に余弦波を乗じた $v(t)\cos 2\pi f_c t$ を扱った．これは DSB の変調器に相当する．また，同じ項のダウンコンバートで $f_1 = f_2$ の場合が同期復調に相当する．これを図 3.17 に示す．

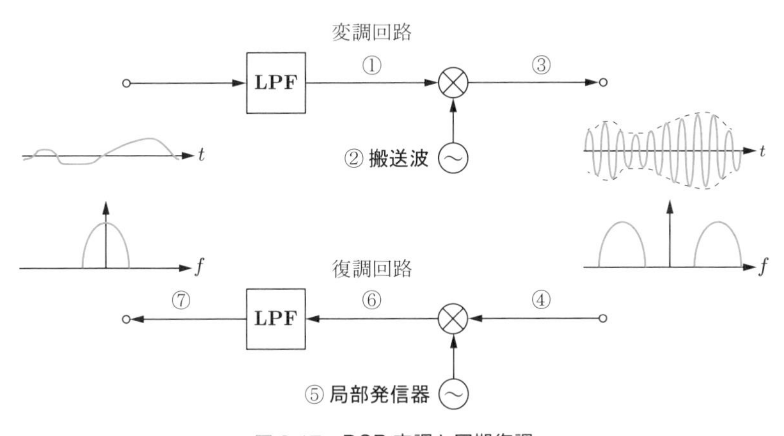

図 3.17　DSB 変調と同期復調

図 3.17 の上側が変調の回路，(b) が復調の回路であり，それぞれの入出力で時間または周波数領域の信号を示す．左側のグラフ二つは時間領域，周波数領域での変調信号あるいは復調信号を，右側のグラフ二つは同じく各領域での変調波を，大きさを考慮せず示したものである．

図3.17の①〜⑦の各段階での信号は，以下のようになる．

① 帯域制限のためにLPFを通過した信号：$s(t)$

② 搬送波：$A_{\mathrm{c}} \cos 2\pi f_{\mathrm{c}} t$
ただし簡単のため，初期位相 $\varphi_0 = 0$ としている．

③ 変調波：$v_{\mathrm{DSB}}(t) = A_{\mathrm{c}} s(t) \cos 2\pi f_{\mathrm{c}} t$

④ 通信路での損失 $0 < L \leq 1$ を受けた受信変調波：$v'_{\mathrm{DSB}}(t) = L A_{\mathrm{c}} s(t) \cos 2\pi f_{\mathrm{c}} t$
ただし，遅延時間，歪みは無視している．

⑤ 局部発振器から出力される再生搬送波：$A_{\mathrm{L}} \cos 2\pi f_{\mathrm{c}} t$

⑥ 受信変調波と再生搬送波を乗じた信号：

$$v_{\mathrm{D}}(t) = L A_{\mathrm{c}} A_{\mathrm{L}} s(t) \cos^2 2\pi f_{\mathrm{c}} t = \frac{L A_{\mathrm{c}} A_{\mathrm{L}}}{2} s(t) + \frac{L A_{\mathrm{c}} A_{\mathrm{L}}}{2} s(t) \cos 4\pi f_{\mathrm{c}} t$$

⑦ LPFで $v_{\mathrm{D}}(t)$ の右辺第2項を除去した復調信号：$v_{\mathrm{DEM}}(t) = K s(t)$
ただし，$K = L A_{\mathrm{c}} A_{\mathrm{L}}/2$ である．

このように復調信号として $s(t)$ を得ることができる．

3.4.3 搬送波同期と誤差の影響

前項で示したように，同期復調では，送信側の搬送波と周波数，位相が同期している再生搬送波を復調器に必要とする．側波帯とともに搬送波が受信される変調方式の場合には受信変調波をBPFを通すことで搬送波を得ることができるが，DSBなど搬送波が抑圧されている変調の場合は搬送波再生回路が必要となる．これには変調方式などによって異なる方式が用いられており，とくに**VCO**（voltage controlled oscillator：電圧制御発振器）を組み込んだフィードバック制御回路が用いられる．

再生搬送波と変調器の搬送波との間に周波数誤差 Δf や位相誤差 $\Delta\varphi$ がある場合，再生搬送波は $A_{\mathrm{c}} \cos\{2\pi(f_{\mathrm{c}} + \Delta f)t + \Delta\varphi\}$ と表される．このとき，復調信号は

$$v_{\mathrm{DEM}} = K s(t) \cos(2\pi \Delta f\, t + \Delta\varphi)$$

となる．周波数が完全に同期され，$\Delta f = 0$ の場合は，

$$v_{\mathrm{DEM}} = K s(t) \cos \Delta\varphi$$

となり，$\Delta\varphi \simeq 0$ であれば $\cos \Delta\varphi \simeq 1$ となるので，大きな問題はない．しかし，$\Delta f \neq 0$ の場合は周期 $1/\Delta f$ で v_{DEM} が0となり，受信信号の品質は大きく劣化する．

3.5 角度変調

前節では，搬送波の振幅，位相，周波数それぞれに信号を載せる変調方式がある中で，とくに振幅変調を中心に述べた．本節では，周波数変調 (FM) と位相変調 (PM) について説明する．この二つは総称して**角度変調** (angular modulation) とよばれる．

角度変調においても，変調することにより帯域が広がる．アナログ変調においては周波数変調波と位相変調波は類似の特性をもつ．また，振幅変調では変調指数 m_{AM} によって電力効率が変化したが，角度変調では周波数や位相についての搬送波成分と信号成分の比率である別の変調指数によって，帯域の広がり方が変化する．角度変調は振幅変調に比べると解析が難しいが，実用的には扱いやすく，ラジオ放送でも AM とともに FM があるように広く用いられている変調方式である．本節では，FM を中心に角度変調について説明する．

3.5.1 角度変調の変復調法

時刻 t における電圧値である変調信号 $v(t)$ で搬送波周波数を変調する．この変調は発振周波数を電圧で制御できる**電圧制御発振器**（VCO：voltage controlled oscillator）を用いることで実現できる．図 3.18 のように，VCO の制御電圧に変調信号を加えることにより，VCO 出力として FM 変調波を得る方式が広く用いられる．復調では，簡易なアナログ回路として実現する場合には，VCO の逆関数に相当する**周波数弁別器** (frequency discriminator) が用いられることが多い．

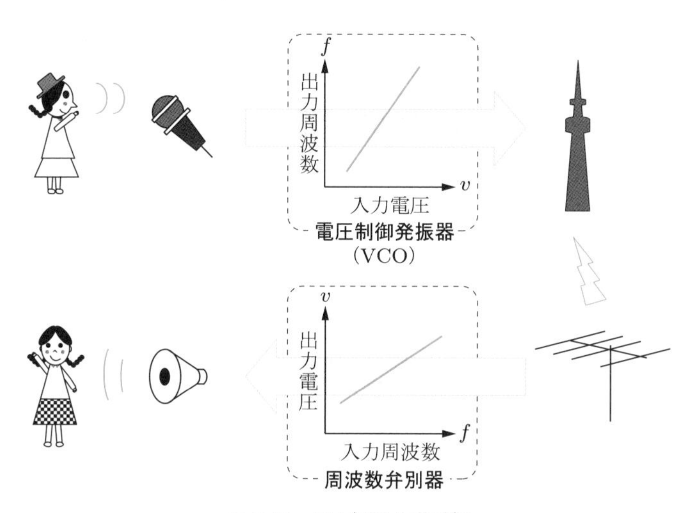

図 3.18　FM 信号の送受信

3.5.2 周波数変調と位相変調の関係

瞬時角周波数 $2\pi f(t)$ [rad/s] は位相 $\varphi(t)$ [rad] の時間微分で，$2\pi f(t) = \mathrm{d}\varphi(t)/\mathrm{d}t$ である．逆に，$\varphi(t)$ は $f(t)$ を時間積分したものであり，

$$\varphi(t) = 2\pi \int_{t_0}^{t} f(\tau)\,\mathrm{d}\tau + \varphi(t_0) \tag{3.13}$$

となる．ここで，変調を開始した初期時刻 t_0 において，初期値 $\varphi(t_0) = 0$，$f(t_0) = 0$ とすれば，積分範囲の下限を無視できる．多くの書籍ではこの初期時刻を $-\infty$ と表しており，本書もこれに従い，

$$\varphi(t) = 2\pi \int_{-\infty}^{t} f(\tau)\,\mathrm{d}\tau \tag{3.14}$$

と記述することにする．

変調信号によって瞬時周波数を偏移させる周波数変調において，$|s(t)| \leq 1$ の範囲にある変調信号が $s(t) = 1$ のとき，瞬時周波数が最大偏移周波数 Δf だけ偏移するとする．時刻 τ における信号が $s(\tau)$ のときの瞬時周波数は $f(\tau) = \Delta f\, s(\tau)$ となり，時刻 t における位相は

$$\varphi(t) = 2\pi\Delta f \int_{-\infty}^{t} s(\tau)\,\mathrm{d}\tau \tag{3.15}$$

となる．したがって，

$$v_{\mathrm{FM}}(t) = A_{\mathrm{c}} \cos\left(2\pi f_{\mathrm{c}} t + 2\pi\Delta f \int_{-\infty}^{t} s(\tau)\,\mathrm{d}\tau\right) \tag{3.16}$$

となる．とくに $s(t) = \cos 2\pi f_0 t$ の場合，

$$v_{\mathrm{FM}}(t) = A_{\mathrm{c}} \cos(2\pi f_{\mathrm{c}} t + m_{\mathrm{FM}} \sin 2\pi f_0 t) \tag{3.17}$$

となる．ここで，$m_{\mathrm{FM}} = \Delta f / f_0$ を **FM 変調指数**とよぶ．

一方，位相変調では，$|s(t)| \leq 1$ の変調信号に対して最大偏移位相を $\Delta\varphi$ としたとき，位相変調信号は $v_{\mathrm{PM}}(t) = A_{\mathrm{c}} \cos(2\pi f_{\mathrm{c}} t + \Delta\varphi\, s(t))$ となる．とくに $s(t) = \cos 2\pi f_0 t$ の場合，

$$v_{\mathrm{PM}}(t) = A_{\mathrm{c}} \cos(2\pi f_{\mathrm{c}} t + \Delta\varphi \cos 2\pi f_0 t) \tag{3.18}$$

となる．ここで，$\Delta\varphi$ が **PM 変調指数** m_{PM} となる．

式 (3.17) と式 (3.18) を比較すると，いずれも振幅 A_{c} は一定であり，図 3.19 のように同じ変調信号に対して積分された信号で変調するか，信号そのもので変調するか

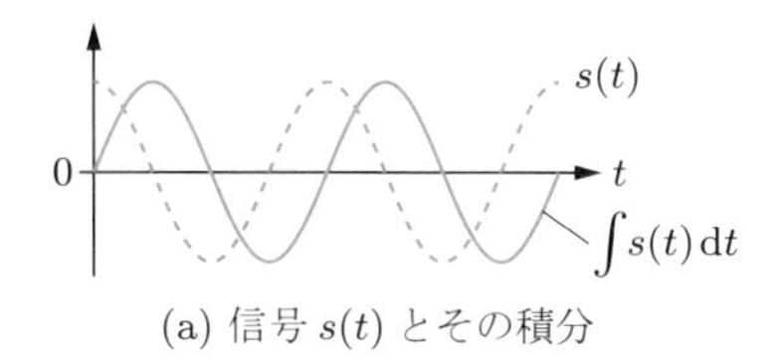

(a) 信号 $s(t)$ とその積分

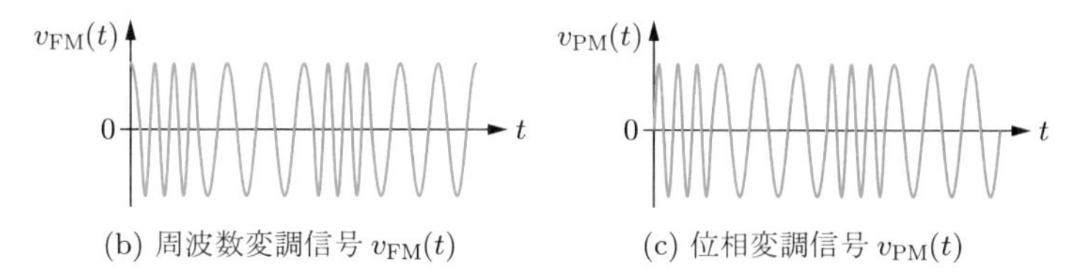

(b) 周波数変調信号 $v_{\mathrm{FM}}(t)$ (c) 位相変調信号 $v_{\mathrm{PM}}(t)$

図 3.19　周波数変調波と位相変調波

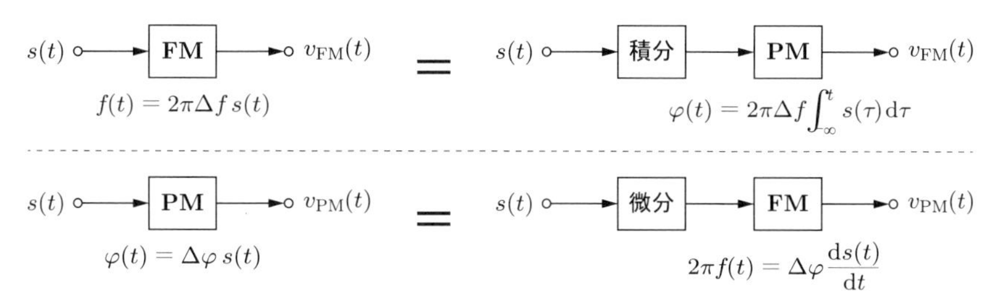

図 3.20　周波数変調と位相変調の関係

の違いがある．このように，アナログ変調では FM と PM は図 3.20 のような関係になり，本質的に同じものである．

3.5.3　角度変調の振幅と電力

角度変調では，変調波の振幅 A_{c}，瞬時電力 $A_{\mathrm{c}}^2/2$ は一定となる．図 3.21 に示すように，AM に使われる増幅器は入力電力が広い範囲にわたるため，そこで歪まないように広い線形領域を必要とする．これに対して，FM と PM の場合には振幅が一定のため，広い線形領域は必要なく，電力効率の良い非線形増幅器を利用できる．

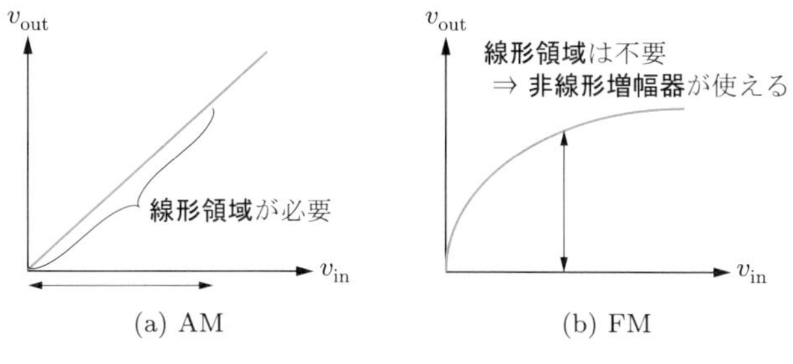

(a) AM　(b) FM

図 3.21　AM と FM の線形性

3.5.4 FMのトーン変調による解析

3.2.2項でのAMと同様に，FMのスペクトルとして余弦波を変調信号としたトーン変調波 $v_{\mathrm{FM}}(t) = A_{\mathrm{c}} \cos(2\pi f_{\mathrm{c}} t + m_{\mathrm{FM}} \sin 2\pi f_0 t)$（式(3.17)）を解析する．AMでのトーン変調は三角関数の積和公式から簡単に解析できたが，FMでは $\cos(\sin x)$ の解析が必要となる．これは第1種ベッセル関数 $J_n(x)$ によって表すことができる．

ベッセル関数の詳細は割愛するが，これを用いると，式(3.17)は

$$v_{\mathrm{FM}}(t) = A_{\mathrm{c}} \sum_{n=-\infty}^{\infty} J_n(m_{\mathrm{FM}}) \cos\{2\pi(f_{\mathrm{c}} + n f_0)t\} \tag{3.19}$$

となる．この式からわかるように，トーン変調された v_{FM} は離散的周波数の余弦波の和となる．無限周波数まで続いているが，変調指数 m_{FM} が小さければ，周波数が上がるに従って高次の項が急激に小さくなる．このように，周波数変調波の帯域は変調指数によって異なる．

3.5.5 狭帯域角度変調

変調指数 $m_{\mathrm{FM}} \ll 1$ となる周波数変調を**狭帯域FM**（NBFM：narrowband FM）とよぶ．この条件から従う $\cos m_{\mathrm{FM}}\varphi(t) \simeq 1$，$\sin m_{\mathrm{FM}}\varphi(t) \simeq m_{\mathrm{FM}}\varphi(t)$ を式(3.17)に適用すると，

$$\begin{aligned}
v_{\mathrm{FM}}(t) &= A_{\mathrm{c}} \cos(2\pi f_{\mathrm{c}} t + m_{\mathrm{FM}} \sin 2\pi f_0 t) \\
&= A_{\mathrm{c}} \cos 2\pi f_{\mathrm{c}} t \cos(m_{\mathrm{FM}} \sin 2\pi f_0 t) \\
&\quad - A_{\mathrm{c}} \sin 2\pi f_{\mathrm{c}} t \sin(m_{\mathrm{FM}} \sin 2\pi f_0 t) \\
&\simeq A_{\mathrm{c}} \cos 2\pi f_{\mathrm{c}} t - A_{\mathrm{c}} m_{\mathrm{FM}} \sin 2\pi f_0 t \sin 2\pi f_{\mathrm{c}} t \\
&= A_{\mathrm{c}} \cos 2\pi f_{\mathrm{c}} t + \frac{A_{\mathrm{c}}}{2} m_{\mathrm{FM}} \cos 2\pi(f_{\mathrm{c}} + f_0)t \\
&\qquad\qquad - \frac{A_{\mathrm{c}}}{2} m_{\mathrm{FM}} \cos 2\pi(f_{\mathrm{c}} - f_0)t
\end{aligned} \tag{3.20}$$

となり，AMと同様に搬送波と上下側波帯からなる．$\Delta\varphi \ll 1$ となる狭帯域PMの $v_{\mathrm{PM}}(t) = A_{\mathrm{c}} \cos(2\pi f_{\mathrm{c}} t + \Delta\varphi \cos 2\pi f_0 t)$（式(3.18)）についても同様に計算される．

狭帯域FMの条件 $m_{\mathrm{FM}} \ll 1$ を満たさないFMを広帯域FMとよぶ．変調指数 m_{FM} によって帯域が異なる様子を図3.22に示す．

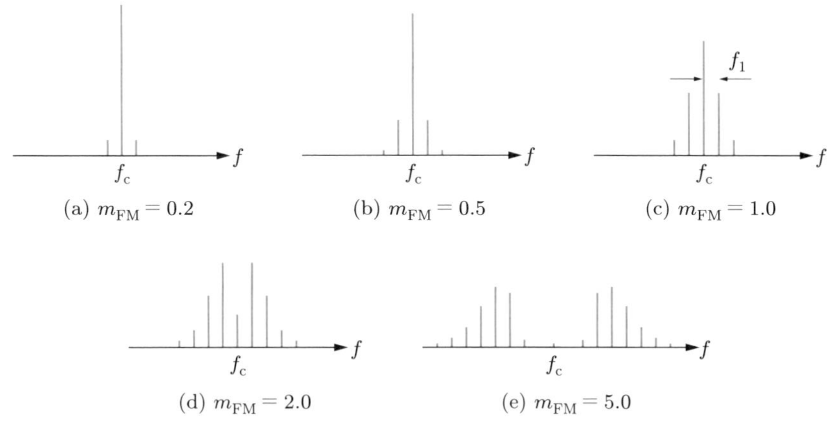

図 3.22　FM 変調指数とスペクトル

3.5.6　狭帯域角度変調波のスペクトル

変調信号 $s(t)$ が一般的な形の場合で狭帯域を解析する．

狭帯域 PM の場合，$\Delta\varphi\, s(t) \ll 1$ のとき $\cos(\Delta\varphi\, s(t)) \simeq 1$，$\sin(\Delta\varphi\, s(t)) \simeq \Delta\varphi\, s(t)$ となることから，

$$
\begin{aligned}
v_{\mathrm{PM}}(t) &= A_{\mathrm{c}} \cos(2\pi f_{\mathrm{c}} t + \Delta\varphi\, s(t)) \\
&= A_{\mathrm{c}} \cos 2\pi f_{\mathrm{c}} t \cos(\Delta\varphi\, s(t)) - A_{\mathrm{c}} \sin 2\pi f_{\mathrm{c}} t \sin(\Delta\varphi\, s(t)) \\
&\simeq A_{\mathrm{c}} \cos 2\pi f_{\mathrm{c}} t - A_{\mathrm{c}} \Delta\varphi\, s(t) \sin 2\pi f_{\mathrm{c}} t
\end{aligned}
\tag{3.21}
$$

となる．AM の場合 (3.2b) と比較すると，右辺第 2 項の正負，cos，sin の位相の違いはあるが，2 乗した電力スペクトルは同等になる．$v_{\mathrm{PM}}(t)$ をフーリエ変換すると，

$$
\begin{aligned}
V_{\mathrm{NBPM}}(f) \simeq& \frac{A_{\mathrm{c}}}{2} \{\delta(f - f_{\mathrm{c}}) + \delta(f + f_{\mathrm{c}})\} \\
&+ j \frac{A_{\mathrm{c}} \Delta\varphi}{2} \{S(f - f_{\mathrm{c}}) - S(f + f_{\mathrm{c}})\}
\end{aligned}
\tag{3.22}
$$

となる．たとえば，$S(f) = \mathrm{rect}(f/2W)$ の場合には図 3.23 のようになる．この図は振幅の大きさを示しているので，位相を表す式 (3.22) の右辺第 2 項の $\pm j$ は影響しない．

これに対して，狭帯域 FM の場合は，

$$
v_{\mathrm{FM}}(t) = A_{\mathrm{c}} \cos\left(2\pi f_{\mathrm{c}} t + 2\pi \Delta f \int_{-\infty}^{t} s(\tau)\, \mathrm{d}\tau\right) \tag{3.23}
$$

となり，式 (3.15) のように位相を

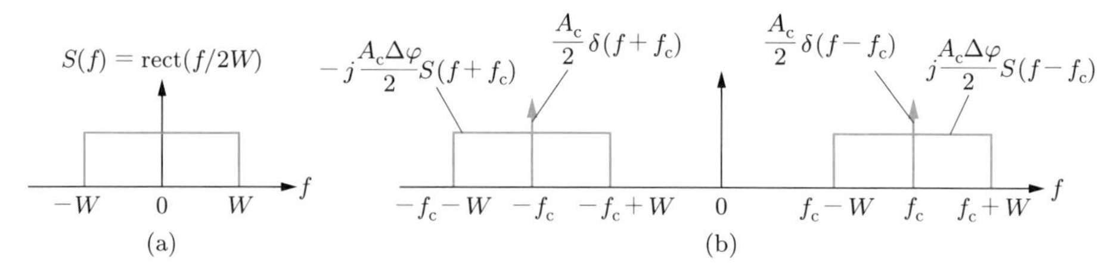

図 3.23　狭帯域 PM のスペクトル

$$\varphi(t) = 2\pi\Delta f \int_{-\infty}^{t} s(\tau)\,\mathrm{d}\tau \tag{3.24}$$

とおくと，狭帯域 FM では $|\varphi(t)| \ll 1$ となることから，$v_{\mathrm{FM}}(t)$ はつぎのようになる．

$$\begin{aligned}
v_{\mathrm{FM}}(t) &= A_\mathrm{c}\cos(2\pi f_\mathrm{c}t + \varphi(t)) \\
&= A_\mathrm{c}\cos 2\pi f_\mathrm{c}t\cos\varphi(t) - A_\mathrm{c}\sin 2\pi f_\mathrm{c}t\sin\varphi(t) \\
&\simeq A_\mathrm{c}\cos 2\pi f_\mathrm{c}t - A_\mathrm{c}\varphi(t)\sin 2\pi f_\mathrm{c}t
\end{aligned} \tag{3.25}$$

ここで，式 (3.24) のフーリエ変換は式 (1.65) から

$$\varphi(t) \quad \leftrightarrow \quad -\frac{j\Delta f\, S(f)}{f} \tag{3.26}$$

となる．したがって，たとえば $S(f) = \mathrm{rect}(f/2W)$ の場合，狭帯域 FM の変調信号のスペクトルは図 3.24 のように低周波数（f が小さい）ほど強調される．

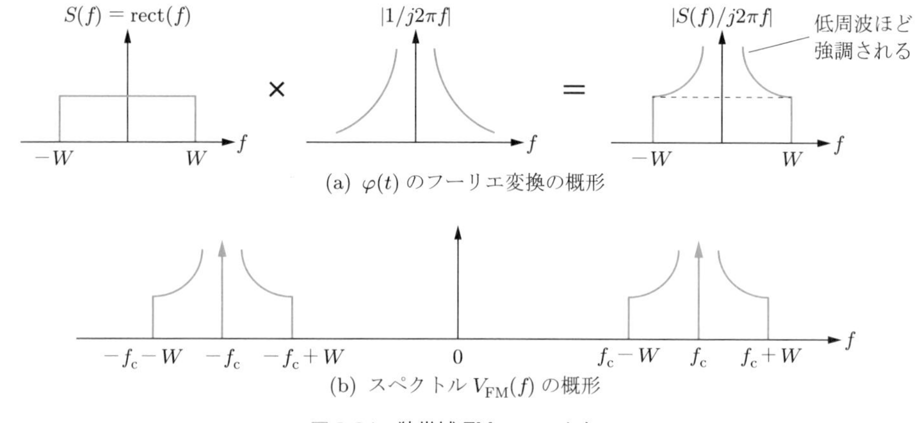

図 3.24　狭帯域 FM のスペクトル

3.5.7　エンファシス

周波数変調では前項で述べたように，低周波数成分が強調される．雑音は周波数によらず一定であるため，信号の高周波数成分ほど雑音の影響を相対的に大きく受ける．高い音が聞こえづらいなど，周波数によって雑音の影響の受け方が異なるため，雑音対策が困難になる．これを避けるため，あらかじめ変調器で周波数変調波の周波数特性の逆特性を与える**プレエンファシス** (pre-emphasis) を行う．復調器では，プレエンファシスと逆特性のデエンファシスを行う．この様子を図 3.25 に示す．

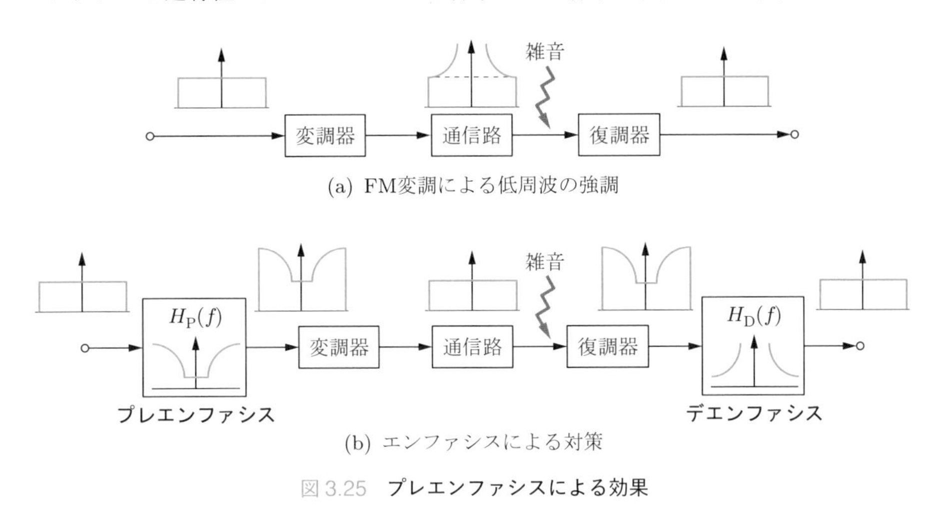

図 3.25　プレエンファシスによる効果

章末問題

3-1　$\mathcal{F}[v(t)] = V(f)$ のとき，$\mathcal{F}[\cos 2\pi f_0 t]$ と $\mathcal{F}[v(t)\cos 2\pi f_0 t]$ を求めよ．また，$v(t)$ のフーリエ変換が図 3.26 に示す $V(f)$ となるとき，フーリエ変換をそれぞれ図示せよ．

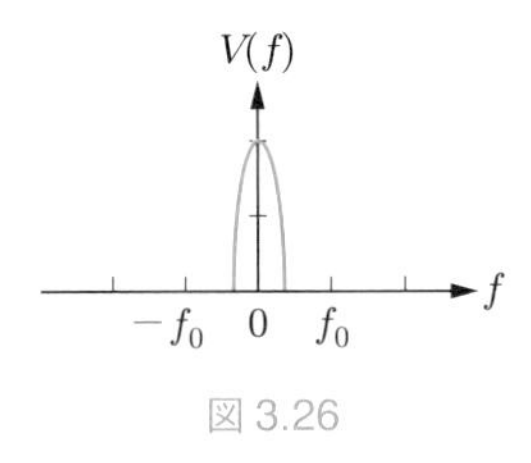

図 3.26

3-2　単一正弦波を変調指数 70% で振幅変調 (AM) したときの電力効率を求めよ．

3-3　情報信号の最高周波数成分 $f_{\mathrm{m}} = 10\,\mathrm{kHz}$，変調指数 $m_{\mathrm{FM}} = 10$ の FM 信号において，最大周波数遷移 Δf と，この FM 信号の伝送に必要な帯域 W_{FM} を求めよ．

第4章 アナログ信号のデジタル化

LSI やコンピュータ，ソフトウェア技術の発展とともにデジタル化によって，大量のデータが扱われるようになり，通信において，デジタル信号を送受信することが多くなって久しい．デジタル通信を行うためデジタル変調が行われるが，人の五感で扱えるのはアナログであるので，アナログ信号をデジタル化する必要がある．デジタル化によって他のデジタル信号とともに扱うことができることも重要である．本章では，アナログ信号の時間を離散化する標本化と，振幅を離散化する量子化を扱う．

まず，アナログ信号をデジタル化することの意義を確認したのち，基本的なデジタル化，デジタル変調の構成を述べる．つぎに，標本化について述べる．とくに標本化定理で，十分なサンプリング周波数があれば，標本化によっていったん失われたサンプリングタイミング間の値が復元できることを示す．また，標本化によって発生するエイリアスと，これによる影響を低減する仕組みを説明する．最後に，量子化とこれに伴う誤差について説明する．

4.1 デジタル化の目的と構成

本節では，アナログ信号をデジタル化する目的，デジタル信号の帯域制限の意味を説明した後，時間の離散化である**標本化**と振幅の離散化である**量子化**といったデジタル化の基本構成を述べる．

4.1.1 マルチメディア化と高機能信号処理

前章では，図 4.1 に示すような帯域の狭いアナログ信号（可聴域の音声など）をアナログのまま伝送するアナログ変調について説明した．先述したように，現在では，コンピュータや LSI の進歩に伴い，デジタル信号を扱うことが多くなって久しく，アナログ信号（情報）を離散的な符号に変換するデジタル化が必要になることも多い．

図 4.2 のように，音声などのアナログ信号を A/D (analog to digital) 変換によって離散的な符号で表されるデジタル信号にすることで，他のデジタルサービスと統括的に扱うことができる．かつては図 4.3 (a) のように，音声は通信（電話）で，動画は放送（テレビ）で，文字は郵便（手紙）で，とそれぞれの情報に応じた手段で別々に伝えるしかなかったが，たとえば携帯電話がデジタル化したことによって，図 4.3 (b)

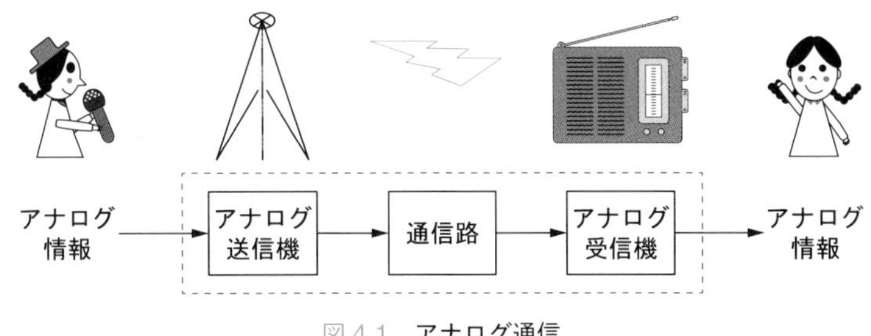

図 4.1　アナログ通信

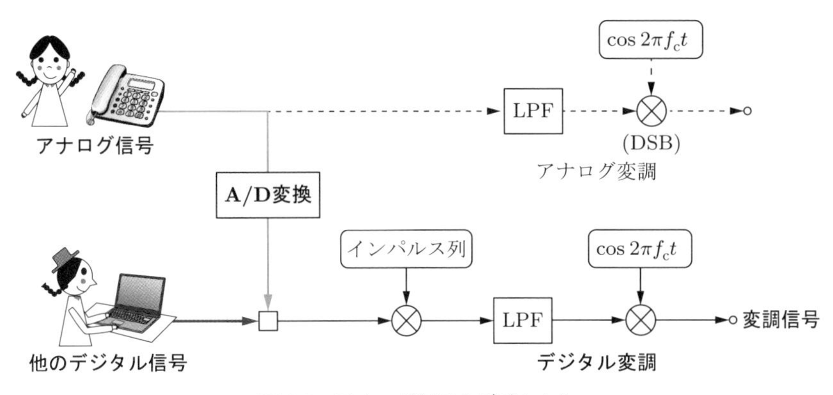

図 4.2　アナログ信号のデジタル化

のように，音声だけでなく，画像や文字情報などとともにマルチメディア化し，一つの端末や通信路で扱えるようになっている．

一定時間内に大量の信号を伝送する高速通信には広い周波数帯域が必要となる．有線伝送路では，並行 2 線ケーブルから光ファイバーまで，線路の特性によってそれぞれで伝送できる帯域が異なる．その線路で伝送できない周波数以上の帯域の信号による通信はできない．一方，無線伝送路は広い帯域をもつが，開放空間であるため，多くの無線局と伝送路を共用する必要がある．伝送路共用のため帯域制限し，周波数を有効に使う必要がある．

実際の電波は物理量が連続に変化するアナログ信号であり，帯域制限が必要である．図 4.4 に示すように，人が扱うアナログ信号をデジタル化しても，電波となる段階ではアナログ信号になる．それでもデジタル化することで，音声・文字・画像など種々のサービスを同じ通信システムで利用するマルチメディア化や，LSI やソフトウェア技術により複雑な信号処理でさまざまな機能が実現できる．

通信の分野では，携帯電話や無線 LAN などでユーザ数が増大するとともに，高精細画像の利用などで高速・広帯域無線通信が求められてきている．これにより，無線周波数需要が増えて周波数有効利用技術の価値が上がっているのに対して，複雑なデ

(a) メディア(アナログ信号)

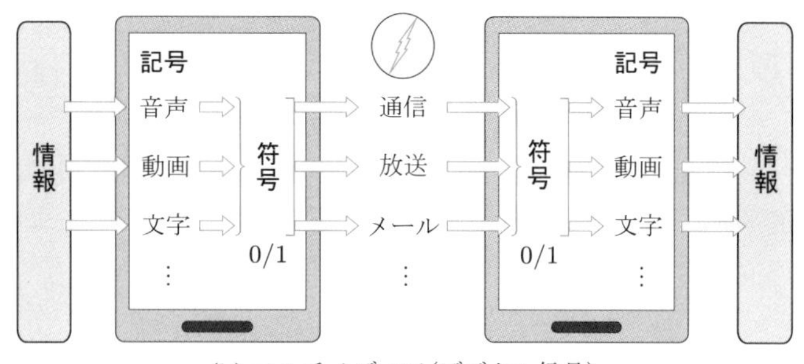

(b) マルチメディア(デジタル信号)

図 4.3　デジタル化によるマルチメディア化

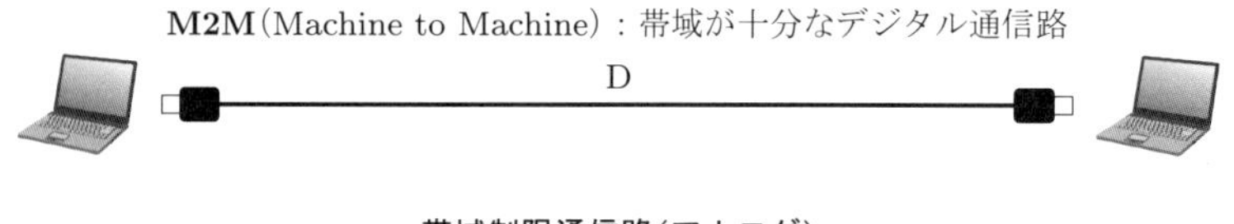

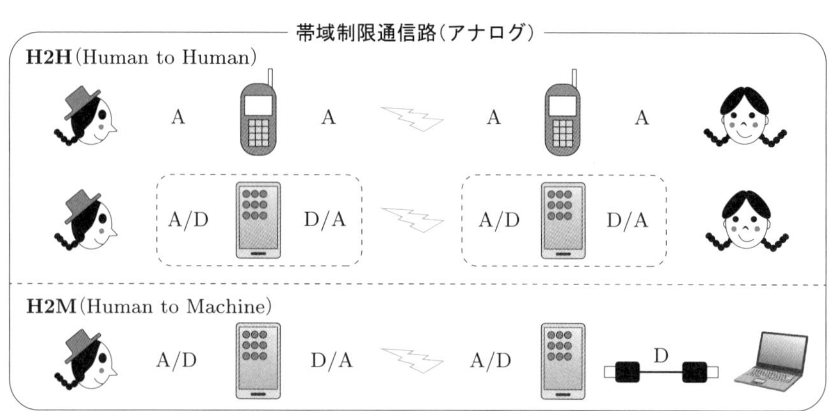

図 4.4　通信路におけるアナログ化

ジタル信号処理のおかげでLSIは低廉化し，デジタル化の効果が大きくなっている．

4.1.2 デジタル化の基本構成

アナログ信号は時間と振幅が連続値であるのに対して，デジタル信号は離散値となる．アナログからデジタルに変換するためには，時間，振幅の順に離散化する．まず図4.5 (a) のように，アナログ信号 $s(t)$ を**サンプリング周期** T_{s} ごとに，振幅の代表値を決定する**標本化** (sampling) を行う．すなわち，$s(t)$ から時刻 kT_{s}（k は整数）における代表値 $s(kT_{\mathrm{s}})$ を得る．つぎに (b) のように，その標本化された $s(kT_{\mathrm{s}})$ を離散値 $s_{\mathrm{q}}(kT_{\mathrm{s}})$ に近似させる**量子化** (quantization) を行う．この図では，量子化により $s_{\mathrm{q}}(kT_{\mathrm{s}})$ が 0～7 の離散値（整数）で表される．さらに (c) のように，量子化で得た離散値は 3 bits（000～111）に**符号化** (coding) される．この段階でデジタル化された信号は，各種符号技術，デジタル信号処理，デジタルネットワークを適用できる．この符号が誤りなく伝達されれば，受信側で逆変換を行うことで送信アナログ信号を再現できる．そして (d) のように，受信符号から 0～7 の離散値に逆変換された値を周期 T_{s} の間保持（ホールド）して，実線の信号 $\hat{s}_{\mathrm{q}}(kT_{\mathrm{s}})$ が得られる．このとき，破線の送信アナログ信号（連続信号）$s(t)$ と実線の信号 $\hat{s}_{\mathrm{q}}(kT_{\mathrm{s}})$ の間には誤差があるが，サンプリング周期 T_{s} と量子化の精度を細かくすれば，誤差は小さくなる．

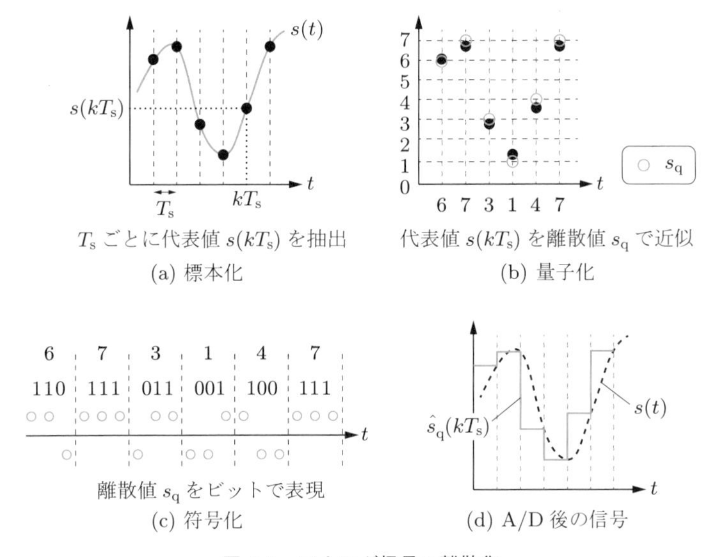

図4.5 アナログ信号の離散化

4.1.3　デジタル化の回路構成

標本化，量子化により離散化した信号によるデジタル変調を **PCM**（pulse code modulation：パルス符号変調）とよぶ．図 4.6 に PCM の基本構成を示す．あわせて，送信側の各部①～⑦での信号を図 4.7 に示す．

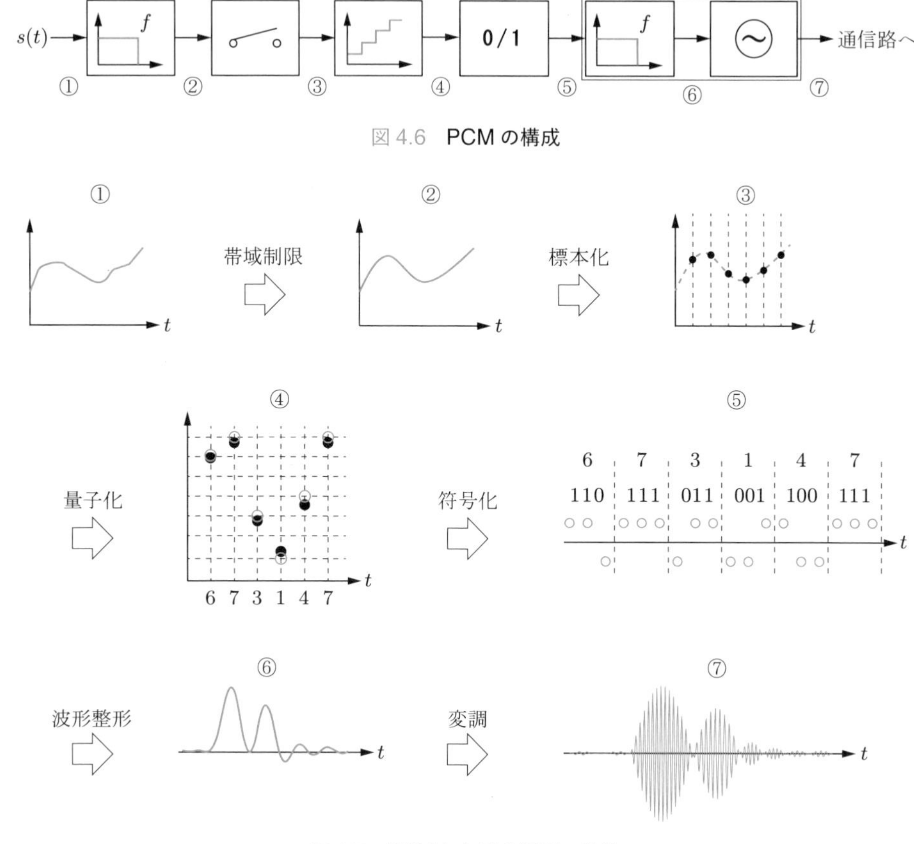

図 4.6　**PCM の構成**

図 4.7　**PCM における信号の変換**

アナログ信号（図 4.7①）である $s(t)$ は，周波数領域で帯域を制限するために LPF を通り，②のような波形になる．

つぎに，標本化して③に，量子化して④になり，符号化してデジタル信号⑤となる．符号化された信号⑤は情報源符号化，暗号化，通信路符号化の技術により，効率化，セキュリティ向上，さらに誤り率低減などが可能となる．また，変調前に通信路に適した信号処理も行われる．

このデジタル信号で搬送波を変調する．その際，2 値の離散値⑤は変調波の帯域を制限する LPF によって，時間領域で前後の符号に影響を与えないように**波形整形**された連続値⑥となったうえで，搬送波と乗算された変調波⑦となる．変調波は通信路を通して，受信側に伝送される．受信側では，復調，復号化，D/A といった送信側の逆変換を行い，最後に LPF を通して連続信号 $\hat{s}(t)$ を得る．

4.2 標本化

時間の離散化である標本化ではサンプリング周期ごとに値を決定する．本節では，その際に標本化によっていったん失われるサンプリングタイミング間の値が，受信側で復元できることを述べる．これは**標本化定理**とよばれる．また，この標本化定理の原理を示すために，サンプリングされた信号と復元された信号について時間領域，周波数領域で確認する．さらに，その説明の中でエイリアスについて述べ，これによって起きる折り返し雑音およびその対策を紹介する．

4.2.1 標本化定理

余弦波 $s_1(t) = \cos 2\pi f_1 t$ を**サンプリング周期** T_s で標本化すると，T_s の整数倍の時刻 kT_s でのみ，値

$$s_1(kT_\mathrm{s}) = \cos 2\pi f_1 kT_\mathrm{s} \tag{4.1}$$

が得られる．以下では，余弦波であるという条件のもとで，値 $s_1(kT_\mathrm{s})$ を得て $s_1(t)$ を復元できるかを考える．

n が整数のとき，$\cos\varphi = \cos(2\pi n \pm \varphi)$ であることから，

$$\begin{aligned} s_1(kT_\mathrm{s}) &= \cos 2\pi f_1 kT_\mathrm{s} = \cos(2\pi kn f_\mathrm{s} T_\mathrm{s} \pm 2\pi f_1 kT_\mathrm{s}) \\ &= \cos 2\pi(nf_\mathrm{s} \pm f_1)kT_\mathrm{s} \end{aligned} \tag{4.2}$$

となる．ここで，f_s は**サンプリング周波数**とよばれ，$f_\mathrm{s}T_\mathrm{s} = 1$ を満たす．式 (4.2) は，値 $s_1(kT_\mathrm{s})$ を得たとき，余弦波の周波数は $nf_\mathrm{s} \pm f_1$ のうちのどれかは判別できないことを意味する．さらに，図 4.8 のように値 $s_1(kT_\mathrm{s})$ を一通り得ても，これらを結ぶ余弦波は図の青色の実線と破線をはじめ無数にある．

式 (4.2) より，$s_1(kT_\mathrm{s})$ の値を結んで得られる余弦波の周波数は $nf_\mathrm{s} \pm f_1$ であり，これを図示すると図 4.9 ①のようになる．②のように f_s を大きくすると，各 $nf_\mathrm{s} \pm f_1$ の間隔は広くなり，余弦波は減る．f_s を大きくすることは，T_s を小さくし，より細かい周期で標本化することを意味する．さらに $f_\mathrm{s} > 2f_1$ とすると，③のように f_1 より

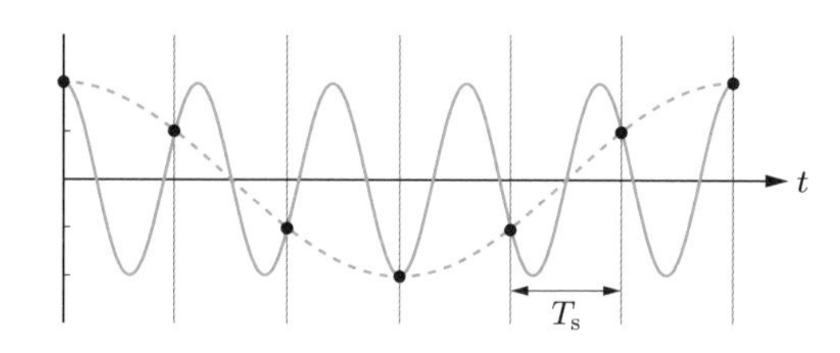

図 4.8　余弦波の標本化（時間領域）

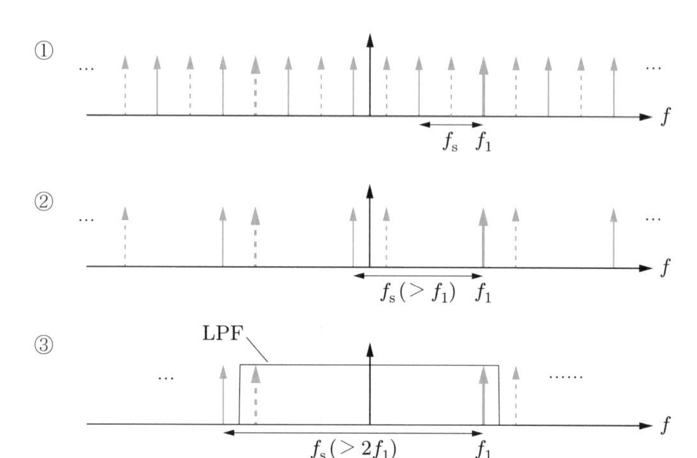

図 4.9　余弦波の標本化（周波数領域）

小さい周波数の余弦波はなくなる．そして帯域制限をすることで，元の信号 $s_1(t)$ を復元できる．このように，元の信号の（最大）周波数の 2 倍より大きなサンプリング周波数で標本化すれば元の信号を復元できることを**標本化定理**という．

余弦波以外の信号 $s(t)$ の場合は，図 4.10 に示すように $s(t)$ が W で帯域制限されていれば，$f_s > 2W$ を満たすサンプリング周波数で標本化することで復元可能となる．

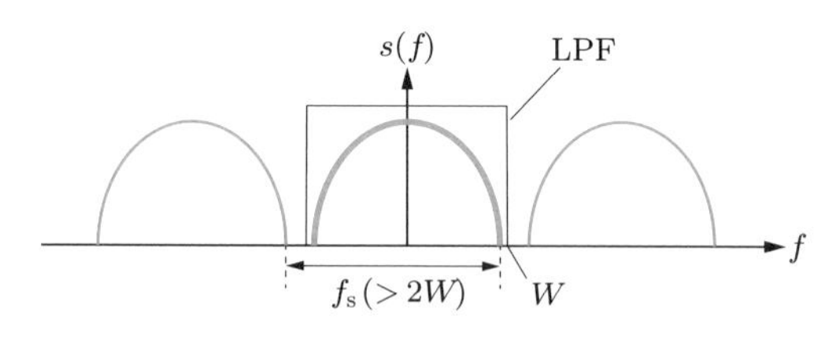

図 4.10　余弦波以外の標本化 ($\boldsymbol{f_s > 2W}$)

4.2.2　アナログ信号の復元

本項では，標本化された信号がLPFを通すことで復元されることを示す．信号 $s(t)$ は周波数 W で帯域制限されている．図4.11に示すように，これをサンプリング周波数 $f_{\mathrm{s}} > 2W$ で標本化した信号を $s_{\mathrm{s}}(t)$ とし，$s_{\mathrm{s}}(t)$ を周波数 f_{s} のLPFに通した信号を $\hat{s}(t)$ とする．

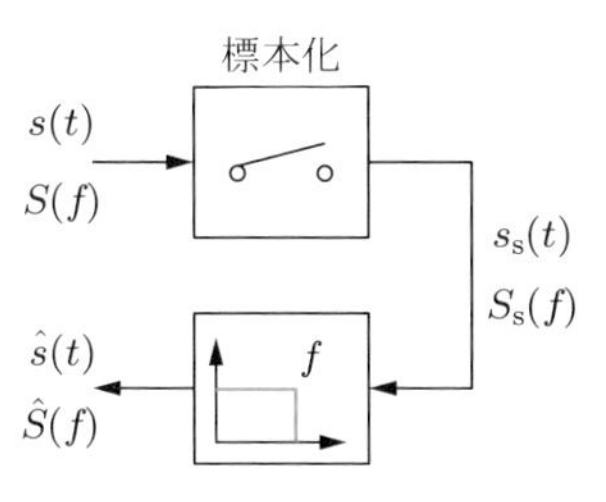

図4.11　標本化とLPF

まず時間領域について考える．$s(t)$（図4.12①）の $t = kT_{\mathrm{s}}$ での値を標本化した信号は，インパルス列 $\sum_{k=-\infty}^{\infty} \delta(t - kT_{\mathrm{s}})$（③）との積 $s_{\mathrm{s}}(t) = s(t) \sum_{k=-\infty}^{\infty} \delta(t - kT_{\mathrm{s}})$（⑤）となる．

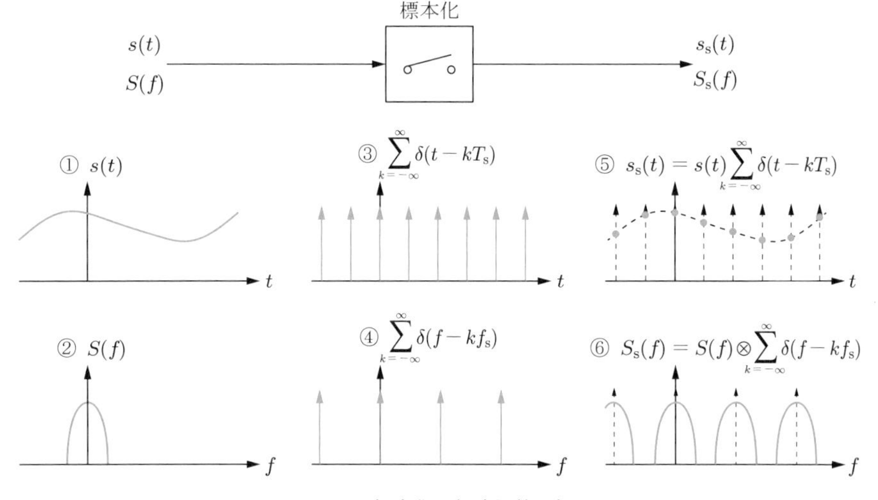

図4.12　標本化の伝達関数と信号

つぎに周波数領域について考える．$s(t)$ のフーリエ変換は $S(f)$（②）である．例題1.5に示すように，時間領域のインパルス列（③）のフーリエ変換は周波数領域のインパルス列 $\sum_{k=-\infty}^{\infty} \delta(f - kf_{\mathrm{s}})$（④）となる．

ここで，積関数（⑤）のフーリエ変換について考える．式(2.4)にあるように畳み込みのフーリエ変換はフーリエ変換の積であることと，フーリエ変換の双対性(1.63)

から，$\mathcal{F}[v(t)w(t)] = W(f) \otimes V(f)$ が成り立つ[†1]．したがって，⑤のフーリエ変換は $S(f)$（②）と $\sum_{k=-\infty}^{\infty} \delta(f - kf_\mathrm{s})$（④）の畳み込みであり，

$$S_\mathrm{s}(f) = S(f) \otimes \sum_{k=-\infty}^{\infty} \delta(f - kf_\mathrm{s})$$

（⑥）となる．この式は図 4.13 に示すように，インパルス列に対して $S(f)$ の f を変化させて畳み込んだスペクトルとなる．⑥において，$f = 0$ を中心とした $S(f)$ 以外の $S(f - kf_\mathrm{s})$ は**エイリアス** (alias) とよばれ，信号 $S(f)$ にとって雑音となる．

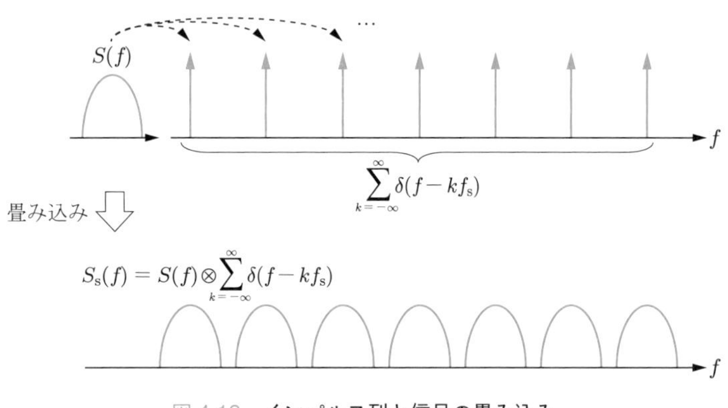

図 4.13　**インパルス列と信号の畳み込み**

つぎに図 4.14 で，$s_\mathrm{s}(t)$（①）や $S_\mathrm{s}(f)$（②）から $\hat{s}(t) = s(t)$ や $\hat{S}(f) = S(f)$ を得る受信側の処理を考える．$f_\mathrm{s} > 2W$ の条件でエイリアスは信号と重ならないため，$|f| < f_\mathrm{s}$ のみを通過させる LPF で②におけるエイリアスを除去できる．この LPF の伝達関数が $\mathrm{rect}(f/f_\mathrm{s})$（④）となり，LPF 出力は周波数領域では $\hat{S}(f) = S_\mathrm{s}(f)\,\mathrm{rect}(f/f_\mathrm{s}) = S(f)$（⑥）となる．

一方，LPF のインパルス応答は，LPF の伝達関数 $\mathrm{rect}(f/f_\mathrm{s})$ の逆フーリエ変換 $\mathrm{sinc}(t/T_\mathrm{s})$（③）である．周波数領域で $\hat{S}(f) = S(f)$ となることから，時間領域では LPF 出力は $\hat{s}(t) = s_\mathrm{s}(t) \otimes \mathrm{sinc}(t/T_\mathrm{s}) = s(t)$（⑤）となる．

図 4.15 に畳み込みの様子を示す．複数の sinc 関数のうち，$t = kT_\mathrm{s}$ においては $\mathrm{sinc}\left(\frac{t-kT_\mathrm{s}}{T_\mathrm{s}}\right)$ 以外の sinc 関数の値は 0 となり，$\hat{s}(kT_\mathrm{s}) = s(kT_\mathrm{s})$ となる．

---

†1　以下のように示される．

$$\begin{aligned}\mathcal{F}[v(t)w(t)] &= \int_{-\infty}^{\infty} v(t)w(t)e^{-j2\pi ft}\,\mathrm{d}t = \int_{-\infty}^{\infty} v(t)\left\{\int_{-\infty}^{\infty} W(f')e^{j2\pi f't}\,\mathrm{d}f'\right\}e^{-j2\pi ft}\,\mathrm{d}t \\ &= \int_{-\infty}^{\infty} W(f')\left\{\int_{-\infty}^{\infty} v(t)e^{-j2\pi(f-f')t}\,\mathrm{d}t\right\}\mathrm{d}f' = \int_{-\infty}^{\infty} W(f')V(f-f')\,\mathrm{d}f' = W(f)\otimes V(f)\end{aligned}$$

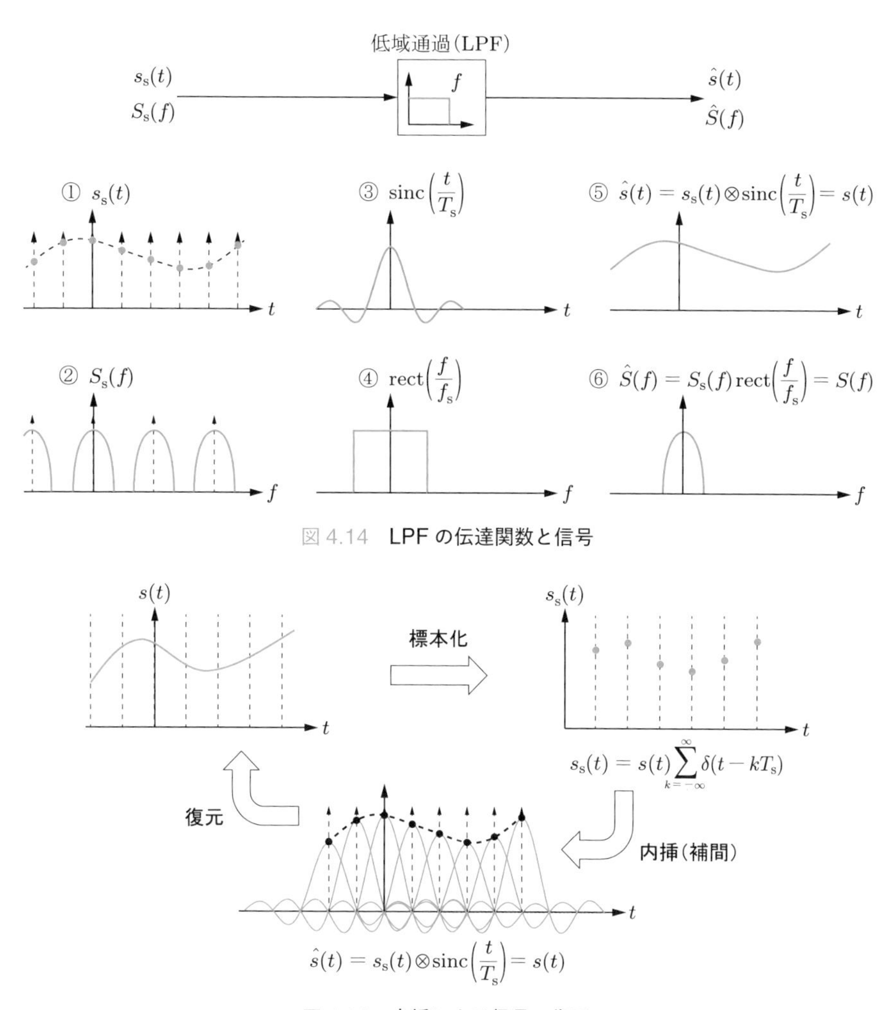

図 4.14 LPF の伝達関数と信号

図 4.15 内挿による信号の復元

一方，$t \neq kT_s$ では，複数の sinc 関数の時刻 t における値の和が $\hat{s}(t) = s(t)$ となる．LPF 入力が離散値であるにもかかわらず，出力は連続値で $s(t)$ の $t \neq kT_s$ での値を補間する．すなわち，標本化定理により，W 以下の周波数成分をもつ信号はサンプリング周波数 $f_s > 2W$ 以上で標本化すれば，LPF により劣化なく復元できる．

4.2.3 自然標本化

前項では信号 $s(t)$ に理想的なインパルス列を乗じることで標本化信号 $s_s(t)$ を得るとしたが，実際の回路では時間幅が無限小のインパルスは完全には生成できない．そこで，非常に短いが，時間幅のある現実的なパルス列（矩形波列）で標本化する．

このような標本化を**自然標本化**とよぶ．

図 4.16 で示す矩形パルス列は，例題 1.2 とそれに続く説明で述べたように

$$p(t) = \sum_{k=-\infty}^{\infty} \mathrm{rect}\left(\frac{t - kT_\mathrm{s}}{\tau}\right) = \sum_{k=-\infty}^{\infty} \frac{\tau}{T_\mathrm{s}} \mathrm{sinc}(kf_\mathrm{s}\tau)e^{jk2\pi f_\mathrm{s}t} \tag{4.3}$$

となる．インパルス列をこの矩形パルス列に置き換えると，標本化された信号 $s_\mathrm{s}(t) = s(t)p(t)$ のスペクトルは

$$S_\mathrm{s}(f) = \sum_{k=-\infty}^{\infty} \frac{\tau}{T_\mathrm{s}} \mathrm{sinc}(kf_\mathrm{s}\tau)S(f - kf_\mathrm{s}) \tag{4.4}$$

となる．図 4.17 (b) に示すように，$k = 0$ における $S(f)$ 以外の $S(f - kf_\mathrm{s})$ は $(\tau/T_\mathrm{s})\,\mathrm{sinc}(kf_\mathrm{s}\tau)$ 倍されるが，LPF で $S(f)$ のみを得ることができ，$S(f)$ のスペクトルは歪みなく，平坦（フラット）になる．これに対して，(c) に示すようにサン

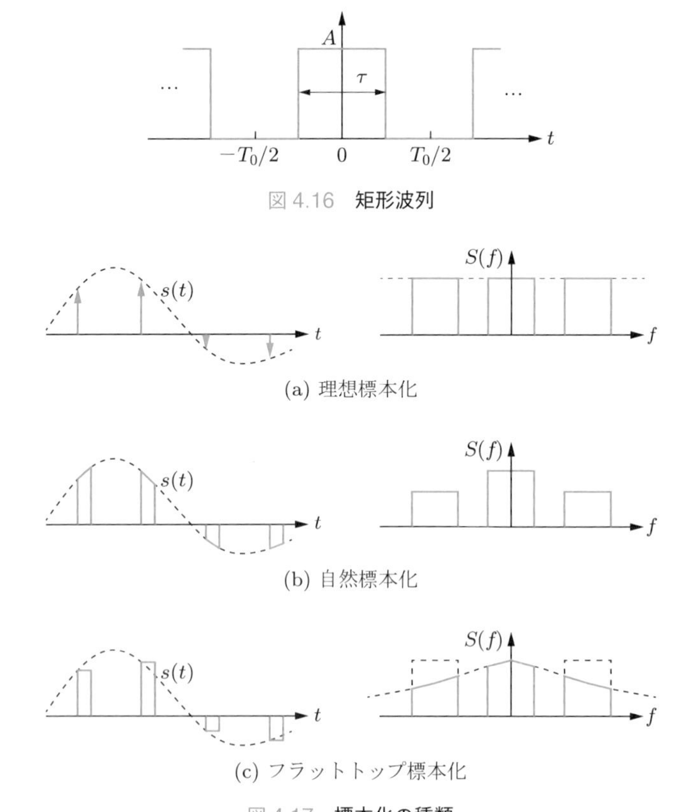

図 4.16　**矩形波列**

図 4.17　**標本化の種類**

プリング値をホールドするフラットトップ標本化の場合は，時間領域でパルス内の振幅がフラットであるが，周波数領域では $S(f)$ の幅の内で歪みが発生し，等化器による補正が必要となる．

4.2.4　折り返し雑音

4.2.2 項で，理想 LFP の場合には標本化による劣化はないことを示したが，現実の LPF では完全な rect 関数で示される特性を実現できない．図 4.18 に示すような特性の現実のフィルタを用いて，帯域制限された信号を標本化した場合，帯域外の成分が残される．これを標本化すると，図の右側のように，隣接するエイリアスが**折り返し雑音**とよばれる成分として信号に加わる．これは雑音成分として信号の品質劣化の原因となる．この帯域外成分をできるだけ小さくするように設計された LFP を**アンチエイリアシングフィルタ**とよぶ．

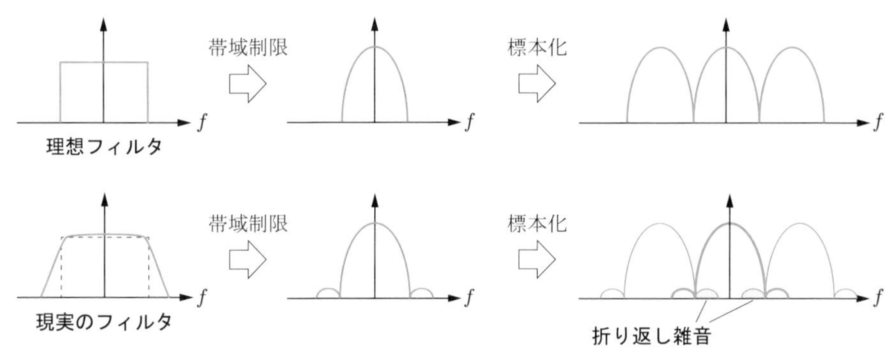

図 4.18　折り返し雑音

折り返し雑音の影響を抑える手法として**オーバーサンプリング**がある．これは，サンプリング周波数を $2W$ に対してさらに大きくすることで折り返し雑音を低減するものである．図 4.19 は，帯域外成分をもつ LPF 出力を $4W$ のサンプリング周波数で標本化している例である．この場合，アンチエイリアシングフィルタの設計コストを低減できる一方，A/D 回路や D/A 回路において高速処理化のコストが必要となる．

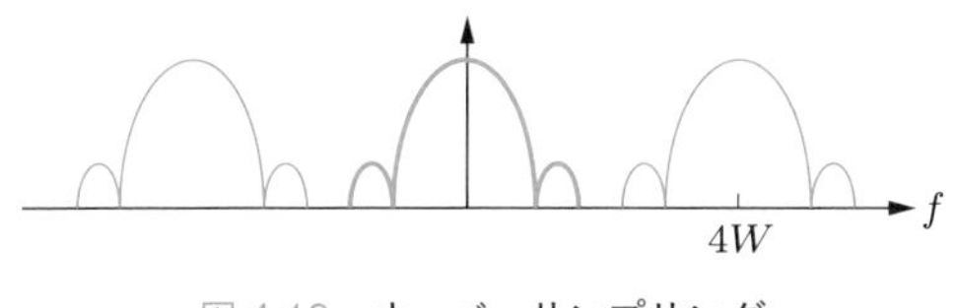

図 4.19　オーバーサンプリング

4.2.5　パルス変調

標本化した段階で，振幅は連続値で，時間は離散的な信号が得られる．このサンプリング信号で搬送波を変調することを**アナログパルス変調**とよぶ．その種類には，図 4.20 に示すような

- PAM（pulse amplitude modulation，パルス振幅変調）：振幅をそのままパルスの振幅にして変調するもの
- PWM（pulse width modulation，パルス幅変調）：パルスの振幅を一定にしてパルス幅に情報を載せる変調
- PPM（pulse position modulation，パルス位置変調）：パルスの開始タイミングを変化させる変調

がある．

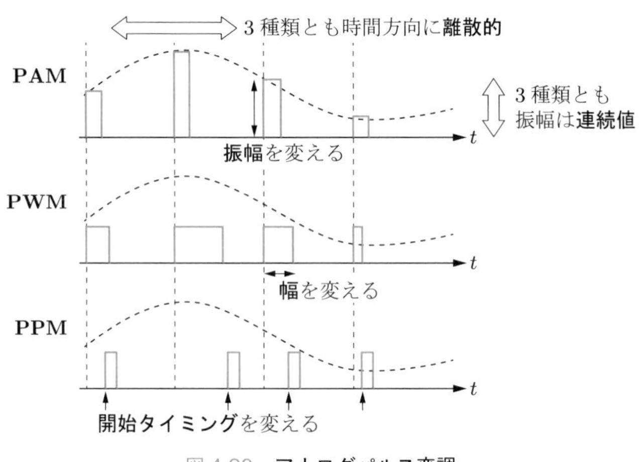

図 4.20　**アナログパルス変調**

4.3　量子化

標本化された信号にはさらに，振幅の離散化である量子化を行う．量子化ではサンプリングタイミングの値を離散値に近似するため，誤差が発生する．本節では，量子化とその誤差（量子化誤差）について説明する．また，量子化された信号を復元する際にどれだけ忠実に元の信号を再現できるかを示す指標として，ダイナミックレンジを紹介する．

● 量子化の仕組み

デジタル変調 (PCM) を行うためには，標本化した信号の瞬時値を離散化することが必要である．このことを**量子化** (quantization) とよぶ．図 4.21 のように，量子化回路に標本化したタイミングのアナログ値 $s(kT_\mathrm{s})$ が入力され，入力値を近似した離散値 $s_\mathrm{q}(kT_\mathrm{s})$ が出力される．$s_\mathrm{q}(kT_\mathrm{s})$ は 0, 1, ..., $2^m - 1$ などの離散値に相当する 2^m レベルの電圧値となる．これが符号化され，m [bits] 系列の 2 値符号 $a_i(k)$ に対応する電圧値として並列に出力される．

量子化回路の入出力である $s(kT_\mathrm{s})$ と $s_\mathrm{q}(kT_\mathrm{s})$ の関係は，たとえば図 4.22 の (a) や (c) のようになる．この図の例では，量子化幅は $Q = V_\mathrm{min}$ であり，$0 \leq s(kT_\mathrm{s}) <$

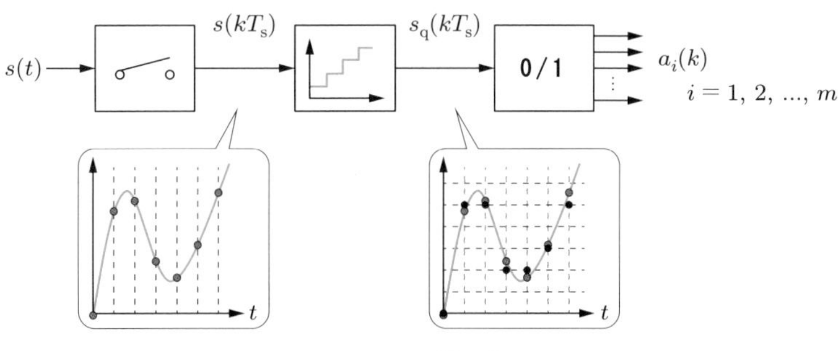

図 4.21　量子化

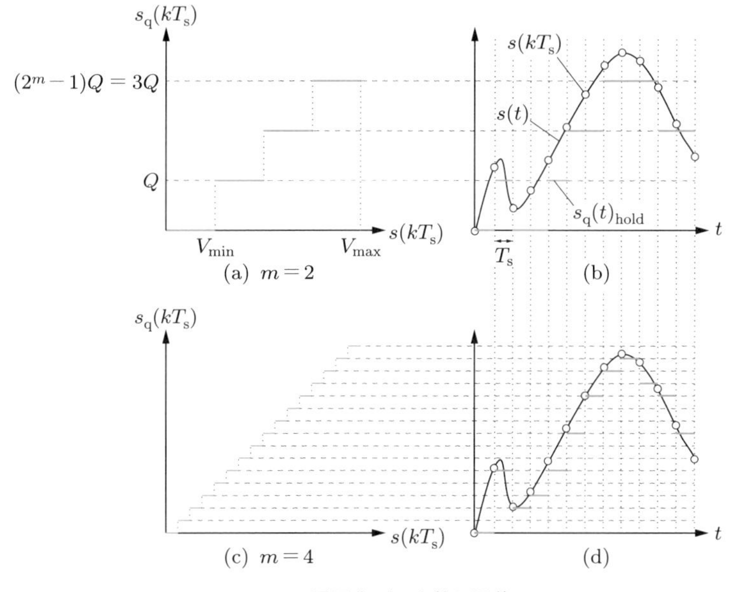

図 4.22　量子化ビット数と誤差

$V_{\max} = 2^m Q$ において，$(n-1)V_{\min} \leq s(kT_{\mathrm{s}}) < nV_{\min}$ のとき $s_{\mathrm{q}}(kT_{\mathrm{s}}) = (n-1)Q$ となる．また，$s(kT_{\mathrm{s}}) < 0$ において $s_{\mathrm{q}}(kT_{\mathrm{s}}) = 0$ で，$V_{\max} \leq s(kT_{\mathrm{s}})$ において $s_{\mathrm{q}}(kT_{\mathrm{s}}) = (2^m - 1)Q$ である．さらに，$s(t)$ の時間変化に対して標本化した $s(kT_{\mathrm{s}})$ と，これを量子化した $s_{\mathrm{q}}(kT_{\mathrm{s}})$ を時間 T_{s} 保持した $s_{\mathrm{q}}(t)_{\mathrm{hold}}$ は図 4.22 (b)，(d) となる．

● 量子化誤差

量子化をすることにより，**量子化誤差**

$$\varepsilon_{\mathrm{q}}(kT_{\mathrm{s}}) = s_{\mathrm{q}}(kT_{\mathrm{s}}) - s(kT_{\mathrm{s}}) \tag{4.5}$$

が発生し，$\varepsilon_{\mathrm{q}}(kT_{\mathrm{s}})$ と $s(kT_{\mathrm{s}})$ の関係は図 4.23 となる．この誤差は $0 \leq |\varepsilon_{\mathrm{q}}(kT_{\mathrm{s}})| < Q$ の値をとり，$s(t)$ が $0 < s(t) < V_{\max}$ の間で一様に分布する場合 $|\varepsilon_{\mathrm{q}}(kT_{\mathrm{s}})|$ の離散時間平均 $\lim_{n\to\infty} \frac{1}{2n+1} \sum_{k=-n}^{n} |\varepsilon_{\mathrm{q}}(kT_{\mathrm{s}})|$ は $Q/2$ となる．m を変えずに Q を小さくすると，$V_{\max}$ が小さくなり，大きな入力に対して適当な出力ができない．

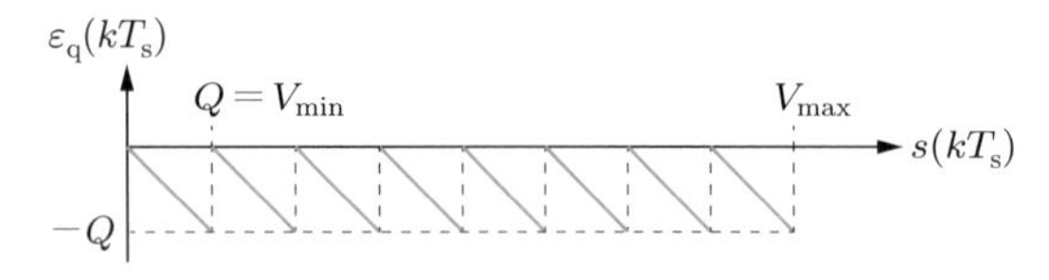

図 4.23　入力信号 $s(kT_{\mathrm{s}})$ と量子化誤差

そこでこのことを詳しく見るために，量子化された信号を復元する際にどれだけ忠実に元の信号を再現できるかを示す指標として，つぎのように定義される**ダイナミックレンジ** (dynamic range) を導入する．

$$D = \frac{V_{\max}}{V_{\min}} \tag{4.6}$$

図 4.22 で (a) は $D = 4$，(c) は $D = 16$ の例である．アナログ値 $s(t)$ に対する量子化された $s_{\mathrm{q}}(t)_{\mathrm{hold}}$ の関係は (b)，(d) のようになり，ダイナミックレンジが大きいほど量子化誤差が小さく，アナログ値をより忠実に再現できることがわかる．図のように $D = 2^m$ とし，等電圧ごとに 2^m レベルに量子化した場合，デジタル化された信号 $s_{\mathrm{q}}(kT_{\mathrm{s}})$ は m [bits] の信号 $a_i(k)$ $(i = 1, 2, \ldots, m)$ で表される．また，ダイナミックレンジをデシベルで表示すると

$$D_v \text{ [dB]} = 20 \log_{10} 2^m = 20m \log_{10} 2 \simeq 6m \tag{4.7}$$

となり，m の 1 bit 増加に対して，ダイナミックレンジはおよそ 6 dB 向上する．

最後に，ここまでに述べたことを図 4.24 にまとめる．図示しているように，標本化，量子化により離散化されたデジタル信号において，帯域制限で失われた帯域外成分は戻ることはなく，量子化誤差は最終的に誤差として残る．その後，デジタル信号として LSI やソフトウェアによる高度な符号化や信号処理を用いてデジタル変調が行われる．

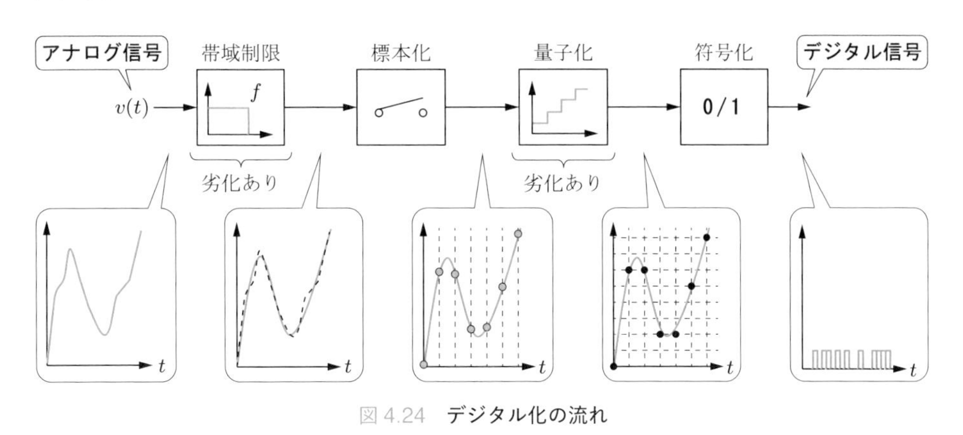

図 4.24　**デジタル化の流れ**

章末問題

4-1　以下の問いに答えよ．

(1) $v(t)$ を図 4.25 に示す最高周波数が f_{m} のアナログ信号とする．この $v(t)$ を $f_{\mathrm{s}} = 2f_{\mathrm{m}}$ で標本化した $v_{\mathrm{s}}(t)$ を式で示せ．

(2) 標本化された信号 $V_{\mathrm{s}}(f)$ を図示せよ．

(3) $v_{\mathrm{s}}(t)$ から $\hat{v}(t)$ を得るため，図中の網かけ部分「？」に必要な回路は何とよばれるか．

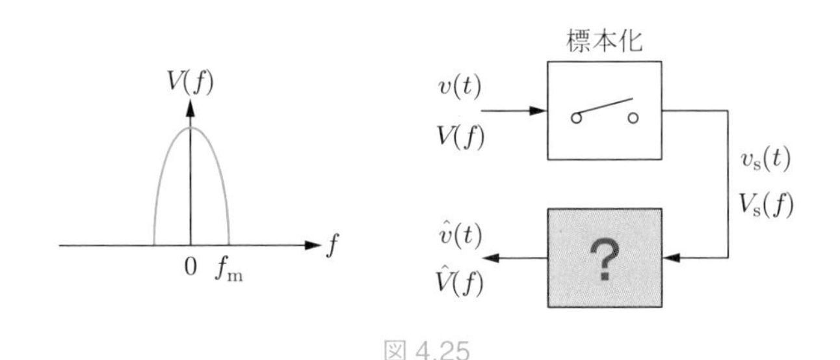

図 4.25

4-2　音声の最高周波数成分を 4 kHz とするとき，標本化によって情報が失われないためのサンプリング周期の最大値を求めよ．また，一つの標本値を 2^8 レベルに量子化した場合，音声を PCM で伝送するのに必要となる伝送速度 [bps] はいくらか．

4-3 以下の問いに答えよ.

(1) 4.2 MHz の周波数帯域幅をもつアナログ信号を劣化なく標本化するには，サンプリング周波数 f_s は少なくともいくら必要か.

(2) (1) で標本化した信号を 12 bits で量子化すると，ビットレートはいくら必要か.

(3) f_s に対して 2 倍のオーバーサンプリングをした場合，サンプリング周波数はいくらか.

(4) オーバーサンプリングした信号をさらに 12 bits で量子化すると，ビットレートはいくら必要か.

4-4 標本化された信号を 256 段階に量子化した．この量子化した信号を符号化したとき，n [bits] の並列デジタル信号になった．n はいくつか．また，ダイナミックレンジ D は何 dB か.

4-5 以下の電力比を dB で表せ．小数点以下は四捨五入して整数で答えること.

1，2，3，4，5，6，8，10

0.01，0.2，20，32，1000

第5章 デジタル変調

前章で述べたように，LSIやコンピュータの進展に伴い，現在は通信においても多くのシステムがデジタル化されている．本章ではデジタル変調について，まず，ナイキスト条件と，帯域制限といった時間領域や周波数領域における波形の条件を満たすパルスの生成について説明する．とくに，ナイキスト条件のため，時間領域でsinc関数，帯域制限のため周波数領域でrect関数となるパルスを取り上げる．つぎに，搬送波の振幅，位相，周波数を変調するASK，PSK，FSKと，それらの特徴を示す．ASKとPSKは周波数利用効率で有利であり，FSKは電力効率で有利となる．さらに，変調信号空間の考え方と多値化について説明し，広く利用されている多値QAMを紹介する．最後に，工夫された変調として，初期のデジタル携帯電話の頃から利用されているoffset QPSK，$\pi/4$シフトQPSK，MSKを紹介する．

5.1 PCMのパルス

第4章で説明したPCM (pulse code modulation) では，離散的なデジタル情報に対応させたパルス信号列を変調信号とする．このパルスには，時間領域で符号間干渉を与えないというナイキスト条件を満たすことと，周波数領域で帯域制限されていることが必要となる．このような条件を満たす例として，時間領域でsinc関数，周波数領域でrect関数となるパルスを扱う．また，インパルス列とLPFを用いてこのパルスを生成する波形整形について説明する．

5.1.1 ナイキスト条件

第4章で述べたように，アナログ情報からデジタル化された情報，あるいは発生時から離散的なデジタル情報が，時刻kT（k：整数）において情報量n [bits]で周期的に発生する．情報は通信路において，符号やパルス信号などのさまざまな**シンボル** (symbol) に変換されて伝達される．まずn [bits]の符号a_kと表され，さらにこの符号に対応したパルス信号列に変換される．このパルス符号列に第3章「アナログ変調」で述べたDSB変調を行う．符号a_kは0または1の情報となるが，これは$t = kT$においてパルスの有無や振幅で表される信号となる．ただし，DSB変調されるため，パルス波形は帯域制限されている必要がある．本項では，このパルス波形の条件について述べる[†1]．

1 bit の情報を転送するための単一パルス信号 $s_\mathrm{p}(t)$ として最初に考えつくのは，図 5.1 (a) のような $s_\mathrm{p}(t) = \mathrm{rect}(t/T)$ で示されるパルス幅 T の矩形パルスであろう．パルス幅 τ は T 以下となる必要があるが，ここでは $\tau = T$ としている．情報 a_k $(= 0$ または $1)$ に対応して，$t = kT$ において振幅 a_k としたパルス

$$s_k(t) = a_k \,\mathrm{rect}\left(\frac{t - kT}{T}\right) \tag{5.1}$$

を発生させる．これらの $s_k(t)$ $(k = \ldots, -2, -1, 0, 1, 2, \ldots)$ を並べたパルス列

$$s(t) = \sum_{k=-\infty}^{\infty} s_k(t) \tag{5.2}$$

を変調信号とする．受信側は $s(t)$ を受信したら，シンボル発生周期 T に対してサンプリング周期を $T_\mathrm{s} = T$ として標本化し，$s(kT)$ から a_k を得る．

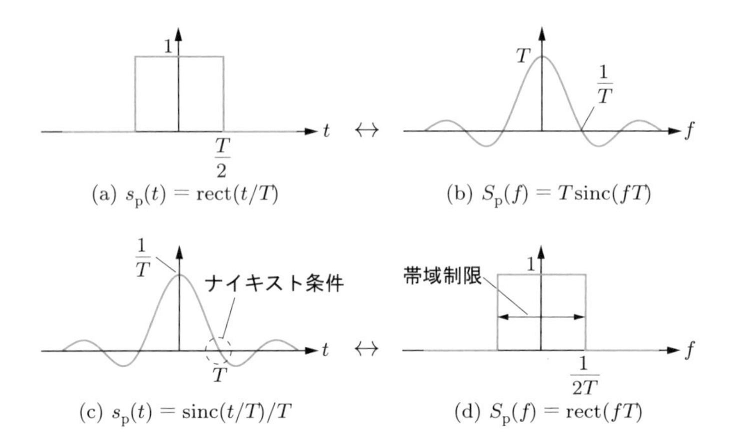

図 5.1　ナイキスト条件と帯域制限

$t < kT - T/2$，$kT + T/2 < t$ では $s_k(t) = 0$ となり，隣接パルス $s_{k\pm1}(t) = a_{k\pm1}\,\mathrm{rect}\left(\frac{t-(k\pm1)T}{T}\right)$ に影響を与えない．すなわち，$t = (k \pm 1)T$ において，変調信号の振幅は a_k によらず，$a_{k\pm1}$ のみによって決まる．隣接するパルスへの影響を**符号間干渉**（**ISI**：intersymbol interference）とよぶが，式 (5.1) で示すパルスの場合は符号間干渉がない．

---

†1　本書では，T_0 を周期関数の基本周期，T_s をサンプリング周期，T をデジタル変調において送信するシンボルパルスの発生周期とする．シンボルパルスとは，送信するデジタル情報 a_k を示すシンボルのうちパルスで表されるものである．

一方，矩形パルスのスペクトルは図 5.1 (b) のように

$$S_{\mathrm{p}}(f) = T\,\mathrm{sinc}(fT) \tag{5.3}$$

となり，広い帯域幅をもつため，搬送波周波数の異なるほかの変調信号に周波数領域での干渉（悪影響）を与えてしまう．このため，矩形パルス信号列は帯域制限を必要とする場合の変調信号に適さない．

デジタル通信では，時間領域で符号間干渉がなく，周波数領域で帯域制限されているパルス波形が必要となる．もっとも前述のように $s(t)$ は $T_{\mathrm{s}} = T$ として標本化するので，符号間干渉はサンプリング時刻 kT で起きなければよい．そこで，パルスとして図 5.1 (c) に示す $s_{\mathrm{p}}(t) = \mathrm{sinc}(t/T)/T$ を用いる．この場合，$s_k(t) = a_k\,\mathrm{sinc}\{(t-kT)/T\}$ は時刻 kT で $s_k(kT) = a_k$ であり，時刻 $k'T$（k' は k 以外の整数）で $s_k(k'T) = 0$ となり，符号間干渉はない．このように整数 k に対して（パルス）信号 $s_k(t)$ が

$$s_k(k'T) = \begin{cases} a_k & (k' = k) \\ 0 & (k' \neq k) \end{cases} \tag{5.4}$$

となる条件を**ナイキスト条件**あるいは**無歪みの条件**とよび，図 5.2 (a) のようにこの条件を満たすパルスを**ナイキストパルス**とよぶ．たとえば，$\{a_k\} = \cdots, 0, 0, 1, 1, 0, 1, 0, 0, 0, \cdots$ のとき，それぞれの $s_k(t)$ は図 5.2 (b) のようになる．これらのパルスは $a_k = 1$ となる k に対して $t = kT$ のとき発生するものであり，符号間干渉はない．これらのパルスが合成された式 (5.2) で表される $s(t)$ は図 5.2 (c) のようになり，$s(kT)$ は 0 または 1 となる．

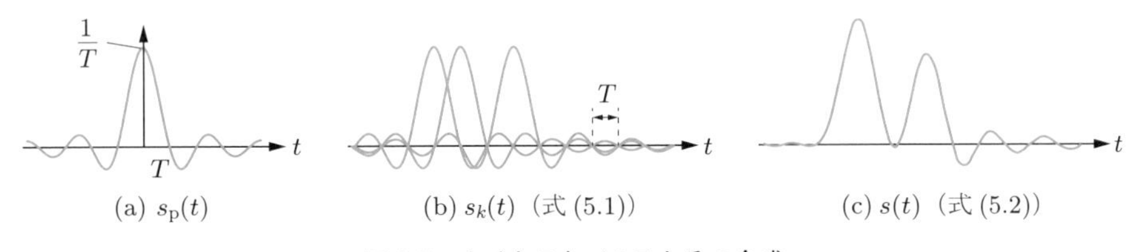

図 5.2　**ナイキストパルスとその合成**

一方，$s_{\mathrm{p}}(t) = \mathrm{sinc}(t/T)/T$ のスペクトルは $S_{\mathrm{p}}(f) = \mathrm{rect}(fT)$ であり，図 5.1 (d) のように周波数領域では帯域制限がされている．このようにデジタル情報 a_k を sinc 関数で表されるパルス信号に対応させることで，帯域制限されるとともに，ナイキスト条件を満たして符号間干渉をなくすことができる．

5.1.2 データ伝送速度と帯域

上述の sinc 関数で示されるパルスを用いると，パルス間隔は T として，帯域幅は $1/T$ となる．単位時間あたりにより多くの情報を伝達する高速伝送をする大容量の通信路には，**広帯域** (broadband) が必要となる．単位時間内で転送できる情報量は**データ伝送速度**や**ビットレート**とよばれ，単位は bits/s，b/s あるいは **bps** と表記される．ここで，式 (5.2) の $s_k(t)$ は連続値をとるアナログ信号であり，これを DSB 変調すればデジタル振幅変調を実現できる．図 5.3 は搬送波周波数 f_{c} で変調した変調波スペクトルである．

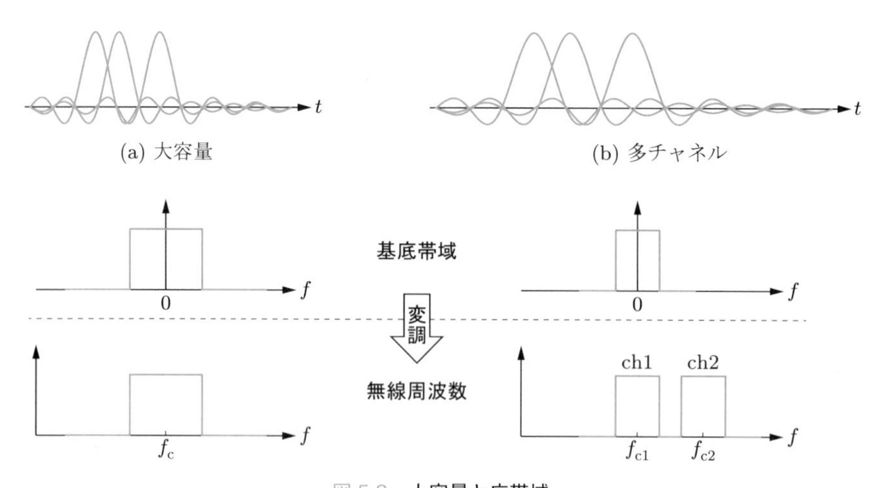

図 5.3 **大容量と広帯域**

図 5.3 の時間領域では，周期 T ごとのパルスの有無が a_k によって決まる．この T はクロック周期あるいはタイムスロット長とよばれ，その逆数 $1/T$ はクロック周波数あるいは**ボーレート** (baud rate) とよばれる．1 秒間に x 個のパルスが変調されるとき，x [baud] と表される．1 パルスで y [bits] の情報を送れるパルスを x [baud] で送ると，ビットレートは xy [bps] となる．

図 5.3 (b) に対して，(a) は T が 1/2 倍であり，ボーレートは 2 倍となる．このように，高速化すると帯域が 2 倍必要になる．また，右側は帯域が狭くなる分，同じ帯域あたりで考えると，二つのチャネルを並べることができる．すなわち，1 局あたりのビットレートを犠牲にして，多くの無線局で周波数を同時に使うことができる．

5.1.3 パルス波形整形

前項までに述べた情報 a_k に対応した信号の生成方法を考える．個々のパルスはナイキスト条件を満たすように**パルス波形整形**される．これらのパルス $s_k(t)$（式 (5.1)）

を合成した変調信号は式 (5.2) の $s(t)$ となる．図 5.4 は a_k が入力されて，$s(t)$ が出力される回路となる．a_k を表す矩形パルス信号 $a_k \operatorname{rect}\{(t-kT)/T\}$（①）が入力される．これに T をクロック周期とするインパルス列 $\delta_T(t)=\sum_{k=-\infty}^{\infty}\delta(t-kT)$ を乗算することで，個々のパルスをインパルス（②）にする．

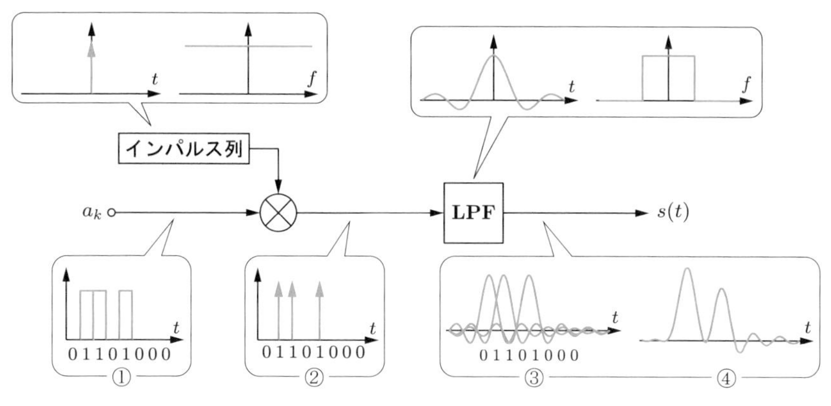

図 5.4　パルス波形整形

一方，LPF の伝達関数は rect 関数である．その逆フーリエ変換の sinc 関数が LPF のインパルス応答になる．このことから，sinc 関数に波形整形された個々のパルス $s_k(t)$（③）が合成されて④の波形 $s(t)$ となる．この波形④は個々のパルスがナイキスト条件を満たすため，時刻 kT では $s(kT)=a_k$ となり，$a_k=0$ または 1 のとき，図 5.5 (a) のように $s(kT)=0$ または 1 となる．この変調信号 $s(t)$ で周波数 f_c の搬送波を DSB 変調した変調波 $v(t)=s(t)\cos 2\pi f_c t$ が図 5.5 (b) のようになる．

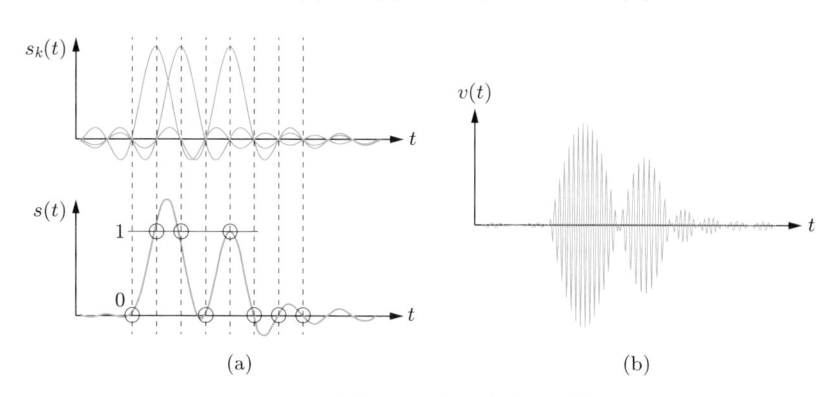

図 5.5　ナイキストパルスによる変調

5.2 デジタル変調と変調信号空間

デジタルの振幅変調，位相変調，周波数変調は ASK，PSK，FSK とよばれる．ASK と PSK において，信号成分の振幅，位相を複素平面として示す変調信号空間を定義し，その上にデジタル情報の 0，1 に対応する信号をシンボルとして表す．さらに，このシンボルを増やすことで，1 シンボルで複数のデジタル情報を転送できる多値変調の考え方を紹介する．さらに，多値化した QAM (quadrature amplitude modulation) について回路構成法を説明する．

5.2.1 デジタル変調方式

5.1.3 項で述べたナイキストパルスによる変調信号 $s(t)$ は，デジタル情報 a_k を表す連続信号であり，これに第 3 章で述べた変調を行えばデジタル変調となる．変調信号は第 3 章で述べたように，搬送波の振幅，位相，周波数に情報を載せることができる．デジタル変調の場合は，それぞれ **ASK**（amplitude shift keying，振幅偏移変調），**PSK**（phase shift keying，位相偏移変調），**FSK**（frequency shift keying，周波数偏移変調）とよぶ[†2]．それぞれ図 5.6 のような変調波の波形となる．

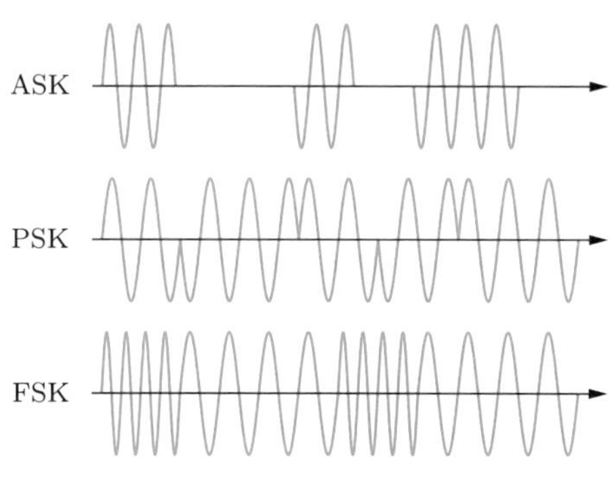

図 5.6　ASK，PSK，FSK の変調波

ASK 変復調の例として，DSB 変調－同期復調の回路構成を図 5.7 に示す．これは基本的に第 3 章のアナログ変調と同様である．送信側では，LPF によってナイキストパルスに波形整形された変調信号 $s(t)$ で搬送波を変調する．受信側では，送信搬送波に同期した搬送波を再生し，これと受信変調波を乗算し，LPF によってベースバンド成分を得る．得られた信号は時刻 kT_{s} において a_k（$= 0$ または 1）となる．図 5.8 に示す復調器において，送信側の T に対して $T_{\mathrm{s}} = T$ となるように同期したクロッ

†2　デジタル変調は当初キーイング (keying) という用語で表現されていたため，このように名付けられた．

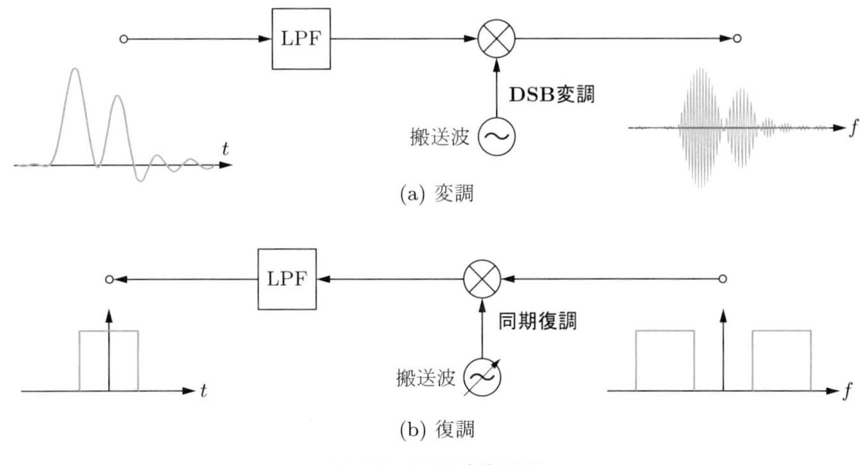

図 5.7　DSB 変復調器

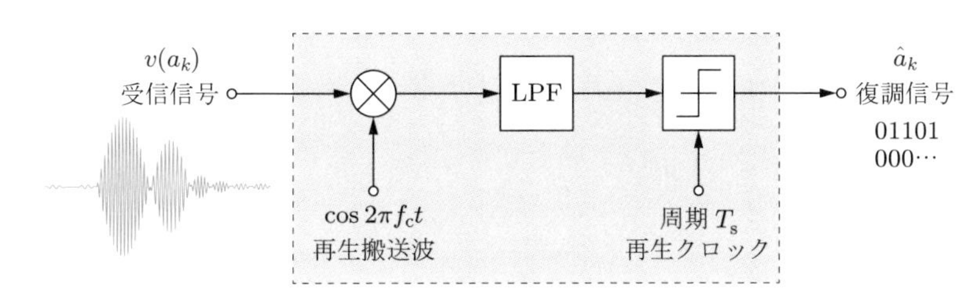

図 5.8　復調器

クを再生し，時刻 kT_s における値を識別器で 0 と 1 のどちらに近いか識別して a_k を得る．その識別方法としては，図 5.9 のように，しきい値 0.5 より大きいか小さいかで判断する．時刻 kT_s における値は変調側の信号 0 または 1 から雑音，歪み，干渉の影響でずれるが，その値がしきい値を超えなければ，その時刻の信号は正しい情報 $\hat{a}_k = a_k$ として復調される．しきい値を超えると $\hat{a}_k = \bar{a}_k$（$\bar{a}_k$ は a_k の反転）となり，

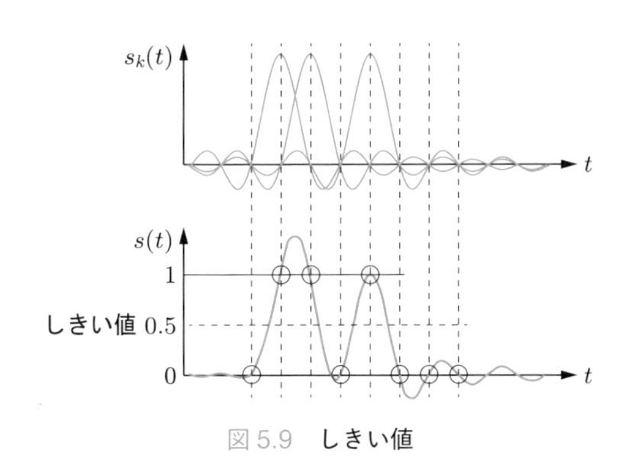

図 5.9　しきい値

誤り（エラー：error）となる．このように，受信側では搬送波やクロックの同期回路が必要となる．

5.2.2 変調信号空間

情報が載ることで時間の関数となる振幅 $A(t)$，位相 $\varphi(t)$ に対して，搬送波周波数 f_{c} は一定とする．このとき，変調信号 $v_{\mathrm{MOD}}(t)$ は

$$
\begin{aligned}
v_{\mathrm{MOD}}(t) &= A(t)\cos\{2\pi f_{\mathrm{c}}t + \varphi(t)\} = \mathcal{R}e[\{A(t)e^{j\varphi(t)}\}e^{j2\pi f_{\mathrm{c}}t}] \\
&= A(t)\cos\varphi(t)\cos 2\pi f_{\mathrm{c}}t - A(t)\sin\varphi(t)\sin 2\pi f_{\mathrm{c}}t \\
&= v_{\mathrm{i}}(t)\cos 2\pi f_{\mathrm{c}}t - v_{\mathrm{q}}(t)\sin 2\pi f_{\mathrm{c}}t \qquad (5.5)
\end{aligned}
$$

と表すことができる．ここで，

$$v_{\mathrm{i}}(t) = A(t)\cos\varphi(t) = \mathcal{R}e[A(t)e^{j\varphi(t)}] \qquad (5.6a)$$

$$v_{\mathrm{q}}(t) = A(t)\sin\varphi(t) = \mathcal{I}m[A(t)e^{j\varphi(t)}] \qquad (5.6b)$$

であり，$v_{\mathrm{i}}(t)$ を同相成分，$v_{\mathrm{q}}(t)$ を直交成分とよぶ．また，

$$\text{振幅} \quad A(t) = \sqrt{v_{\mathrm{i}}(t)^2 + v_{\mathrm{q}}(t)^2} \qquad (5.7a)$$

$$\text{位相} \quad \varphi(t) = \tan^{-1}\frac{v_{\mathrm{q}}(t)}{v_{\mathrm{i}}(t)} \qquad (5.7b)$$

となる．

このように，変調波を式 (5.5) のように $v_{\mathrm{MOD}}(t) = \mathcal{R}e[\{A(t)e^{j\varphi(t)}\}e^{j2\pi f_{\mathrm{c}}t}]$ と表すことで，振幅，位相を変調した信号成分 $s(t) = A(t)e^{j\varphi(t)}$ と搬送波成分 $e^{j2\pi f_{\mathrm{c}}t}$ を分離して扱うことができる．

デジタル変調では，a_k で ASK，PSK 変調したときの変調信号は，$t = kT_{\mathrm{s}}$ においてそれぞれつぎのように表すことができる．ここで，a_k は情報を表すシンボルで，複素数で表現される．

$$v_{\mathrm{ASK}}(t) = a_k\cos 2\pi f_{\mathrm{c}}t = \mathcal{R}e[a_k e^{j2\pi f_{\mathrm{c}}t}] \qquad (5.8)$$

$$
\begin{aligned}
v_{\mathrm{PSK}}(t) &= \cos(2\pi f_{\mathrm{c}}t + a_k\pi) = \cos a_k\pi\cos 2\pi f_{\mathrm{c}}t - \sin a_k\pi\sin 2\pi f_{\mathrm{c}}t \\
&= \mathcal{R}e[(i_k + jq_k)e^{j2\pi f_{\mathrm{c}}t}] \qquad (5.9)
\end{aligned}
$$

ここで，$i_k = \cos a_k\pi$，$q_k = \sin a_k\pi$ である．

このように，ASK，PSK では変調波を複素表示することで搬送波成分 $e^{j2\pi f_{\mathrm{c}}t}$ と信号成分（ASK の a_k，PSK の $i_k + jq_k$）に分けて扱うことができる．

ここで図 5.10 (a) に示すように，信号成分の振幅，位相を複素平面上に表したものを**変調信号空間**（**信号空間ダイアグラム**あるいは**信号点配置図**）とよぶ．この空間で cos 波振幅 i_k を示す横軸を **Ich**（in-phase channel，同相チャネル），$-\sin$ 波振幅 q_k を示す縦軸を **Qch**（quadrature channel，直交チャネル）とよぶ．図の丸で示す印は**シンボル** (symbol) とよばれる．ASK，PSK それぞれにシンボルが 2 通りあり，それぞれが情報 0，1 のいずれかに対応している．これにより，T 周期の 1 パルスに対応する 1 シンボルで 1 bit の情報を転送することができる．

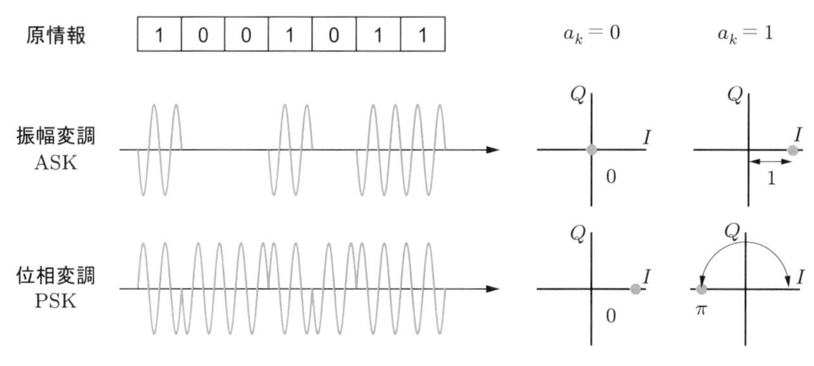

図 5.10　ASK，PSK の信号ダイアグラム

シンボル数を四つにした 4 値 ASK では，それぞれに 00，01，10，11 の 2 bits を対応させれば，T 周期で 2 bits を伝送でき，$(1/T)$ baud に対し $(2/T)$ bps と高速化できる．これを**多値変調**とよぶ．図 5.11 に 2 bits の符号 00，01，10，11 を (a) 振幅 $a_k = 0, 1, 2, 3$ および (b) $a_k = -3, -1, 1, 3$ に対応させたときのシンボルを示す．

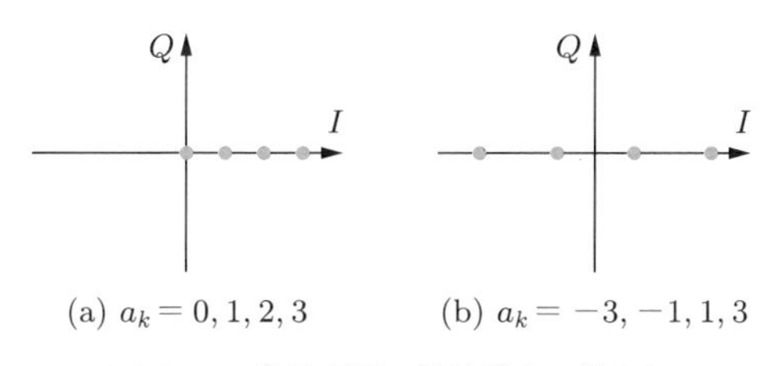

図 5.11　多値変調の信号ダイアグラム

図 5.11 (a) の場合，時間領域での変調波は図 5.12 のようになる．図 5.11 (b) の場合，a_k の値の正負が変わるとき，図 5.13 のように変調波の位相が変化する．復調器では，振幅，位相で 4 シンボルを識別して送信された 2 bits の符号を得る．

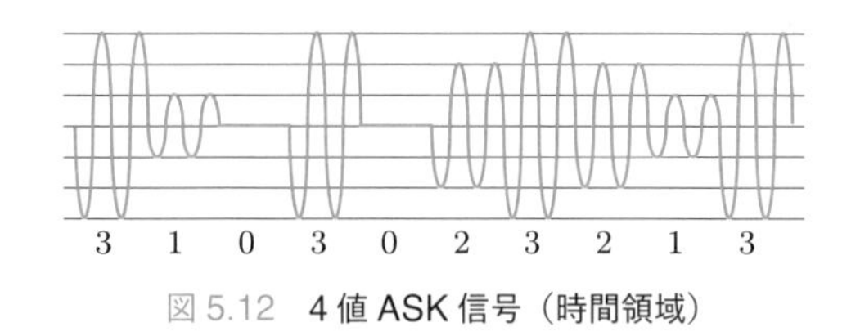

図 5.12 4 値 ASK 信号（時間領域）

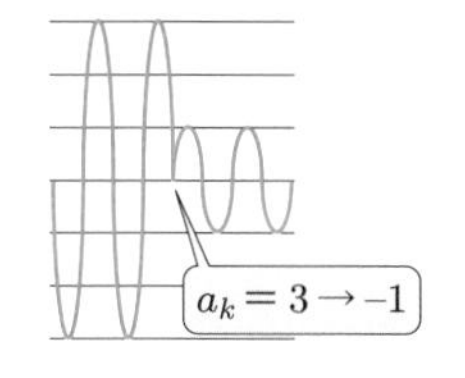

図 5.13 ASK の位相変化

5.2.3 多値変調

前項では，最も基本的な多値変調である 4 値 ASK について述べたが，PSK でも多値化ができる．2 値の PSK および，4 値，8 値に多値化した PSK の信号点配置を図 5.14 に示す．それぞれ，BPSK (binary PSK)，QPSK (quadrature PSK)，OPSK (octal PSK) とよばれる．

図 5.14 多値 PSK

これらの M 値 PSK では，

$$v_{M\text{-PSK}}(t) = \cos\left(2\pi f_c t + a_k \frac{2\pi}{M}\right) \tag{5.10}$$

と表される．このように式では単純に多値化できるが，実際の回路ではこの M 値に 0 または 1 の列である符号を対応させる必要がある．ここでは，一番単純な多値化である 4 値，すなわち QPSK の場合を説明する．

QPSK の信号点配置として図 5.14 (b) の代わりに，符号との対応が実現しやすい図 5.15 (a) を考える．この場合の変調回路は図 5.15 (b) となる．実際，2 系統の符号 a_{1k}，a_{2k} $(= 0, 1)$ を -1, $+1$ の振幅に対応させた 2 系統のパルス信号をそれぞれ搬送波 $\cos 2\pi f_c t$ と $\sin 2\pi f_c t$ に乗算し，この二つを加算したものが，次式で表される変調波 $v_{\text{QPSK}}(t)$ となる．

$$\begin{aligned} v_{\text{QPSK}}(t) &= a_{1k} \cos 2\pi f_c t + a_{2k} \sin 2\pi f_c t \\ &= \mathcal{R}e[(a_{1k} + j a_{2k}) e^{j2\pi f_c t}] \end{aligned} \tag{5.11}$$

この場合の QPSK は，cos 波と sin 波が互いに直交することから，個別の Ich，Qch と捉えて 2 系統の情報を載せて変調する．

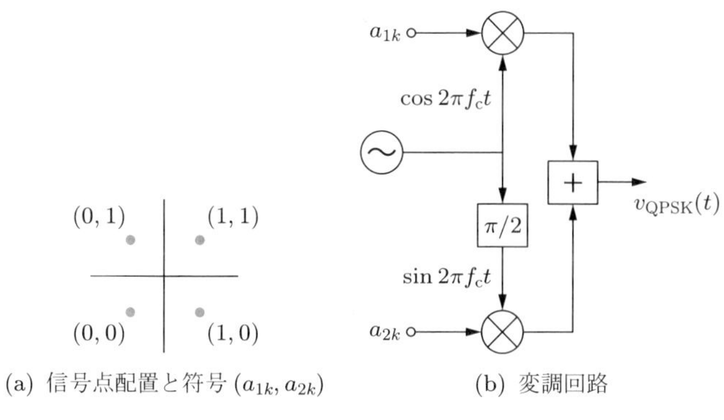

(a) 信号点配置と符号 (a_{1k}, a_{2k})　　(b) 変調回路

図 5.15　QPSK 変調器

Ich，Qch の振幅をさらに多値化をする方法として，多値 QAM (quadrature amplitude modulation) が固定マイクロ波中継において 1983 年に実現された．図 5.16 に示すようにシンボルが並ぶ 16QAM，64QAM，256QAM で，それぞれ 1 baud に対して 4，6，8 bits となる．振幅と位相の両方を変調することで，多値 ASK や多値 PSK に比べシンボルを離して並べることができる．また，16QAM 回路の構成は図 5.17 に示すように実現しやすい．この図でマッピング回路 (MAP) は a_{1k}，a_{2k}，

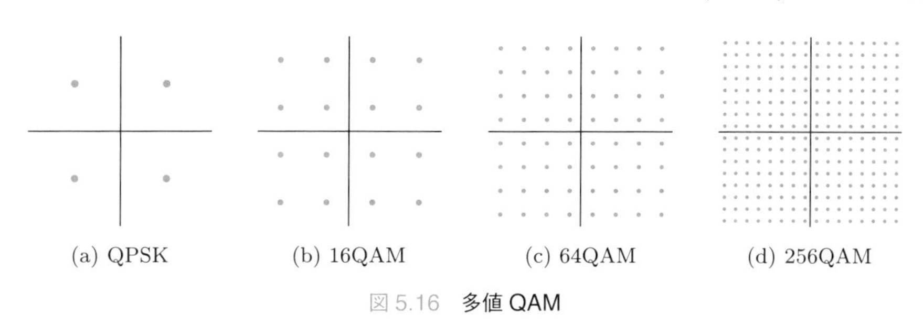

(a) QPSK　(b) 16QAM　(c) 64QAM　(d) 256QAM

図 5.16　多値 QAM

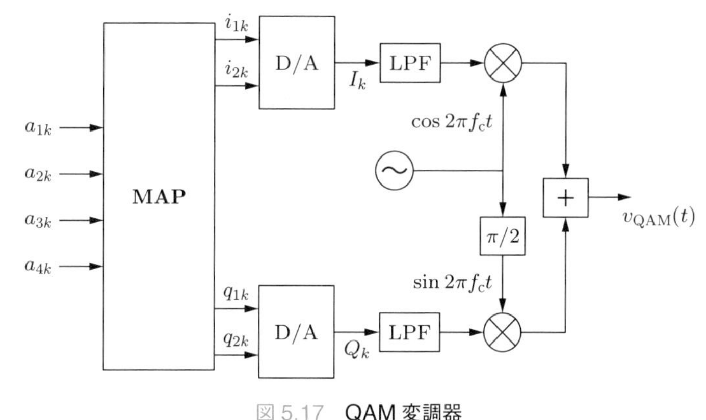

図 5.17　QAM 変調器

a_{3k}，a_{4k} $(=0,1)$ に対応する信号空間ダイアグラムのシンボルを定める回路である．マッピング回路出力 i_{1k}，i_{2k}，q_{1k}，q_{2k} $(=0,1)$ を D/A 変換に入力し，そのシンボルの Ich，Qch の値 I_k，Q_k $(=-3,-1,1,3)$ を出力する．

多値変調は，マイクロ波通信など周波数利用効率の向上が必要なシステムに広く用いられている．ただし，多値化するほど雑音や歪みの影響により誤り率が大きくなる．図 5.18 (a) にあるように，QPSK のシンボルのうち一つが送信されたとき，図の色の濃い点に高確率で受信されるが，雑音や歪みにより薄い色の点にも低確率で受信される．受信されたシンボルがしきい値を超えて隣接シンボルと識別されたときに誤りとなる．図の (b)，(c)，(d) のように，雑音電力が大きい場合や送信電力が小さい場合，さらにはシンボルが多すぎる場合に，誤り率は大きくなる．このような場合の信号対雑音電力比については第 7 章で詳説する．ここで，同じ送信電力と雑音電力の場合でも，多値化することで隣接シンボルが近くなり，誤り率が大きくなる．このため，多値化による周波数利用効率の向上と誤り率低下あるいは送信電力上昇は，トレードオフの関係にある．

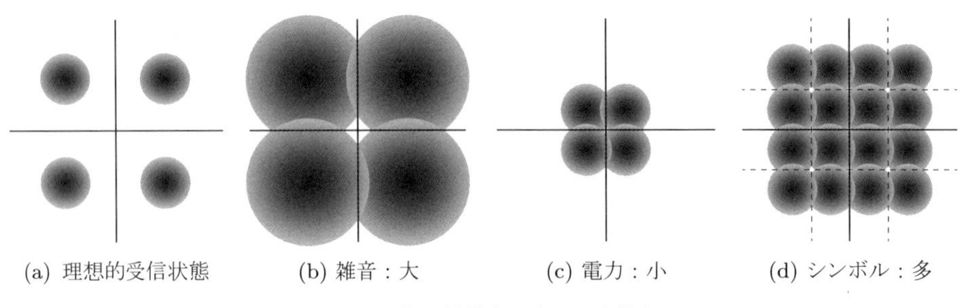

図 5.18　信号対雑音電力比と多値化

5.3　種々のキーイング方式

デジタル変調についてスペクトルの違いから，ASK，PSK，QAM は周波数利用効率で有利であり，FSK は電力効率で有利であることを示す．また，工夫された変調方式として，第 2 世代携帯電話の時代に採用された offset QPSK，$\pi/4$ シフト QPSK，GMSK を紹介する．

5.3.1　多値 ASK，PSK と FSK

前節で述べたように，基本的なデジタル変調方式として，信号をそれぞれ振幅，位相，周波数に載せる ASK，PSK，FSK がある．

ASK，PSK，FSK を多値化した場合のスペクトルを図 5.19 に示す．まず FSK の場合，デジタル情報 a_k によって周波数が変化するため，多値化することで周波数帯域は広がる．電力が一定であれば，FSK の多値化により周波数帯域が広がるため，1 Hz あたりの電力スペクトル密度は小さくなる．隣接する他の周波数に識別されたときに誤りとなるが，隣接する周波数との差は多値化しても変わらないため，多値化によって誤り率は劣化しない．これは，多値化することで送れる情報量は増すが，同じ信号対雑音電力比 (SNR) に対してビット誤り率 (BER) は劣化しないことを意味する．すなわち，FSK は帯域を犠牲にすることで耐雑音特性を向上している．これはアナログ変調でも同様で，FM は帯域を拡大することで SNR に対する品質を改善できる．

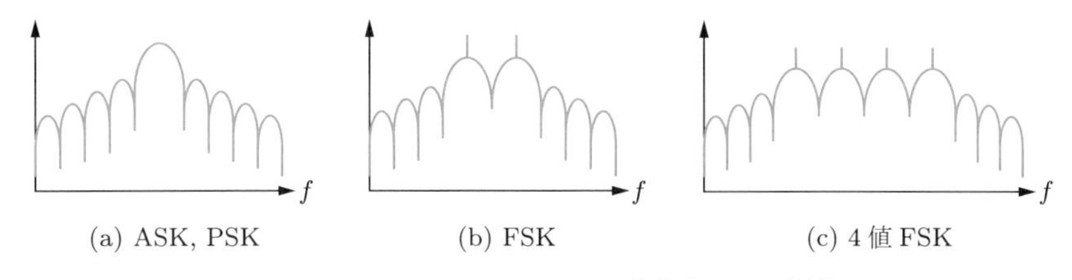

図 5.19　ASK，PSK と FSK の多値化による帯域

これに対して，ASK，PSK は多値化をしても，スペクトル，帯域は変わらない．しかし，多値化により信号空間上でのシンボル間の距離は小さくなるため，送信電力が同じであれば，BER は劣化する．逆に，同じ BER を得るには送信電力を大きくする必要がある．

このように ASK，PSK は必要とする帯域幅で有利で，FSK は電力で有利であり，それぞれの特徴を活かして使い分けられる．近年はおもにマイクロ波を使った携帯電話や無線 LAN などが急激に普及している．携帯電話に利用できる周波数は電波の特性から限られており，周波数の有効利用は重要な技術課題である．このようなシステムでは，ASK，PSK，QAM などが適用され，耐雑音，耐マルチパス特性を改善するためのさまざまな技術が開発されている．一方，FSK はかつて増幅回路の性能から出力の高電力化が困難だったため利用されていたが，高性能増幅器の普及とともに利用範囲は減ってきている．ただし，電力の観点から深宇宙通信などでは有利である．

5.3.2　offset QPSK，$\pi/4$ シフト QPSK

前項でも述べたように，携帯電話や無線 LAN などのシステムの急激な普及と大容量化により，電波の需要が高まり，周波数が不足してきている．そこで，bits/sec/Hz（あるいは bps/Hz）で表される，帯域周波数あたりの伝送速度を高める周波数有効利用技術が重要となる．PSK，QAM の多値化は周波数利用効率の向上のため重要な技術の一つである．しかし，多値化により SNR に対する BER が劣化するため，その対策が課題とされてきた．

図 5.20 に示す**小セル化**は電力の低減に効果的である．図の円の中心に携帯電話基地局があるものとする．一つの基地局で通信できるエリアをセル (cell) とよぶ．基地局の性能からセル内で通信できる端末数の上限がある．セルを大きくすると広いサービスエリアを少ない基地局でカバーすることができて経済的である．この考え方を**マクロセル**といい，初期の携帯電話で採用された．しかし，利用者数が増すに従って，通信できる端末数の上限が問題となる．そこでセルを小さくする**マイクロセル化**が進められた．送信電力を小さくし，隣接するセルへの干渉を低減し，利用者密度の上昇を可能とする．基地局数は増えるが，送信電力は小さくなり，1 基地局あたりではコストを低減できる．この考え方はさらに続いており，ナノセル，ピコセル，フェムトセルと進んでいる．送信電力が小さくなるにつれて，PSK，QAM における電力の課題は小さくなる傾向にある．

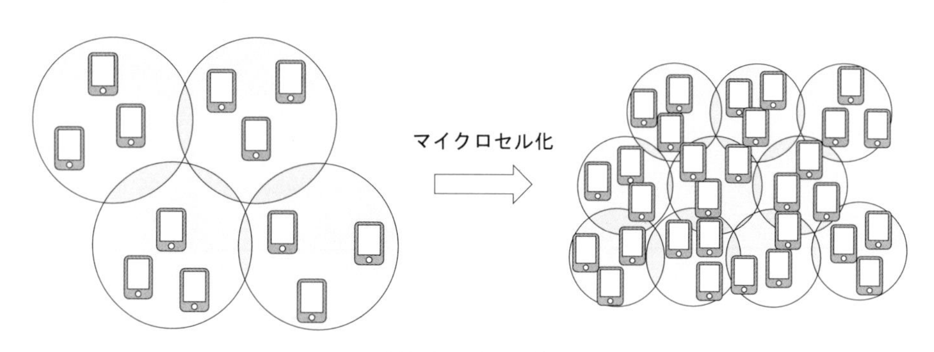

図 5.20　**小セル化**

一方で，1993 年の第 2 世代携帯電話ではデジタル変調が用いられ，電力に関する課題の解決のために PSK 変調が工夫された．当時の技術として，offset QPSK，$\pi/4$ シフト QPSK を紹介する．

図 5.21 に，QPSK，**offset QPSK**，**$\pi/4$ シフト QPSK** の信号空間上のシンボルとその遷移を示す．このうち QPSK では，四つのシンボルがランダムに発生し，クロック周期 T ごとにつぎのシンボルに遷移する．このため，前後のシンボルによって，遷移の際に原点を通過する場合がある．この間に振幅が大きく変化し，増幅器の性能などにより，歪みが発生し，品質が劣化する．

これに対して，offset QPSK では原点を通過しない．その原理を図 5.22 に示す．QPSK だと原点を通る $(0,0)$ から $(1,1)$ への遷移でも，offset QPSK では Ich と

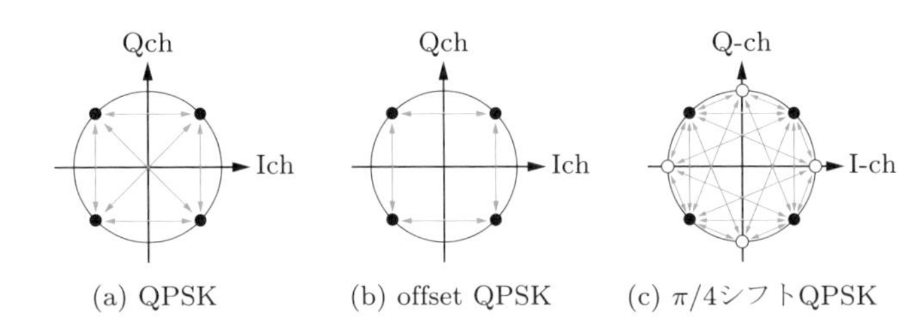

図 5.21　各種 QPSK のシンボルの遷移

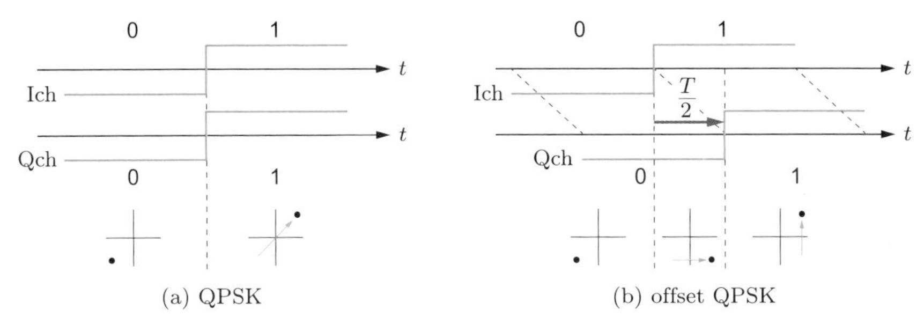

図 5.22　QPSK と offset QPSK での Ich，Qch 信号遷移

Qch の遷移のタイミングを $T/2$ ずらすことにより，対角のシンボルに遷移する際もいったん上下左右のシンボルを経由することで，原点の通過をしない．

また，$\pi/4$ シフト QPSK では，図 5.23 のように，2 組に分けた 4 シンボル $(0, \pi/2, \pi, 3\pi/2)$ と $(\pi/4, 3\pi/4, 5\pi/4, 7\pi/4)$ を T ごとに交互に用いる．それぞれの 4 シンボルに $(00, 01, 10, 11)$ が対応して 2 bits を伝送する．このため，対角のシンボルに遷移することはなく，原点を通らない．offset QPSK と $\pi/4$ シフト QPSK は同じ頃に開発され，offset QPSK は衛星通信に，$\pi/4$ シフト QPSK は日本の第 2 世代携帯電話のデジタル変調方式として利用された．

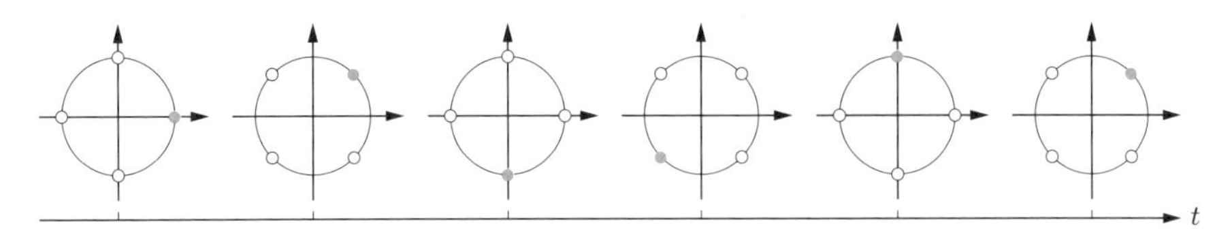

図 5.23　$\pi/4$ シフト QPSK のシンボルの遷移

5.3.3　位相連続 FSK

FSK では，$t = kT$ における送信データ $d_k = 0, 1$ によって変調波周波数を変化させる．具体的には図 5.24 に示すように，それぞれ周波数が $f_{(0)}$，$f_{(1)}$ の二つの発振器出力を切り替える**位相不連続 FSK** と，VCO の入力電圧を制御することで出力周波数

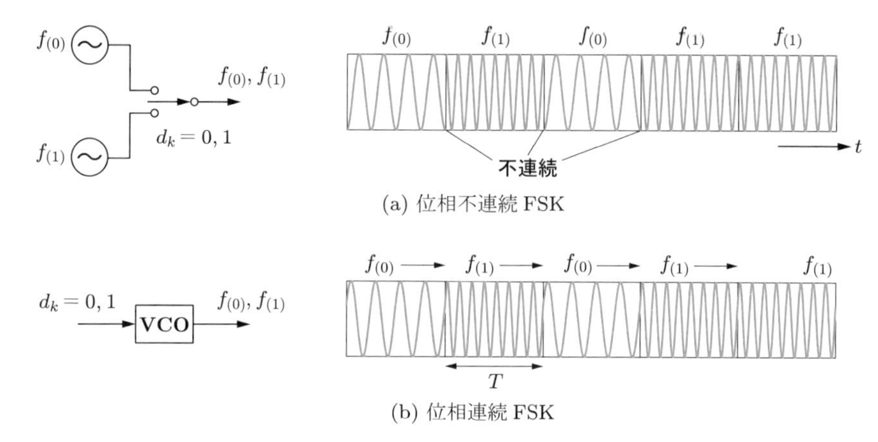

図 5.24　**位相不連続 FSK と位相連続 FSK**

を制御する**位相連続 FSK**（CPFSK：continuous phase FSK）がある．

位相不連続 FSK では，$t = kT$ から $t = (k+1)T$ の間のタイムスロットでの変調波 $v_{\mathrm{FSK}}(t)$ は，$d_k = 0, 1$ に $a_k = -1, 1$ を対応させると，

$$
\begin{aligned}
v_{\mathrm{FSK}}(t) &= A\cos(2\pi f_{\mathrm{c}} t + 2\pi a_k \Delta f t + \varphi_k) \\
&= \begin{cases} A\cos(2\pi f_{(0)} t + \varphi_{(0),k}) & (a_k = -1) \\ A\cos(2\pi f_{(1)} t + \varphi_{(1),k}) & (a_k = 1) \end{cases}
\end{aligned}
\tag{5.12}
$$

となる．ここで図 5.25 のように，$f_{(0)} = f_{\mathrm{c}} - \Delta f$，$f_{(1)} = f_{\mathrm{c}} + \Delta f$ であり，$f_{\mathrm{c}} = (f_{(0)} + f_{(1)})/2$ である．$t = kT$ における周波数は $f_k = f_{\mathrm{c}} + a_k \Delta f$ と表せる．式 (5.12) の位相 φ_k は $f_{(0)}$，$f_{(1)}$ の発振器の位相 $\varphi_{(0),k}$，$\varphi_{(1),k}$ であり，切り替え時に不連続となって急激な変化により高調波を発生する．

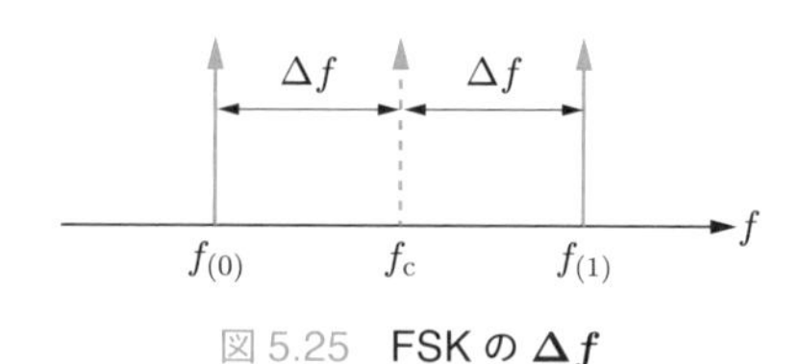

図 5.25　**FSK の Δf**

これに対して，d_k により制御された VCO 出力を変調信号として用いる位相連続 FSK がある．これには位相不連続 FSK で発生する高調波がなく，スペクトルの広がりを抑えられる．a_k によって決まる周波数 $f_k = f_{\mathrm{c}} + a_k \Delta f$ をもつ位相連続 FSK の変調波は，$kT \leq t \leq (k+1)T$ において

$$
v_{\mathrm{CPFSK}}(t) = A\cos\{2\pi(f_{\mathrm{c}} + a_k \Delta f)t - 2\pi a_k \Delta f\, kT + \varphi_k\}
$$

$$= A\cos\{2\pi f_c t + 2\pi a_k \Delta f(t - kT) + \varphi_k\} \tag{5.13}$$

となる．ここで周波数を f_c とみなすと，$2\pi a_k \Delta f(t-kT) + \varphi_k$ が時間とともに変化する位相となる．ただし，$t = kT$ における信号の連続性から

$$\varphi_k = 2\pi a_{k-1} \Delta f\, T + \varphi_{k-1} \tag{5.14}$$

を満たす[†3]．

5.3.4 MSK，GMSK

式 (5.14) において，変調指数 $m_{\mathrm{FM}} = 0.5$ の位相連続 FSK で $2\pi\Delta f\, T = \pi/2$ とすると，

$$\varphi_k = a_{k-1}\frac{\pi}{2} + \varphi_{k-1} \quad (a_{k-1} = \pm 1) \tag{5.15}$$

となる．この FSK を **MSK** (minimum shift keying) とよぶ．

これにより，$\varphi_{k-1} = 0$ のとき，$\varphi_k = \pi/2$ ($a_{k-1} = 1$) または $-\pi/2$ ($a_{k-1} = -1$) となる．k' が奇数のとき $\varphi_{k'} = 0$ または π，k' が偶数のとき $\varphi_{k'} = \pi/2$ または $-\pi/2$ のいずれかとなる．このため，同期復調により，位相を検出することで復調が可能となる．同期復調では再生搬送波 $\cos 2\pi f_c t$ と式 (5.13) の $v_{\mathrm{CPFSK}}(t)$ を乗算し，LPF で $4\pi f_c t$ の成分を除去する．$t = kT$ における LPF 出力として $\cos\varphi_k$ が得られる．

MSK は FSK であるため，振幅は一定である．MSK の振幅，位相の遷移を信号空間上に示すと，図 5.26 のようになる．(a) の MSK の黒丸 • $(0, \pi)$ と白丸 ◦ $(\pi/2, -\pi/2)$ が T ごとに交互に現れる．これは，$\pi/4$ シフト QPSK の考え方を縮小した $\pi/2$ シフト BPSK と位相が同じである．MSK は FSK のためシンボルの遷移の際に振幅一定であることが特徴である．同様に，(b) の位相連続 4 値 FSK は 2 組の 4 シンボルが交互に現れ，$\pi/4$ シフト QPSK と同じ位相で，シンボル遷移時の振幅が一定となる．図の遷移の矢印は，太線が FSK，細線が PSK を表す．

---

†3　$t = kT$ のときの $v_{\mathrm{CPFSK}}(t)$ の値は，$(k-1)T \le t \le kT$ での関数形で

$$\begin{aligned} v_{\mathrm{CPFSK}}(t = kT) &= A\cos\{2\pi f_c t + 2\pi a_{k-1}\Delta f(t - (k-1)T) + \varphi_{k-1}\}|_{t=kT} \\ &= \cos(2\pi f_c kT + 2\pi a_{k-1}\Delta f\, T + \varphi_{k-1}) \end{aligned}$$

となり，$kT \le t \le (k+1)T$ での関数形で

$$\begin{aligned} v_{\mathrm{CPFSK}}(t = kT) &= A\cos\{2\pi f_c t + 2\pi a_k \Delta f(t - kT) + \varphi_k\}|_{t=kT} \\ &= \cos(2\pi f_c kT + \varphi_k) \end{aligned}$$

となる．これらは式 (5.14) より関数形の変わる境界の $t = kT$ で等しく，連続であることがわかる．

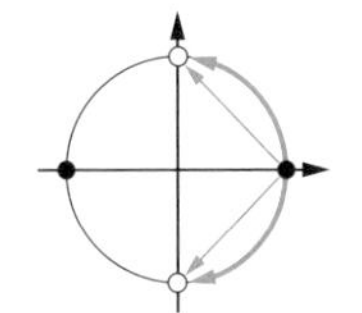

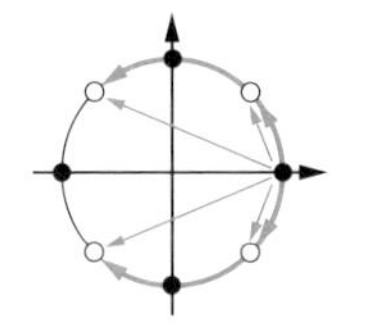

(a) MSK ($m_{\mathrm{FM}} = 0.5$)
と$\pi/2$シフトBPSK　(b) 4値FSK ($m_{\mathrm{FM}} = 0.75$)
と$\pi/4$シフトQPSK

図 5.26　位相シフトした QPSK と MSK

このように，MSK は位相検波で復調でき，振幅一定という点で有利だが，FSK であるため帯域が広がる．そこで，**ガウシャンフィルタ** (Gaussian filter) を用いることで帯域を狭めた GMSK (Gaussian MSK) が提案された．GMSK は欧州における第 2 世代携帯電話で適用された技術であり，第 2 世代携帯電話の中では世界で最も広く利用された．

章末問題

5-1　図 5.27 の 16QAM 信号のシンボルあたりの平均エネルギー E_{s} を求めよ．また，最小信号点間距離 d を E_{s} を用いて表せ．

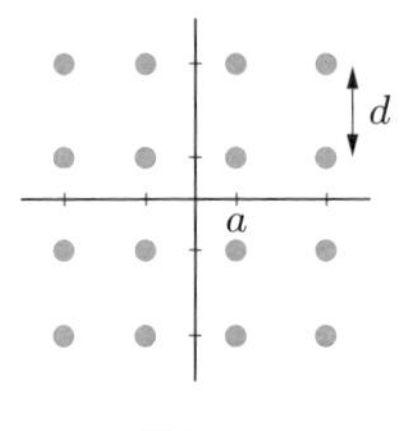

図 5.27

5-2　ナイキストパルス $s_k(t) = a_k \operatorname{sinc}\{(t - kT_{\mathrm{s}})/T_{\mathrm{s}}\}$（$k$：整数）について考える．$k = 0$ におけるパルスを $s_0(t)$，$k = 1$ におけるパルスを $s_1(t)$ とする．$s_0(t)$ の遅延波 $s_0'(t)$ が $s_1(t)$ に与える ISI（符号間干渉）はいくらか．ここで，遅延波の遅延時間を t_{d} とし，遅延波の振幅を直接波の振幅の K 倍 $(0 < K < 1)$ とする．また，$t_{\mathrm{d}} = 3T/10, 2T/10, T/10, T/100, T/1000$ の場合の ISI の値はいくらか．また，多値変調で a_0 が大きな値をとる場合は，$s_0(t)$ が $s_1(t)$ に与える ISI の影響はどうなるか．

5-3　搬送波振幅が A の M 相 PSK の隣接信号点間距離 a を求めよ．

5-4　隣接信号点間距離を a としたとき，4 値 ASK，PSK の平均電力を比較せよ．同様に，8 値 ASK，PSK と，16 値 ASK，PSK，QAM を比較せよ．

第6章 通信路の共用

通信路は，2地点を結ぶ媒体であり，その両端にある複数の利用者の通信によって必要なときに共用される．その際に互いに混信しないように，通信路は周波数や時間によって分割され，それぞれの通信に割り当てられる．とくに通信路として空間を共用する無線通信の場合，この通信路の共用は重要な技術となる．共用には，多重化，複信，多元接続などの形態があり，それぞれ時間や周波数などで分割される．また，携帯電話で使われる基地局での集中制御方式と，無線LANなどで使われる分散制御方式がある．多数の利用者がいるシステムでは，とくに通信資源を有効に利用する必要があるため，重要な技術となる．本章では，その考え方と基本的な仕組みを示す．とくに，ラジオや携帯電話などの無線通信については具体例を紹介する．

6.1 通信路共用の目的と方式

本節では通信路共用の考え方を説明する．通信路共用の意義，そこで起きる混信（干渉，衝突）の原因，これに対する対策の基本を示す．通信路の共用形式として時分割，周波数分割の多重化，複信，多元接続を紹介し，ラジオを例に挙げて具体例を示す．

6.1.1 通信路共用の目的

通信路は，実際には有線通信のケーブルや無線通信の空間である．空間は周辺で通信する者で**共用** (share) する必要がある．ケーブルもすべての送受信間に個別に設けるのは不経済であり，共用する必要がある．多くの人が一つの通信路を共用するには，その通信路を複数の**チャネル** (channel) に分割 (division) し，個別の資源 (resource) として個々の通信に配分 (allocation) しなければならない．たとえば第3章で示したAMラジオの例では，共用される空間を媒体とする無線通信路を周波数で分割し，複数の放送局に搬送波周波数を割り当てることで，それぞれ個別のチャネルで伝送することができる．

有線通信の代表例である電話線は，近隣の電話を一つの電話局につなげるために共用されている．東京－大阪間などの基幹回線も多数の通信が通信路を共用している．有線通信の場合は通信容量が不足しても，線路を増やすことで対処が可能である．しかし，無線通信の場合は共用する空間は増やすことができない．このため，多値変調などによる周波数利用効率の向上とともに，効率的な通信路共用技術が重要となる．

共用する通信路で他の通信からの信号により影響を受けることを，**混信**，**干渉** (interference)，**衝突** (collision) などとよぶ[†1]．これにより通信品質が劣化する場合がある．電波の時間・空間・周波数のすべてが一致すると，衝突となる．通信する空間が決まっていれば，周波数あるいは時間の衝突を避けて通信路は共用される．この周波数や時間は，無線リソースともよばれる．

6.1.2 多重化，複信，多元接続

複数チャネルへの分割を自動車の走る道路に置き換えて考えてみる．道路の形態を幹線道路，上り下り道路，複数方向から中央に集まる交差点に分けて説明する．自動車も時間・空間が同じ状態になると衝突する．

図 6.1 のたとえでは，複数の自動車が走るために，時間あるいは幅で道路を分割して道路を共用する．(a) の 1 車線道路では，道路上の個々の地点を見たとき，ある時点には 1 台だけの車があり，複数の車がその道路を時間で分けて共用していると考えられる．他方，(b) の道路幅を分割する複数車線道路では，幅は通信路での周波数に対応するものと考える．これらは，通信において**時分割**，**周波数分割**とよばれる分割方法に対応する．

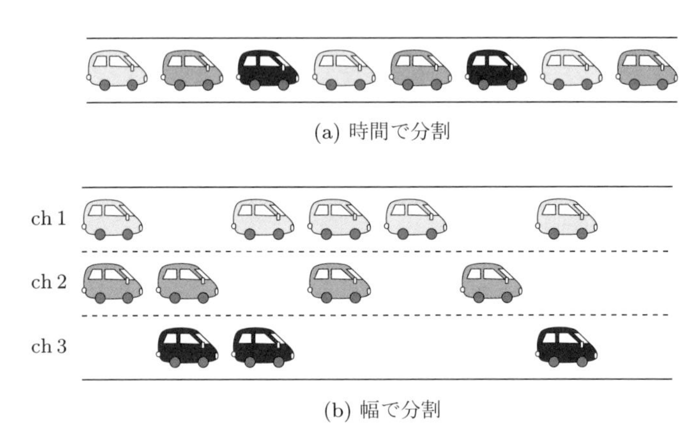

図 6.1 幹線道路での時間分割（時分割）と幅分割（周波数分割）

†1 混信とは，他局の信号が混じっている状態のことであり，この用語はアナログ音声の放送・通信でよく使われる．干渉は，本来これだけが受信されてほしい希望波以外の電波により受信品質の劣化を起こすことであり，他局からの信号以外でも反射波など自局からの電波の影響も含む．物理的な信号の影響を考える際に多く使われる．衝突は，他局の信号と時間・空間・周波数が一致することでその信号が失われることであり，デジタル通信の通信路共用の検討で使われる．ただし，これらの言葉の違いは明確ではない．

道路には上りと下り方向があり，これも図 6.2 のように時間または幅で分割して衝突を防いでいる．また図 6.3 のように，交差点で時間の分割をする際には，中央で制御する人や信号機がある**集中制御**と，これがない**自律分散制御**がある．信号機は混雑状況に関係なく，定期的に通過方向を変更する．制御する人がいる場合には，状況を見て最適な通過方向を判断できる．制御するものがない場合には，各運転手が周囲を見て，空いている場合に交差点中央に進入する．

これに対して通信路でも，図 6.4 に示すように，一つの通信路を複数のチャネルで共用する**多重化** (multiplex)，2 点間の通信路を双方向に用いる**複信** (duplex)，基地

図 6.2　**上り下り道路**

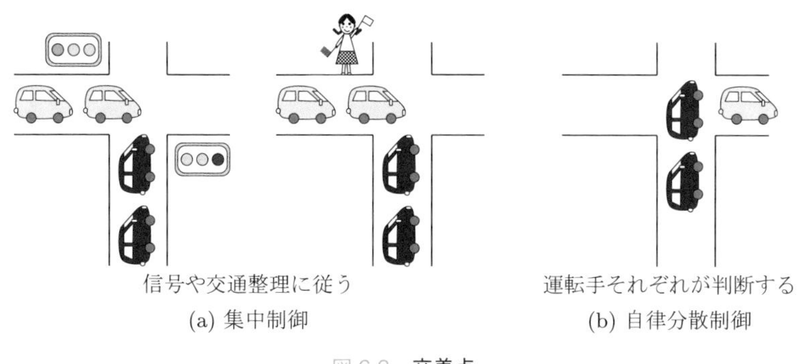

図 6.3　**交差点**

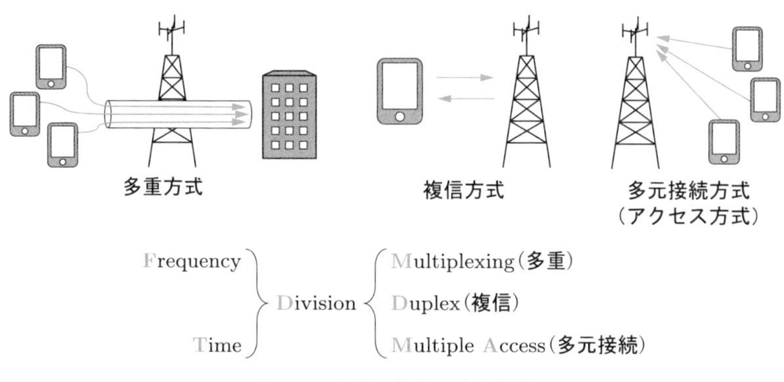

図 6.4　**多重，複信，多元接続**

局などに複数の端末からアクセスする**多元接続** (multiple access) がある．それぞれについて，時間で分割する方式と周波数で分割する方式があり，図 6.4 のように分類され，それぞれの頭文字から FDM，TDM，FDD，TDD，FDMA，TDMA とよばれる．

複信では，一つの通信路を周波数分割する，あるいは 2 本の線路を用いることで同時通信ができるものを，全二重 (full duplex) とよぶことがある．これに対して，時分割し，上り下りで交互に使うため，上下同時通信ができないものを半二重 (half duplex) とよぶ．通信できない時間帯の信号は失われる，あるいは遅延して伝えられる．

アナログ信号の場合，時分割では他局が通信中の時間の信号は失われてしまうので，時分割の適用は困難である．このため図 6.5 に示すように，おもに周波数分割が使われる．これに対して，デジタル信号の場合は，複数チャネルを同期させて順番に通信することが可能である．図の場合では，2 チャネルの 2 値符号を半分のボーレートで 4 値信号にして通信している．短い遅延が発生するが，人が感知できない程度の影響にできる．このように，デジタル通信では時分割を適用しやすい．

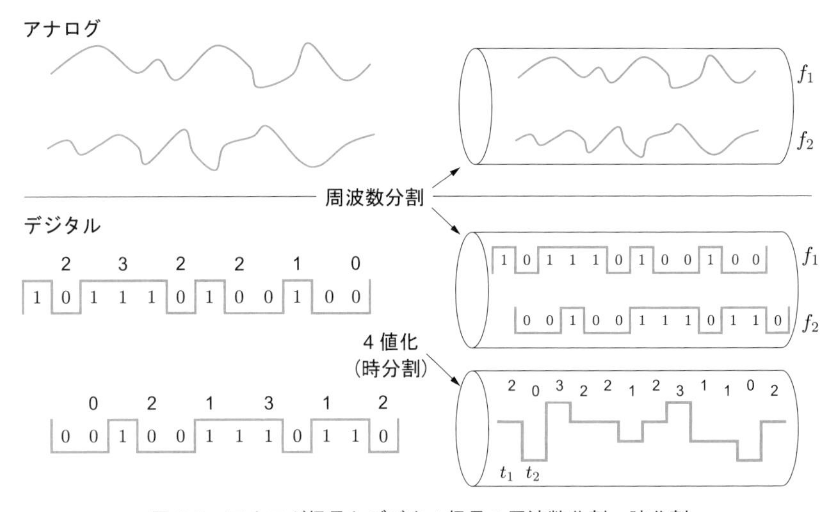

図 6.5　アナログ信号とデジタル信号の周波数分割，時分割

多元接続においては，図 6.4 のように中央にある基地局がアクセスしようとする端末局を制御する**集中制御**と，基地局による制御がない**分散制御**に分類される．携帯電話などは集中制御であり，無線 LAN などは基地局による制御がないか，制御を簡易にした自律分散制御を採用している．

6.1.3　搬送波周波数と帯域幅

ここでは，ラジオを例にして説明する．図 6.6 に AM ラジオと FM ラジオの周波数を示す．周波数を横方向に対数目盛りで示している．電波は，周波数ごとに MF (medium frequency)，HF (high frequency)，VHF (very high frequency) などの名称で分類される．日本では 526.5 kHz から 1606.5 kHz の周波数が AM ラジオに用いられている．最高音声周波数は 7.5 kHz で，各局の占有帯域は 15 kHz である．この占有帯域が近隣エリアで重ならないように，各局の搬送波周波数が割り当てられる．これに対して，FM ラジオは 76 MHz から 90 MHz の周波数で，AM ラジオと比較して広い帯域があり，各局の占有帯域は 200 kHz である．広い占有帯域のおかげで最高音声周波数 15 kHz のステレオ音声やデジタル文字多重放送が可能になっている．

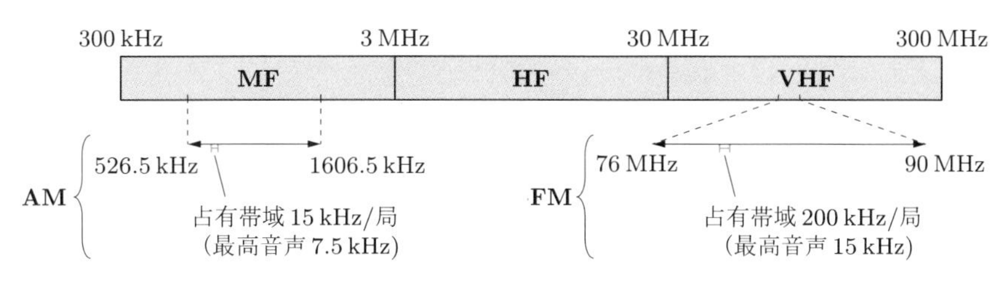

図 6.6　AM，FM 放送の帯域

図 6.7 に示すように，同じ 100 kHz あるいは 10 MHz でも，周波数が高いほど相対的に幅が狭くなり，広帯域のシステムあるいは多くのチャネルを実現しやすくなる．このため，高い周波数の利用は重要な技術課題となる．ただし，周波数によって，電波の伝搬距離やビル影などへの回り込み，アンテナの大きさ，装置コストなどが異なり，システムの目的や開発された時代などによって，それぞれの搬送波周波数と占有帯域幅が定められている．

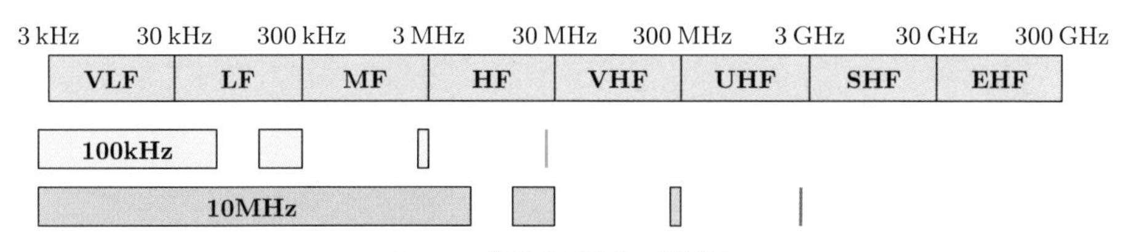

図 6.7　搬送波周波数と帯域幅

6.2 種々の多元接続方式

図 6.3 の交差点の図で説明した集中制御と自律分散制御は，多元接続でも使い分けられている．

6.2.1 集中制御

多元接続で集中制御が用いられている代表例としては，携帯電話がある．集中局である基地局は各端末に周波数や時間を割り当て，端末は基地局からの指示に従って通信を行う．このため，利用者は通信事業者と契約し，通信事業者は総務大臣からの無線局免許を必要とする．

携帯電話での集中制御には世代によって異なる方式が用いられている．1979 年に実用化された自動車電話から始まる第 1 世代はアナログ変調であり，多元接続では **FDMA** (frequency division multiple access) を用いていた．FDMA のシステム構成は図 6.8 のようになる．基地局には搬送波周波数が異なる複数の送受信機があり，各端末に周波数チャネルを割り当てて通信することで衝突を回避する．図にあるように，端末は基地局から指定された搬送波周波数で変調する．基地局は BPF (band pass filter) で個別のチャネルに信号を分けて復調する．FDMA は技術的には比較的容易で，アナログ変調に適用できる．

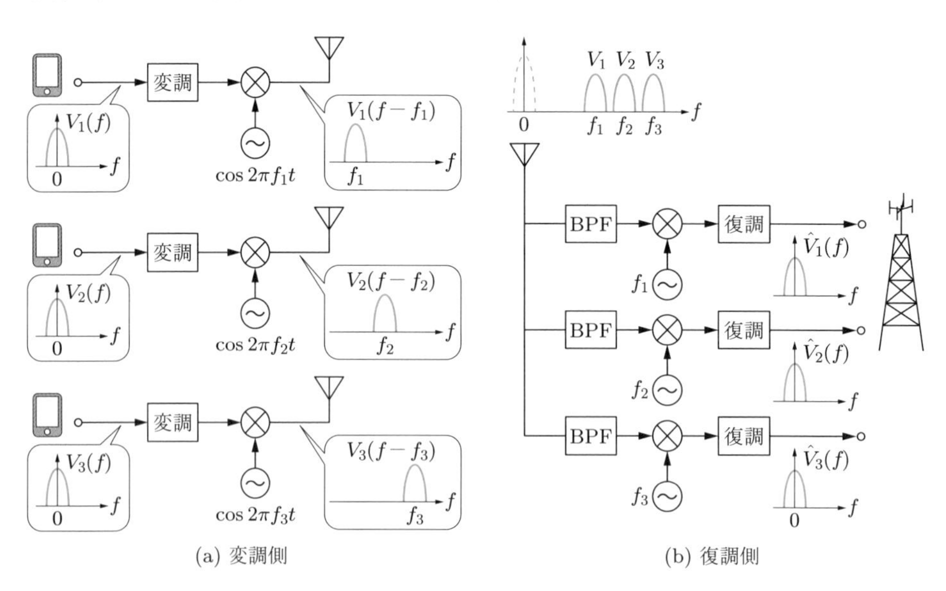

(a) 変調側　(b) 復調側

図 6.8　FDMA の構成

1993 年に始まった第 2 世代携帯電話では，デジタル変調の適用により，音声通話だけでなく，インターネットの利用が可能となった．さらに **TDMA** (time division multiple access) の適用により，装置の低コスト化，端末ごとに異なる伝送速度を実現した．TDMA の構成を図 6.9 に示す．各端末は信号をいったんメモリに蓄積し，割り当てられたタイミングにだけに送信する**バースト** (burst) とよばれる断続信号で変調して送信する．各端末からの信号のタイミングが異なるため，同一の搬送波周波数でも信号は衝突しない．各端末は時間の基準となる基本クロックを基地局に合わせる．ただし，端末から送信された信号が基地局に到達するタイミングは，それぞれ異なる基地局－端末間距離に比例した時間だけ遅延する．復調器では，各バースト内の同期用信号を基に，バーストごとに搬送波周波数，クロック，情報の開始ビットの同期を行う．なお，バーストの詳しい構成については 8.4.5 項 (p. 148) を参照してほしい．

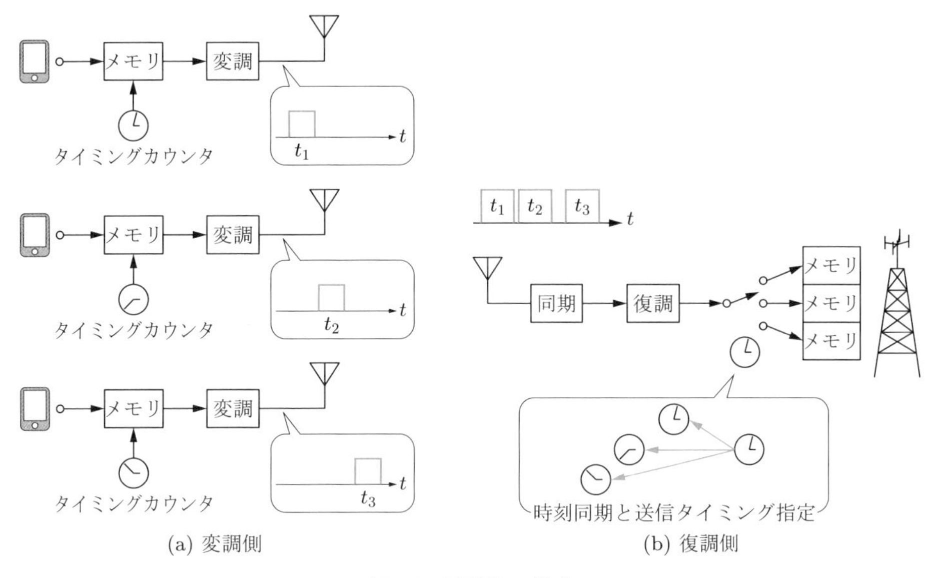

図 6.9　**TDMA の構成**

さらにその後，通信路を他のリソースで分割する方式が実用化されている．2000 年に始まった第 3 世代携帯電話は **CDMA** (code division multiple access) により高速化された．これは 9.3 節で述べるスペクトル拡散技術を用いるものであり，図 6.10 に示すように各端末に拡散符号を割り当てることにより，同じ周波数と時間の信号でも衝突しない．第 4 世代以降には SDMA (space division multiple access) が提案されている．これは，9.5 節で述べる MIMO 技術を用いたアンテナ指向性制御により，端末のある場所ごとに空間を分割するものである．

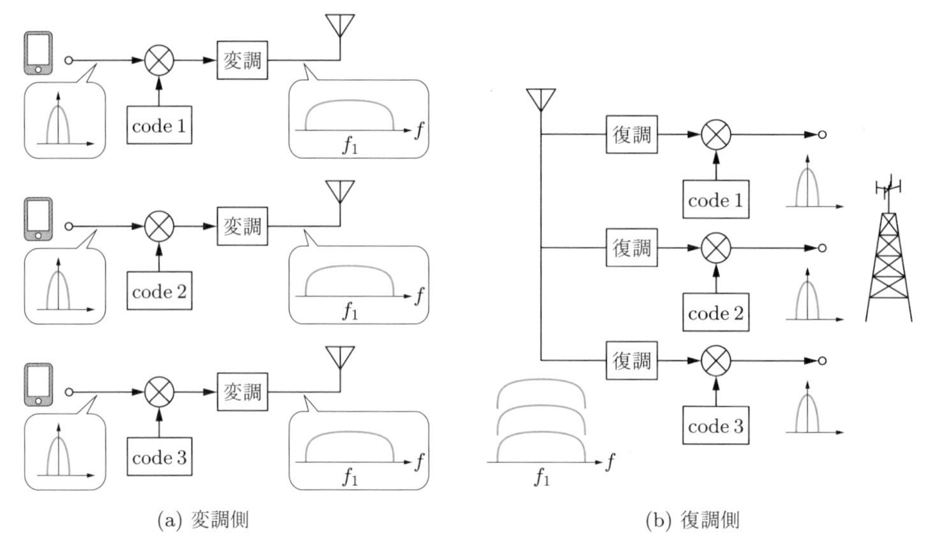

図 6.10　CDMA の構成

6.2.2　自律分散制御

多元接続で自律分散制御をしている代表例としては，無線 LAN がある．無線 LAN は，基地局に相当するアクセスポイント（AP：access point）もユーザが購入できるほど低コストである．また，AP を用いない Wi-Fi ダイレクトによる通信も可能である．このため，集中制御ではなく自律分散制御を採用しており，これにより無線局免許が不要となっている．

自律分散制御は，制御局なしに複数の無線局が互いに通信を行う方式である．最も単純な方式は **ALOHA**[†2] であり，送信局は任意のタイミングで送信する．受信局は常時受信していて，自局宛の信号を受信した後，受信確認信号 ACK (acknowledgement) を送信する．送信局は ACK が受信されなければ再送する．単純な方式だが，局数や信号量が増加すると，衝突が繰り返される．

ALOHA での衝突を避ける手法として **CSMA**（carrier sense multiple access：搬送波感知多重アクセス）がある．これは，送信側で周囲を確認してから電波を発射するものである．送信局は，送信前に送信しようとする周波数で受信し，搬送波感知 (carrier sense) を行う．受信電力がしきい値未満であれば送信し，しきい値以上であれば一定時間待機した後に再度搬送波感知する．待機中に他局の通信が終了すれば，搬送波感知後に送信できる．

†2　Additive Links On-line Hawaii Area．1972 年ハワイ大学で開発され命名された，最初のランダムアクセス無線方式．

しかし，CSMA では，複数の端末が待機している場合，他局の通信終了後，待機していた複数の端末どうしが衝突を起こしやすい．そこで，無線 LAN では，図 6.11 に示す **CSMA/CA**（carrier sense multiple access/collision avoidance：搬送波感知多重アクセス／衝突回避）が用いられる．これは，CSMA の待機時間長を乱数で決めることを特徴とする．これにより，複数の端末が待機していても，その中で最初に搬送波感知を始めた端末が送信でき，他の端末は送信できず衝突しない．待機時間長は乱数で決めるので公平である．さらに，サービスごとに品質に差をつける **QoS** (quality of service) を実現する手法がある．これは，CSMA/CA において優先される端末のみ待機時間を短くするものである．たとえば，音声通話端末とデータダウンロード端末が共存する場合に，遅延が品質に影響する音声通話を優先するために用いられる．

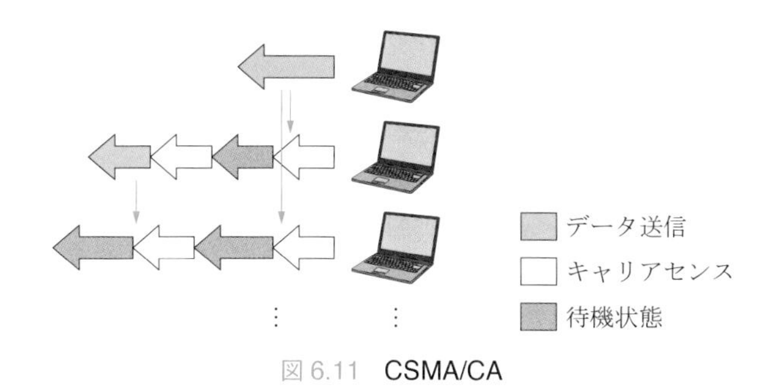

図 6.11　CSMA/CA

その他，CSMA/CA には，端末どうしでは直接電波が届かない場合に，衝突が発生する**隠れ端末問題**を回避するため，RTS/CTS がある．これは，AP と端末で機能を分け，端末が AP にデータ送信の許可（RTS：request to send）を求め，AP がその許可（CTS：clear to send）を行う手法である．

章末問題

6-1　日本における AM ラジオと FM ラジオについて，長所と短所を整理せよ．

6-2　音声信号を 8 kHz で標本化し，128 レベルで量子化した符号について，つぎの問いに答えよ．

(1) 音声の 1 標本は何 bits の符号になるか．

(2) 1 標本につき 1 bit の制御信号を加えた．符号の伝送レートは何 bps か．

(3) この音声符号 24 チャネルを時分割多重し，さらに 1 フレーム (125 μs) ごとに 1 bit の同期用ビットを加えた．多重化された信号のビットレートはいくらか．

第7章 信号対雑音電力比

本章では，情報と信号の関係を整理するため，用語を定義したうえで，情報が載る確率的信号を説明する．さらに，信号を分類して，その性質を考える．受信信号から得られる情報を劣化する要因に雑音や混信があるが，ここでは確率密度関数がガウス分布に従う白色雑音を紹介する．つぎに，自己相関関数を定義し，自己相関のフーリエ変換が電力スペクトル密度になることを示す．ランダムパルス信号の電力スペクトル密度と単一パルスのエネルギースペクトル密度の関係を示す．また，受信信号の品質の指標となる信号対雑音電力比について，AWGN モデルにおいて解析する．最後に，通信路が伝送できる通信容量に関して，シャノンの通信路容量定理を紹介する．

7.1 信号と情報

本節では，まず情報に関する用語として，試行，標本点，確率変数，確率密度関数，ガウス分布，確率過程，確定信号，確率的信号などを定義する．そのうえで，情報と情報が載る確率的信号の対応関係を説明し，確率的信号によって受信側が情報を得ることを示す．さらに，信号を分類して，その性質を考える．

7.1.1 確率過程と信号

ここでは情報と信号の関係について説明する．まず議論に必要な用語を定義する．

同じ条件で繰り返し行える実験や観測を**試行** (trial) とよぶ．ある試行を行った結果の集合を**標本空間** (sample space) という．試行としてサイコロ投げを考えよう．結果が一番小さな目なら“1”という**記号** (symbol) で表すことにすると，標本空間は $\Omega = \{1, 2, 3, 4, 5, 6\}$ となる．標本空間の元（要素）を**標本点** (sample point) といい，標本点に対応して値が定まる変数を**確率変数** (random variable) という．確率変数は離散値の場合と連続値の場合がある．サイコロ投げの試行であれば離散的確率変数となる．一方，水の温度を測った結果であれば，0°C から 100°C の間の連続的確率変数となる．確率変数をこれに対応する信号に変換することによって，この確率変数を通信により伝達できる．確率変数と信号の対応関係は，あらかじめ送信側と受信側の 2 者間で決めた規約に従う．たとえばサイコロ投げの結果が 4 であれば，4 と書いた紙を渡す，4 V の電圧の電気信号を送るなど，さまざまな規約があり得る．

試行の結果，ある確率変数となる確率を**生起確率** (occurrence probability) とよぶ．離散的確率変数の場合，ある確率変数の生起確率が定まることがある．この生起確率は，同じ条件で行った多数の試行の結果が既知であれば，これらの結果により求められる．サイコロ投げの場合，各標本点の生起確率はそれぞれ 1/6 となる．これに対して，連続的確率変数の場合，たとえば水温 50 ($= 50.\dot{0} = 50.000\cdots$)°C となる確率は無限小となるように，ある確率変数の生起確率は定められない．しかし，たとえば 45°C から 55°C のように特定の範囲に対しては確率を与えることができる．そこで，ある範囲での積分値がその範囲内の標本点の生起確率となる関数を**確率密度関数** (probability density function) と定義する．確率密度関数は確率変数の関数となる．物体の質量密度を体積で積分すると質量になるように，確率密度を積分すると確率になる．

確率密度関数が $p_r(x)$ となる確率変数 X が x_l から x_u の範囲 $(x_l \leq X \leq x_u)$ にある確率は

$$P_r(x_l \leq X \leq x_u) = \int_{x_l}^{x_u} p_r(x)\,\mathrm{d}x \tag{7.1}$$

となる．とくに，X が x_u 以下となる確率

$$P_{\mathrm{CDF}}(x_u) = \int_{-\infty}^{x_u} p_r(x)\,\mathrm{d}x \tag{7.2}$$

を**累積分布確率**（CDF：cumulative distribution function）とよぶ．x に対する $p_r(x)$ の関数で示される確率密度関数の分布（**確率分布**）は試行によってさまざまであり，どの確率変数に対しても同じとなる**一様分布** (uniform distribution) のほか，後述する**ガウス分布**（**正規分布**）が代表的である．

時間とともに変化する確率変数を**確率過程** (stochastic process) あるいは**不規則過程** (random process) という．水温を連続的に観測した結果は連続的確率過程となり，サイコロ投げを 1 秒に 1 回繰り返し行った結果は離散的確率過程となる．このような確率変数や確率過程を信号に対応付けすることができる．確率過程に対応する信号は時間とともに変化し，この信号も確率過程となる．信号とは測定可能な物理量であり，今後本書ではおもに時間とともに変化する電圧値 $v(t)$ を対象とする．確率分布が時間や位置によらない確率過程を**定常過程** (stationary process) とよぶ．

時間とともに変化する信号は，**確定信号** (deterministic signal) と**確率的信号** (stochastic signal)（あるいは**不規則信号** (random signal)）に分けられる．確定信号 $v(t)$ は t の関数で，将来も含めて時刻 t により定まり，既知である．rect 関数で表される単一パルスや余弦波はその例となる．これに対して，確率的信号は将来の時刻 t

における値は未知で定まっていない．ただし，その値のとり得る範囲は限られるので，確率密度関数も定まっているものとして扱える場合がある．

7.1.2　確率的信号と情報

情報は言葉などの記号に変換して，記録あるいは他者に伝達できる．たとえば，言葉を口から耳に届かせて伝える場合である．遠くに音声を伝えたいときは，発せられた言葉を遠距離通信に適した電気信号に変換し，送受信者間を伝搬させる．音声はマイクロフォンで電気信号に変換でき，電気信号はスピーカーで音声に変換できる．

時間とともに変化する，あるいは時間順に並べられた情報は，信号に変換されて送信される．受信側は，受信前には将来どのような信号を受信するか未知で，確率的である．そして，信号を受信したとき，既知になると同時にその信号に対応する情報を得る．これに対し，将来の信号が既知である確定信号では情報は得られない．このように，アナログ，デジタルによらず，情報が載っている信号は受信側にとって確率的信号である．

試行結果が情報として得られるまでの流れは，たとえば，以下および図 7.1 のようになっている．

① コイン投げの試行結果の集合 $\{裏, 表\}$ が標本空間となる．

② “裏”または“表”という記号で表現される試行結果が送信側で得られる．これは（受信側にとって）確率変数である．

③ “裏”または“表”の記号は 0 または 1 の符号に変換され，さらに確率的信号 v に変換されて，受信側に伝達される．

④ 受信側にとって“裏”か“表”か確率的で未知であったものが，受信信号を得ることで，たとえば“表”であると確定する．

⑤ “表”と既知になったことで，情報が得られる．

ここで，受信側は将来どのような確率変数を得るかは未知であるが，この確率変数が

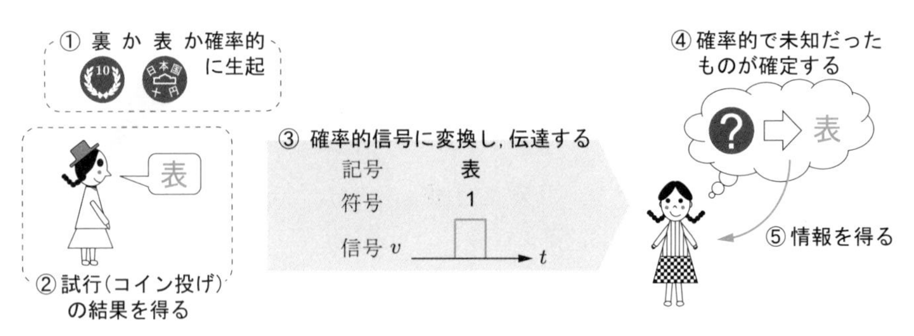

図 7.1　試行，確率的信号

“裏”または“表”であることと，それぞれの生起確率が 1/2 であることは事前に知っている．また，確率変数“裏”，“表”と，符号 0，1 および，確率的信号の電圧値との対応関係は規約としてあらかじめ送受信間で約束されている．

7.1.3 信号の分類と期待値

信号は確定信号（規則的信号）と確率的信号（不規則信号）に分類される．矩形パルスの場合の例を表 7.1 に示す．前述のように，確率的信号には情報を載せることができる．確定信号は 1.3.2 項 (p. 22) で述べたように，エネルギー有限信号と電力有限信号に分けられる．

表 7.1　信号の種類と性質

性質		評価	時間領域波形	スペクトル	相関（→ 7.2 節）
確定信号	非周期信号	エネルギー有限．積分値で扱う．	t	フーリエ変換 $E = \int_{-\infty}^{\infty} \lvert v(t) \rvert^2 \, \mathrm{d}t = \int_{-\infty}^{\infty} \lvert V(f) \rvert^2 \, \mathrm{d}f$	τ
	周期信号	電力有限．平均値で扱う．	… … t	フーリエ級数展開 $P = \mathcal{A}[\lvert v(t) \rvert^2] = \sum_{n=-\infty}^{\infty} \lvert c_n \rvert^2$	τ
確率的信号（情報あり）		電力有限．期待値で扱う．	… … t 011010001	相関のフーリエ変換 • 非周期 • 級数展開不可	τ

エネルギー有限の確定信号は積分値で，電力有限の確定信号は平均値で扱い，それぞれフーリエ変換，フーリエ級数を利用した．確率的信号は電力有限な信号である．しかし，周期関数でないことからフーリエ級数展開はできない．また，未知の信号では，平均値を求めることができず，期待値で扱う必要がある．

ここで，平均値と期待値の違いについて簡単に述べる．サイコロ投げで m 回の試行 X を行った結果 x_k（$x_k = 1, 2, \ldots, 6$，$k = 1, 2, \ldots, m$）が確定している場合，その結果の平均値

$$\mathcal{A}[X] = \frac{1}{m} \sum_{k=1}^{m} x_k$$

を定めることができる．m が十分大きいときには $\mathcal{A}[X] = 3.5$ となる．これに対して，結果が確定していない場合は平均を定めることはできない．ただし，各結果 x

$(x = 1, 2, \ldots, 6)$ となる確率 p_x が定まっている場合は，期待値を

$$\mathcal{E}[X] = \sum_{x=1}^{6} x \cdot p_x = 3.5$$

のように求めることができる．期待値は平均値と異なるものであり，期待値を用いて確率的信号を扱うことができる．

7.2 白色雑音と信号の電力スペクトル密度

雑音や混信によって，受信信号から得られる情報が劣化する．本節ではまず，雑音のうち，確率密度関数がガウス分布に従う白色雑音を紹介する．つぎに，不規則信号の電力スペクトル密度を解析するために，自己相関関数を定義し，自己相関のフーリエ変換が電力スペクトル密度になることを示す．また，情報が載っているランダムパルス信号では，単一パルスのエネルギースペクトル密度をパルスの周期で割ったものが電力スペクトル密度となることを示す．最後に，受信信号の品質の指標に信号対雑音電力比が使われる理由を示す．

7.2.1 雑音と混信

前節では，時間とともに変動する信号を確定信号と確率的信号に分類し，確率的信号には情報を載せることができることを説明した．一方，情報が載っていない，あるいは受信者にとって必要ない情報が載っている確率的信号がある．雑音と混信である．

情報が載っていない不規則な信号を**雑音** (noise) とよぶ．とくに，電子の熱による不規則な動きによって発生する雑音を**熱雑音** (thermal noise) とよぶ．熱雑音信号の時刻 t における振幅を $n(t)$ としたとき，その振幅の確率密度関数はガウス分布に近似できる．また，その電力スペクトル密度は全周波数に対してほぼ等しい．白い色の光の周波数特性も同様に全周波数で等しいことから，このようなスペクトルの雑音は**白色雑音** (white noise) とよばれる．

信号は同じ空間・時間にある別の信号と合成（加算）される．情報の載っている信号に雑音が合成されることにより，受信信号は送信信号と異なる信号となり，そこから得られる情報の品質が劣化する．送信信号に加算される雑音を白色雑音とするモデルを **AWGN**（additive white Gaussian noise：加算性白色ガウス雑音）とよぶ．AWGN をはじめ，多くの雑音はガウス分布に従う熱雑音で近似でき，これにより解析が容易になる．ラジオでは雑音が大きいほど音声は聞き取りにくくなる．このようなことから，受信された情報の品質は，信号と雑音の電力比で評価できる．

受信側が受信したい信号を**希望波**とよぶ．他の信号が希望波に合成されて品質劣化を起こす場合，この信号を**干渉波**（あるいは妨害波）とよぶ．たとえばラジオでは，干渉波によって他の放送局からの音声が同時に聞こえる**混信**が発生する．合成波から干渉波を分離できれば，受信信号の劣化を抑えることができる．これを実現するために，さまざまな**干渉補償法**が開発されている．なお，干渉波が確定信号で既知であれば，これを減算することで希望波のみを得ることができる．

7.2.2 自己相関関数と不規則信号のスペクトル

不規則信号が特定の周波数成分を強くもつ場合がある．そのような場合は電力スペクトル密度を扱うことができる．しかし，周期関数でない不規則信号はフーリエ級数展開ができない．そこで，相関を用いてスペクトルを知る手法が用いられる．

一般的な相関とは，二つの確率変数の関係の強弱を示す指標である．二つの確率変数 X，Y があり，それぞれのデータが $x_i = \{x_1, x_2, \ldots, x_n\}$，$y_i = \{y_1, y_2, \ldots, y_n\}$ で，それらの平均が $\bar{x}$，$\bar{y}$，標準偏差が σ_x，σ_y であるとき，X と Y の相関係数 R は

$$R = \frac{\sum_{i=1}^{n}(x_i - \bar{x})(y_i - \bar{y})}{(n-1)\sigma_x\sigma_y} \tag{7.3}$$

で表される．ここで $-1 \leq R \leq 1$ となり，$|R|$ が大きいほど X，Y の関係は強い．なお，標準偏差 σ_x および分散 σ_x^2 は

$$\sigma_x^2 = \frac{1}{n}\sum_{i=1}^{n}(x_i - \bar{x})^2 = \frac{1}{n}\sum_{i=1}^{n}x_i^2 - \bar{x}^2, \qquad \sigma_x = \sqrt{\sigma_x^2} \geq 0$$

で与えられる．

つぎに，信号 $v(t)$，$w(t)$ の**相互相関関数** (cross-correlation function) を

$$\text{エネルギー有限の場合：}\quad R_{vw}(\tau) = \int_{-\infty}^{\infty} v(t)w^*(t-\tau)\,\mathrm{d}t \tag{7.4}$$

$$\text{電力有限の場合：}\quad R_{vw}(\tau) = \lim_{T_\mathrm{I}\to\infty}\frac{1}{T_\mathrm{I}}\int_{-T_\mathrm{I}/2}^{T_\mathrm{I}/2} v(t)w^*(t-\tau)\,\mathrm{d}t \tag{7.5}$$

と定義する．$w(t) = v(t)$ と置いた**自己相関関数** (auto-correlation function) は

$$\text{エネルギー有限の場合：}\quad R_v(\tau) = \int_{-\infty}^{\infty} v(t)v^*(t-\tau)\,\mathrm{d}t \tag{7.6}$$

$$\text{電力有限の場合：}\quad R_v(\tau) = \lim_{T_\mathrm{I}\to\infty}\frac{1}{T_\mathrm{I}}\int_{-T_\mathrm{I}/2}^{T_\mathrm{I}/2} v(t)v^*(t-\tau)\,\mathrm{d}t \tag{7.7}$$

のように表す．自己相関関数は τ の関数であり，その信号が時間 τ だけ離れた同一信号にどれだけ似ているかを示す．すなわち，τ ごとに似た値になり，$f = 1/\tau$ の周波数成分が強いと，$R_v(\tau)$ は大きくなる．

不規則信号の例として，姫路市の毎時温度を見る．図 7.2 (a) のように温度は時間の関数として変動し，この不規則信号の自己相関関数は (b) のようになる．

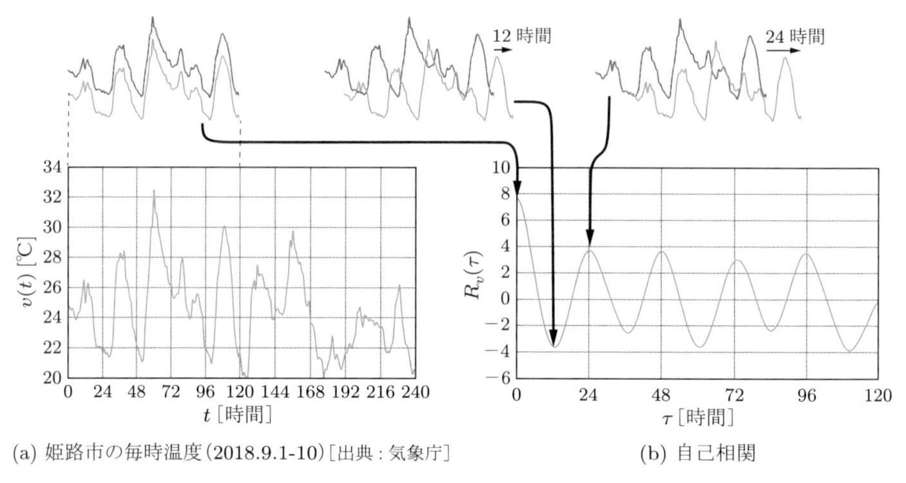

(a) 姫路市の毎時温度（2018.9.1-10）［出典：気象庁］　(b) 自己相関

図 7.2　**不規則信号の自己相関**[†1]

図 7.2 のように，温度に関する不規則信号 $v(t)$ の自己相関関数 $R_v(\tau)$ は $\tau = 0$ で最大値となり，24 時間ごとに大きな値をとる．図の上部の一番左にあるように，$\tau = 0$ では $v(t)$ と $v(t-\tau)$ は同じで，類似度である相関が最大となる．τ が 24 時間の整数倍のとき，$v(t)$ と $v(t-\tau)$ の相関は大きく，これを繰り返す．すなわち，$v(t)$ は周期関数ではないが，周期的性質があり，これをスペクトルとして表すことができる．このことから，信号 $v(t)$ の自己相関関数 $R_v(\tau)$ を τ に関してフーリエ変換した $G_v(f)$ を得ることで，$v(t)$ のスペクトルが得られることがわかる．$R_v(\tau)$ は周期関数ではないためフーリエ級数展開できないが，フーリエ変換はできる．

また，次式から，確定信号の場合も自己相関関数のフーリエ変換がスペクトルを表すことがわかる[†2]．

---

†1　図 7.2 (b) は，$R_v(\tau) = \frac{1}{120}\sum_{t=0}^{119}(v(t)-\bar{v})(v(t-\tau)-\bar{v})$ を算出したものを示している．

†2　式 (7.8) は以下のように示すことができる．

$$|V(f)|^2 = \left\{\int_{-\infty}^{\infty} v(t)e^{-j\omega t_1}\,\mathrm{d}t_1\right\}\left\{\int_{-\infty}^{\infty} v(t)e^{-j\omega t_2}\,\mathrm{d}t_2\right\}^* = \int_{-\infty}^{\infty}\int_{-\infty}^{\infty} v(t_1)v(t_2)e^{-j\omega(t_1-t_2)}\,\mathrm{d}t_1\,\mathrm{d}t_2$$

$$= \int_{-\infty}^{\infty}\left\{\int_{-\infty}^{\infty} v(t)v(t-\tau)\,\mathrm{d}t\right\}e^{-j\omega\tau}\,\mathrm{d}\tau = \int_{-\infty}^{\infty} R_v(\tau)e^{-j\omega\tau}\,\mathrm{d}\tau = \mathcal{F}[R_v(\tau)]$$

$$G_v(f) = |V(f)|^2 = \mathcal{F}[R_v(\tau)] \tag{7.8}$$

電力有限の確定信号の例である余弦波 $v_\varphi(t) = A\cos(2\pi f_s t + \varphi)$ の自己相関関数は，図 7.3 のように

$$R_{v_\varphi}(\tau) = \frac{A^2}{2}\cos 2\pi f_s \tau \tag{7.9}$$

となる．これにより，自己相関は位相 φ によらないことがわかる．また，$\tau = 0$ で最大値 $A^2/2$ となり，この値は $v_\varphi(t)$ の電力になる．

エネルギー有限の確定信号である単一矩形パルスである $v_{\tau_0}(t) = A\,\mathrm{rect}\{(t-t_0)/\tau_0\}$ の自己相関関数は，図 7.4 のように

$$R_v(\tau) = A^2\tau_0\,\mathrm{tri}\left(\frac{\tau}{\tau_0}\right) \tag{7.10}$$

となり，t_0 に依存しない．

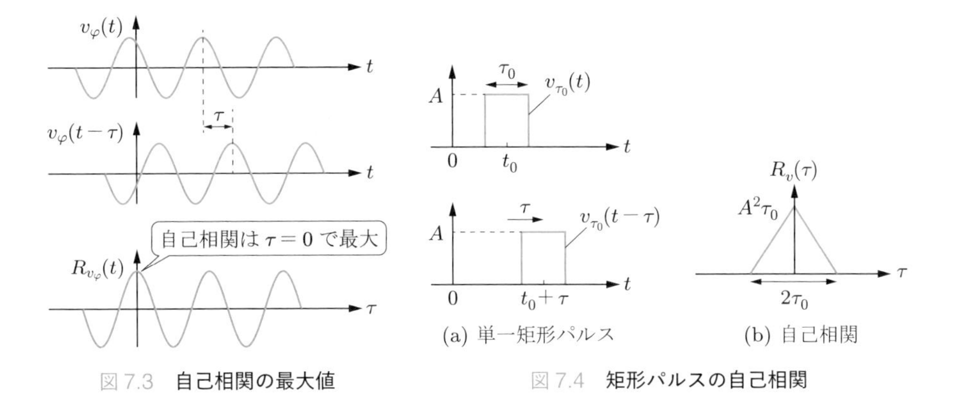

図 7.3　自己相関の最大値

図 7.4　矩形パルスの自己相関

7.2.3　エルゴード性

1 回の試行で一つの確率過程が得られる場合を考える．その確率過程は離散時間 t_i $(i = 1, 2, \ldots, L)$ の有限長とする．m 回目の試行結果である確率過程が既知となり，時刻 t_i での値が $v_{(m)}(t_i)$ として与えられると，その確率過程の**時間平均**は

$$\mathcal{A}[v_{(m)}(t_i)] = \frac{1}{L}\sum_{i=1}^{L} v_{(m)}(t_i) \tag{7.11}$$

で求められる．試行結果が連続時間で得られる場合は式 (7.11) で級数が積分になる．

また，一つの確率過程から確率分布を得ることができる．すなわち，$v_{(m)}(t_i)$ のとり得る値が離散値 v_1，v_2，…，v_z であり，L 個ある t_i に対する値 $v_{(m)}(t_i)$ が v_p

$(p = 1, 2, \ldots, z)$ となる場合が L 個中に c_p $(0 \leq c_p \leq L)$ 個であれば，その確率を $p_{(m)}(v_p) = c_p/L$ とすることで確率分布 $p_{(m)}(v_p)$ $(p = 1, 2, \ldots, z)$ が得られる．$v_{(m)}(t_i)$ のとり得る値が連続値であれば，確率密度分布となる．

図 7.5 のように複数の試行を行った場合，試行ごとに異なる確率過程が得られる．N 回の試行においてそれぞれ時刻 t_k における値 $v_{(j)}(t_k)$ $(j = 1, 2, \ldots, N)$ の平均値

$$\mathcal{A}[v(t_k)] = \frac{1}{N} \sum_{j=1}^{N} v_{(j)}(t_k) \tag{7.12}$$

を**集合平均**とよぶ．

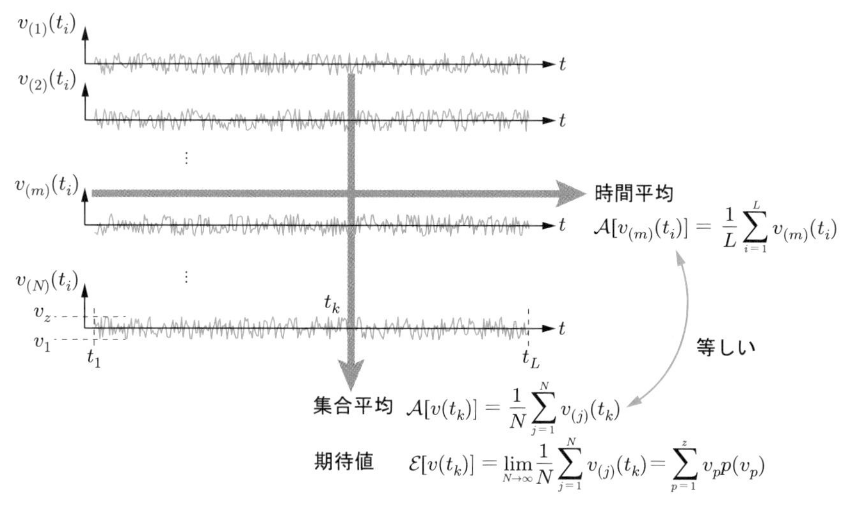

図 7.5　エルゴード性から得られる期待値

ここで，時間平均と集合平均が等しいことを**エルゴード性**とよび，この性質を満たす定常過程を**エルゴード過程** (ergodic process) とよぶ．厳密には未知のすべての確率過程においても時間平均と集合平均が等しいかはわからないが，多くの場合考えている確率過程をエルゴード過程であると仮定している．

既知の一つ以上のエルゴード過程から得た確率分布 $p_{(m)}(v_p)$ と他の確率過程における確率分布が同じであるとして，これを $p(v_p)$ と表す．この確率分布は既知の確率過程から得たものであるが，同じ条件の試行で得られるであろう未知の確率過程も同じ確率分布となることを期待できる．エルゴード過程では，1 回の試行の時間平均を未知である他の確率過程の期待値として扱うことができる．すなわち，未知の確率過程 $v_{(j)}$ の時刻 t_k における値 $v_{(j)}(t_k)$ の集合平均は，既知の確率過程から得られた確率分布 $p(v_p)$ を用いて，期待値として次式で得られる．

$$\mathcal{E}[v(t_k)] = \lim_{N\to\infty} \frac{1}{N} \sum_{j=1}^{N} v_{(j)}(t_k) = \sum_{p=1}^{z} v_p p(v_p) \tag{7.13}$$

なお，この式は式 (7.11)，(7.12) と違い無限級数となっているが，それは既知の情報は有限であっても，未知の情報は無限にあるためである．

v_p が連続値でとり得る範囲が限られない場合，期待値は

$$\mathcal{E}[v(t_k)] = \int_{-\infty}^{\infty} vp(v)\,\mathrm{d}v \tag{7.14}$$

と積分になる．

7.2.4 ランダムパルス列信号の電力スペクトル密度

本項では，情報が載っている確率的信号に分類される**ランダムパルス列**信号の電力スペクトル密度について説明する．ランダムパルス列信号は非周期関数であるためフーリエ級数展開できず，平均値は得られないが，その確率分布は得られることから，期待値を用いて電力スペクトル密度を得ることができる．そのために，前項までに説明した相関とエルゴード性を利用する．

PCM においては，符号化された情報をパルスに載せて伝送する．このとき，時間 T ごとにパルスが生成される．この T は**クロック周期**，タイムスロットなどとよばれ，$1/T$ がボーレートとなる．情報の載っている確率的信号は，送るべき情報 $d_k = 0$ または 1（k：整数）によって T ごとのパルス振幅 a_k を変化させる．$d_k = (0,1)$ に対し振幅を $a_k = (a_{(0)}, a_{(1)})$ とする．図 7.6 はパルス幅 T の矩形パルス信号で，$a_k = (0,1)$ の単極矩形不規則パルス信号と，$a_k = (-1,1)$ の双極矩形不規則パルス信号を例に示す．

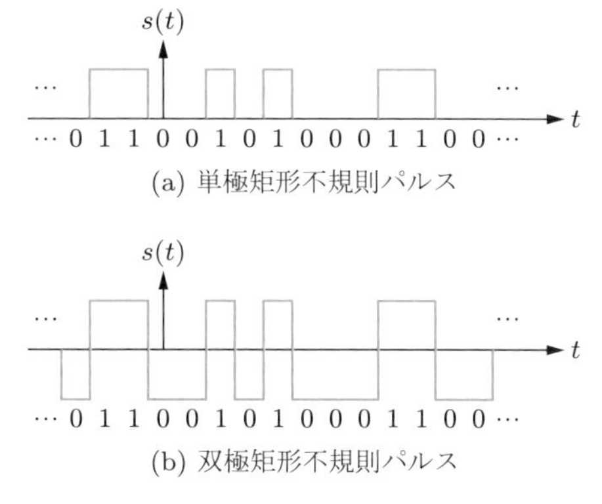

図 7.6　単極および双極の矩形不規則パルス信号

ここで以下を踏まえ，ランダムパルス列信号 $s(t)$ の電力スペクトル密度を求める．

- エルゴード性を利用して確率分布によって期待値として求める．
- 相関のフーリエ変換を用いて求める．
- 情報 d_k について 0 および 1 の生起確率はそれぞれ等しく 1/2 とする．

双極矩形不規則パルス信号によるランダムパルス列信号 $s(t)$ において個別のパルスに着目し，これを単一パルス $s_{\mathrm{p}}(t)$ とする．$s(t)$ は，情報 d_k によって定まるパルス振幅 a_k を用いて

$$s(t) = \sum_{k=-N/2}^{N/2} a_k s_{\mathrm{p}}(t - kT) \tag{7.15}$$

となる．ここで，$a_k = -1$ または 1 である．

まず，電力有限である $s(t)$ の自己相関 $R_s(\tau) = \lim_{T_0\to\infty} \frac{1}{T_0}\int_{-T_0/2}^{T_0/2} s(t)s^*(t-\tau)\,\mathrm{d}t$（式 (7.7)）を求める．$t = 0, \tau$ におけるパルスについてパルス振幅を a_0，a_k とする．

ここで図 7.7 (a) に示すように，$|\tau| > T$ と $|\tau| \leq T$ に分けて考える．$|\tau| > T$ の場合，$k \neq 0$ となり，a_0，a_k は無相関な値をとり，a_0，a_k が -1 または 1 でその確率がそれぞれ 1/2 のとき，a_0a_k は -1 または 1 でその確率は 1/2 ずつとなり，その期待値は $\mathcal{E}[a_0a_k] = 0$ となる．したがって，$R_s(\tau) = 0$（ただし $|\tau| > T$）となる．

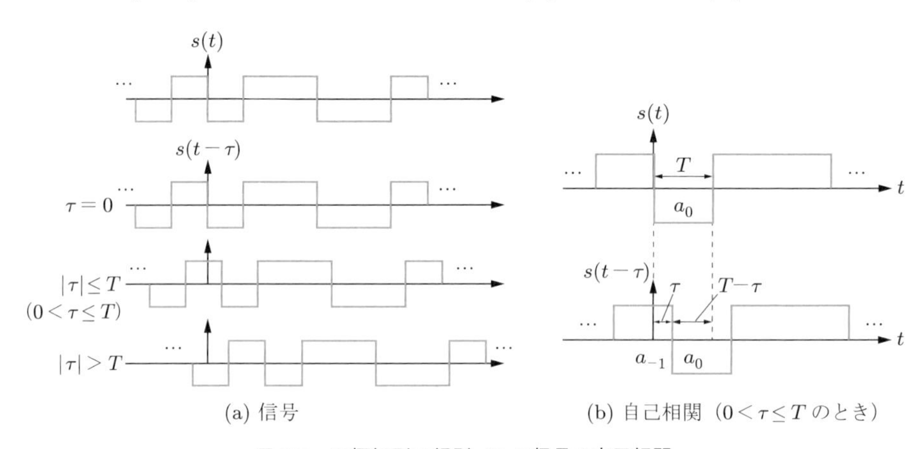

図 7.7　双極矩形不規則パルス信号の自己相関

一方，$|\tau| \leq T$ のうち $0 \leq \tau \leq T$ の場合（$-T \leq \tau < 0$ の場合も同様に議論できる），時間幅 T のうち左から τ の幅においては a_0 と a_{-1} は互いに独立である．このため，時間帯は期待値 $\mathcal{E}[a_0a_{-1}] = 0$ となるため自己相関には加算されない．一方で，残りの $T - \tau$ の幅においてはいずれも a_0 となる．このため，時間幅 T の中では $T - \tau$ の幅に着目すればよい．これが時間 T ごとに繰り返される全時間での平均なの

で，一つのパルスについての自己相関を算出すれば，確率的パルス信号，すなわちランダムパルス列の自己相関になる．

ここまでは双極矩形不規則パルスを例に挙げて説明したが，双極に限らず，ランダムパルス列信号の自己相関は単一パルス $s_{\mathrm{p}}(t)$ の相関から求められ，

$$R_s(\tau) = \frac{1}{T}\int_{-\infty}^{\infty} s_{\mathrm{p}}(t)s_{\mathrm{p}}(t+\tau)\,\mathrm{d}t \tag{7.16}$$

となる．さらに，$R_s(\tau)$ のフーリエ変換は

$$G_s(f) = \frac{|S_{\mathrm{p}}(f)|^2}{T} \tag{7.17}$$

となり，これが，すなわち単一パルスのエネルギースペクトル密度を周期 T で割ったものが，ランダムパルス列信号の電力スペクトル密度となる．

例題 7.1　T ごとに異なる振幅，位相のパルス列の場合の例として，16QAM の電力スペクトル密度を求めよ．なお，基準パルス $s_{\mathrm{p}}(t)$ の振幅を 1，隣接シンボル間距離を 2 とする．

［解答］

図 7.8 のように各シンボルに対する振幅が基準パルス $s_{\mathrm{p}}(t)$ の振幅の何倍かを求めることで，電力スペクトル密度 $G_v(f)$ はつぎのようになる．

$$G_v(f) = \left(2\cdot\frac{4}{16} + 10\cdot\frac{8}{16} + 18\cdot\frac{4}{16}\right)\frac{|S_{\mathrm{p}}(f)|^2}{T} = 10\frac{|S_{\mathrm{p}}(f)|^2}{T}$$

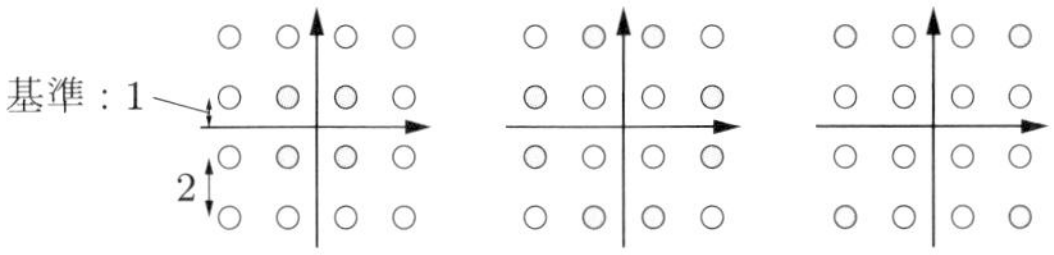

基準：1
2

確率	$\frac{4}{16}$	$\frac{8}{16}$	$\frac{4}{16}$
振幅	$\sqrt{2}$	$\sqrt{10}$	$3\sqrt{2}$
電力	2	10	18

図 7.8　16QAM のシンボルごとの確率，振幅，電力

ここまでの信号と電力やエネルギーの関係をまとめると，図 7.9 のようになる．図は，それぞれの信号が実線の色矢印の演算によってどういう物理量になるかを表している．破線は個別パルスとそれを集めたランダムパルスの関係を表す．

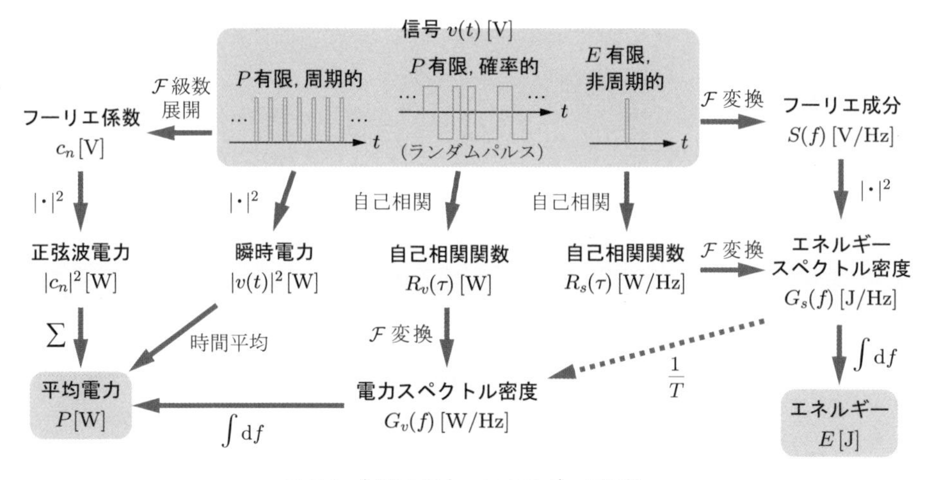

図 7.9　信号の電力，エネルギーの関係

7.2.5　ガウス過程

$p_r(x)$ を $v(t)$ のある時刻における値が x となる確率密度分布とする．$p_r(x)$ がガウス分布に従う場合，すなわち

$$p_r(x) = \frac{1}{\sqrt{2\pi\sigma^2}} \exp\left(-\frac{(x-\mu)^2}{2\sigma^2}\right) \tag{7.18}$$

の場合，この確率過程 $v(t)$ を**ガウス過程**と定義する．なお，式 (7.18) の関数をガウス関数とよぶ．ここで，期待値 $\mu = \mathcal{E}[v(t)]$ は $v(t)$ の直流成分を示す．直流成分がない場合は $\mu = 0$ となる．標準偏差 σ は分布の広がりを示し，分散 σ^2 は

$$\sigma^2 = \mathcal{E}[(v(t) - \mu)^2] \tag{7.19}$$

となる．$\mu = 0$ のガウス過程 $v(t)$ の場合，平均電力はつぎのようになる．

$$P = \mathcal{E}[(v(t))^2] = \sigma^2 \tag{7.20}$$

多くの雑音はガウス雑音で近似できる．独立した多数のガウス雑音の和はガウス雑音になる．また，さまざまな混信を除去できる場合，これらの混信を除去した後に残る雑音はガウス雑音となる．さらにガウス関数には，そのフーリエ変換は再びガウス関数となるという特徴がある．

また，電力有限の定常ガウス過程 $v(t)$ において，その自己相関のフーリエ変換は電力スペクトル密度になる．すなわち，式 (7.8) と同様，つぎのようになる．

$$\mathcal{F}[R_v(\tau)] = G_v(f) = |V(f)|^2$$

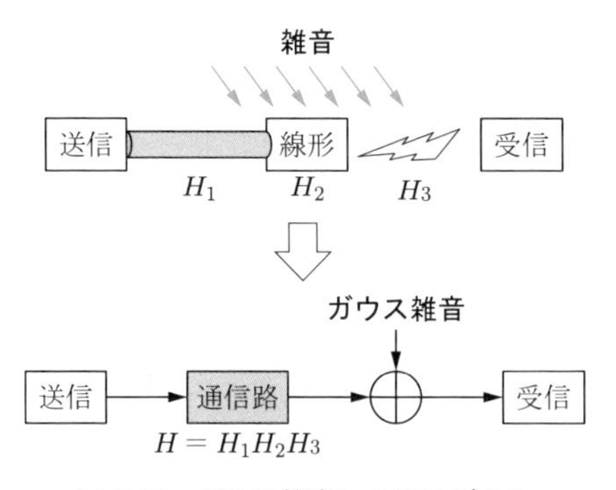

図 7.10　ガウス雑音によるモデル化

ガウス過程を線形回路に入力した場合，その出力はガウス過程になる．このことから，図 7.10 のように，それぞれ伝達関数 H_1，H_2，H_3 の有線・無線伝送路や線形回路を介す通信路のさまざまなところで加わった雑音を一括して受信機入力におけるガウス雑音にモデル化する手法が有効となる．

7.2.6　自己相関関数とスペクトル密度の特徴

図 7.11 のように，伝達関数 $H(f)$ の線形回路に $v(t) \leftrightarrow V(f)$ の信号を入力したときの出力を $w(t) = h(t) \otimes v(t) \leftrightarrow W(f) = H(f)V(f)$ とする．このとき，v がエネルギー有限の場合，v の自己相関関数 $R_v(\tau)$ は式 (7.6) となり，これと w の自己相関関数 $R_w(\tau) = h(-\tau) \otimes h(\tau) \otimes R_v(\tau)$ のフーリエ変換 $G_v(f) = \mathcal{F}[R_v(\tau)]$，$G_w(f) = |H(f)|^2 G_v(f)$ はエネルギースペクトル密度となる．一方，v，w が電力有限の場合，自己相関関数 $R_v(\tau)$ は式 (7.7) となり，$G_v(f)$，$G_w(f)$ は電力スペクトル密度となる．

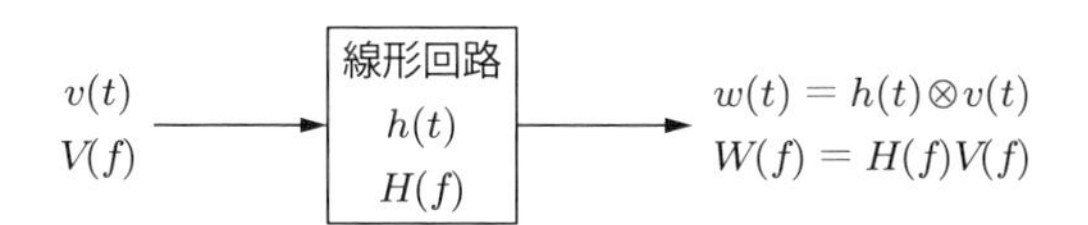

図 7.11　線形回路の入出力

また，実関数 $v(t)$ の自己相関関数 $R_v(\tau)$ は式 (7.6)，(7.7) より実偶関数になる．したがって，実偶関数 $R_v(\tau)$ のフーリエ変換である $G_v(f)$ も実偶関数となる．電力またはエネルギースペクトル密度 $G_v(f)$ は 0 以上の値ととる．

$\tau = 0$ での自己相関 $R_v(0)$ が $R_v(\tau)$ の中で最大となる．エネルギー有限の場合の式 (7.6) で $\tau = 0$ とおくと，

$$R_v(0) = \int_{-\infty}^{\infty} v(t)v^*(t)\,\mathrm{d}t = \int_{-\infty}^{\infty} |v(t)|^2\,\mathrm{d}t \tag{7.21}$$

であり，電力有限の場合の式 (7.7) からは

$$R_v(0) = \lim_{T_0 \to \infty} \frac{1}{T_0} \int_{-T_0/2}^{T_0/2} |v(t)|^2 \, \mathrm{d}t \tag{7.22}$$

である．つまり，$R_v(0)$ は $v(t)$ の有限なエネルギーあるいは有限な電力を表す．

以上をまとめると，

- $R_v(\tau)$，$G_v(f)$：実偶関数
- $|R_v(\tau)| \leq R_v(0)$
- $G_v(f) \geq 0$
- $R_v(0)$：$v(t)$ の電力あるいはエネルギー

となる．

信号 $v(t)$，$w(t)$ が合成された信号 $z(t) = v(t) + w(t)$ を考える．$z(t)$ の自己相関 $R_z(\tau)$，スペクトル密度 $G_z(f)$，および，電力 P_z（電力有限）またはエネルギー E_z（エネルギー有限）は，$v(t)$ と $w(t)$ に直流成分がない場合，

$$R_z(\tau) = R_v(\tau) + R_w(\tau) \tag{7.23}$$

$$G_z(f) = G_v(f) + G_w(f) \tag{7.24}$$

$$P_z = P_v + P_w \tag{7.25}$$

$$E_z = E_v + E_w \tag{7.26}$$

となる．このことから，変調信号や BPF を通した雑音など，直流成分のない信号においては，その電力またはエネルギーは加算できる．

7.2.7 AWGN モデルと信号対雑音電力比

雑音，減衰，混信，歪みなどにより，復調信号から得た情報の品質は劣化する．たとえば，雑音が多い音声信号は聞き取りにくい．種々ある品質劣化は 7.2.1 項で述べた AWGN で解析されることがある．

白色雑音 $n(t)$ は図 7.12 (a) のように時間によらずランダムな値をとる．$n(t)$ の自己相関は式 (7.6) から

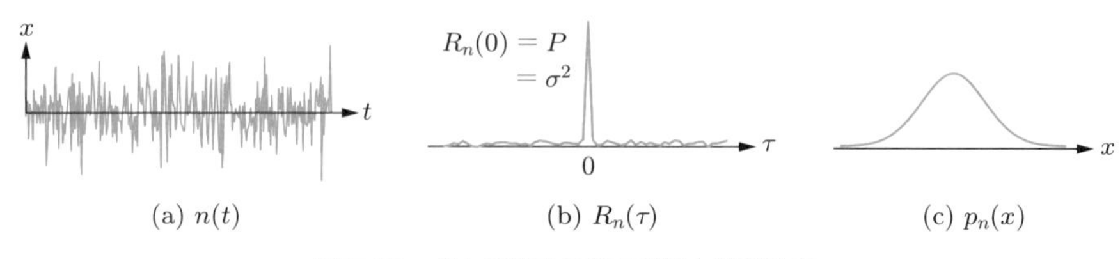

(a) $n(t)$　　(b) $R_n(\tau)$　　(c) $p_n(x)$

図 7.12　ガウス雑音の自己相関と確率分布

$$R_n(\tau) = \int_{-\infty}^{\infty} n(t)n^*(t-\tau)\,\mathrm{d}t$$

となる．$\tau \neq 0$ においては，互いに相関をもたないランダム値 $n(t)$ と $n^*(t-\tau)$ の積を積分するため

$$R_n(\tau) = 0 \quad (\tau \neq 0) \tag{7.27}$$

となる．一方，式 (7.20)，(7.22) より，$n(t)$ の平均電力が

$$P = R_n(0) = \sigma^2$$

であることから

$$R_n(0) = \int_{-\infty}^{\infty} n(t)n^*(t)\,\mathrm{d}t = \int_{-\infty}^{\infty} |n(t)|^2\,\mathrm{d}t \tag{7.28}$$

となる．式 (7.27)，(7.28) より $R_n(\tau)$ は δ 関数の定数倍となり，これを図で表すと図 7.12 (b) のようになる．そして，白色雑音 $n(t)$ の瞬時値が x となる確率密度 $p_n(x)$ は図 7.12 (c) のようにガウス分布に従う．$R_n(\tau)$ のフーリエ変換である電力スペクトル密度 $G_w(f)$ は δ 関数のフーリエ変換であり，定数となる．

図 7.13 に示すように，変調信号の帯域は正負両側で $2B_\mathrm{S}$ となる．白色雑音はこの帯域内でスペクトル $G_n(f)$ が一定である．このため $G_n(f) = N_0/2$ とおく．すべての周波数においてスペクトルが一定であるというのは理想的な特性であるが，実際には信号のもつ帯域 $2B_\mathrm{S}$ は図のように有限であり，その範囲では一定値として十分扱うことができる．

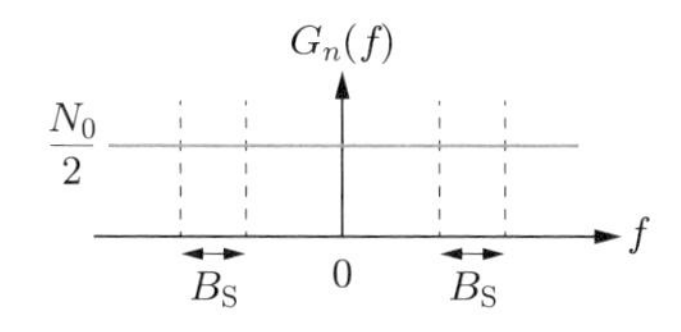

図 7.13　**白色ガウス雑音のスペクトル**

信号に雑音が加わることで，復調結果から得られた情報の品質は劣化する．品質を表す指標はいくつか用いられている．最終的に人が五感で得た情報の品質を人が点数化した主観評価として MOS (mean opinion score) があるが，コストや再現性に関する欠点がある．デジタル通信の場合，ビットごとに正しいか否かを判定できるため，エラーの割合である誤り率で評価できる．これに対して，アナログ通信の場合には，誤り率での評価はできず，AWGN モデルにおける信号対雑音電力比 (SNR) を品質

評価のための指標とする．また，第 8 章で述べるが，デジタル通信においては SNR と誤り率の関係が，変調方式ごとに与えられる．

7.3 通信路での信号と雑音

基底帯域通信路，帯域通過通信路において，受信信号に白色雑音が付加される AWGN モデルを紹介する．そのモデルにおいて，信号対雑音電力比 (SNR) S/N を受信点，復調点で解析する．復調点における SNR が受信された情報の品質に影響するが，これは変調方式や復調方式によって異なることを示す．最後に，通信路の伝送できる通信容量に関して，シャノンの通信路容量定理を紹介する．

7.3.1 基底帯域通信路での AWGN モデル

図 3.10 で示したような基底帯域信号に対して図 7.14 のようなモデルを考える．これは，デジタル信号が LPF を通過するモデルに，図 7.10 で示した雑音の付加モデルを合わせたモデルである．送信された信号 $v_{\mathrm{T}}(t)$ は通信路を通して受信信号 $v_{\mathrm{R}}(t)$ として受信される．このモデルは，通信路で信号は減衰するが歪みはなく，雑音 (noise) は図のように利得 (gain) g_{R} の受信増幅器の前で合成される AWGN モデルである．$v_{\mathrm{R}}(t)$ は g_{R} で増幅された後に LPF を通してアナログ復調信号となる．デジタル変調の場合には，LPF 出力は識別器で離散信号となる．

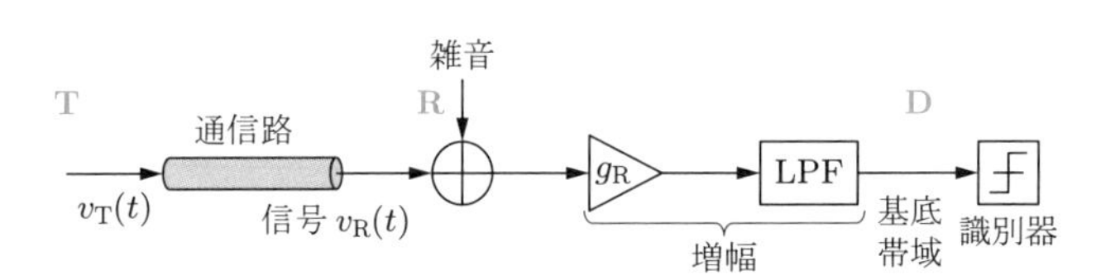

図 7.14 基底帯域通信路モデル

図 7.14 に色文字で示した箇所をそれぞれ T 点（transmit 点），R 点（receive 点），D 点（demodulate 点）とよぶことにする．図 7.14 は雑音が R 点で付加されているモデルだが，品質に直接関与するのは D 点における SNR となる．

T 点，R 点，D 点での信号をそれぞれ $v_{\mathrm{T}}(t)$，$v_{\mathrm{R}}(t)$，$v_{\mathrm{D}}(t)$，雑音が付加された信号を $v'_{\mathrm{R}}(t)$，$v'_{\mathrm{D}}(t)$ とする．R 点，D 点での雑音を $n_{\mathrm{R}}(t)$，$n_{\mathrm{D}}(t)$ とすると，

$$v'_{\mathrm{R}}(t) = v_{\mathrm{R}}(t) + n_{\mathrm{R}}(t) \tag{7.29a}$$

$$v'_{\mathrm{D}}(t) = v_{\mathrm{D}}(t) + n_{\mathrm{D}}(t) \tag{7.29b}$$

となる．

ここで D 点での SNR $(S/N)_{\mathrm{D}}$ を求める．$(S/N)_{\mathrm{D}}$ は信号電力 S_{D} と雑音電力 N_{D} の比であり，これが大きいほど復調信号の品質は高い．

雑音は白色雑音とすることから，電力スペクトル密度は図 7.15 のように周波数によらず一定で，$G_n(f) = N_0/2$ とする．低域通過フィルタ (LPF) の帯域は $2B_{\mathrm{F}}$ である．g_{R} で増幅されたのち LPF の出力雑音電力は，図のように，

$$N_{\mathrm{D}} = 2B_{\mathrm{F}} g_{\mathrm{R}} \frac{N_0}{2} = g_{\mathrm{R}} N_0 B_{\mathrm{F}}$$

となる．R 点での信号電力を S_{R} とすると，D 点での信号電力が $S_{\mathrm{D}} = g_{\mathrm{R}} S_{\mathrm{R}}$ であることから，

$$(S/N)_{\mathrm{D}} = \frac{S_{\mathrm{D}}}{N_{\mathrm{D}}} = \frac{S_{\mathrm{R}}}{N_0 B_{\mathrm{F}}}$$

となる．この式からわかるように，すでに雑音が付加されている信号を増幅しても雑音も増幅されるため，品質に影響する $(S/N)_{\mathrm{D}}$ は g_{R} によらない．

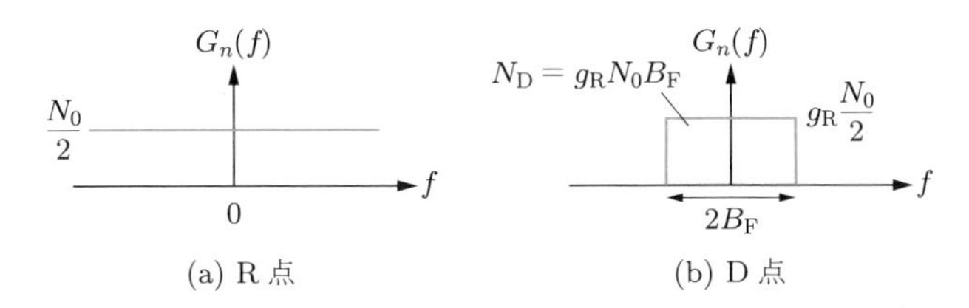

図 7.15　**基底低域通過雑音**

一方，LPF の帯域幅 B_{F} が小さいほど，雑音電力 N_{D} が小さくなる．ただし，信号 $v_{\mathrm{D}}(t)$ も LPF を通過するため，信号の帯域幅 B_{S} より B_{F} が狭いと，信号が完全に通過できず歪みが発生する．したがって，$B_{\mathrm{F}} \geq B_{\mathrm{S}}$ の範囲でできるだけ狭帯域な LPF を用いることが必要となる．

7.3.2　帯域通過通信路での AWGN モデル

つぎに，搬送波で変調された帯域通過通信路での SNR を考える．信号 $v_{\mathrm{T}}(t)$ で搬送波周波数 f_{c} を DSB 変調し，同期復調する場合について，図 7.16 に示す．受信増幅器 g_{R} は前項で品質に影響しないことを示したので，ここでは省略している．SNR は R 点では変調された搬送波の電力と雑音の比であることから，**CNR**（carrier to noise ratio：**搬送波対雑音電力比**）とよぶ場合がある．

変調信号 $v_{\mathrm{T}}(t)$ は歪みのない通信路を通過し，雑音が付加される．BPF 出力を R 点としたときの雑音が付加された信号は $v'_{\mathrm{R}}(t) = v_{\mathrm{R}}(t) + n_{\mathrm{R}}(t)$ となる．

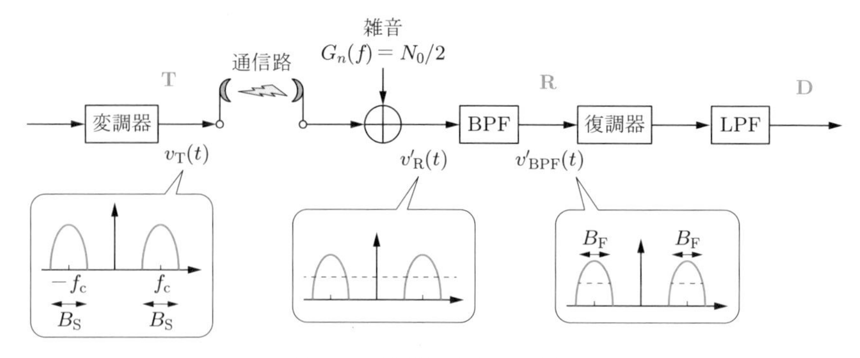

図 7.16　**帯域通過通信路モデル**

$v_{\mathrm{R}}(t)$ の電力を S_{R}，BPF の帯域幅を B_{F} とすると，R 点での SNR は

$$(S/N)_{\mathrm{R}} = \frac{S_{\mathrm{R}}}{N_0 B_{\mathrm{F}}} = \frac{S_{\mathrm{R}}}{N_0 B_{\mathrm{S}}} \frac{B_{\mathrm{S}}}{B_{\mathrm{F}}} \tag{7.30}$$

と書き換えることができる．図 7.16 の破線で示すように，雑音は $v'_{\mathrm{R}}(t)$ で広帯域に広がるが，$v'_{\mathrm{BPF}}(t)$ では BPF 通過帯域のみとなる．帯域幅 B_{S} の信号に対して，$B_{\mathrm{F}} \geq B_{\mathrm{S}}$ の条件で $B_{\mathrm{S}}/B_{\mathrm{F}}$ をできるだけ 1 に近づけることで，SNR を大きくできる．

7.3.3　帯域通過雑音

図 7.16 において，中心周波数 f_{c} の BPF 出力の雑音はフィルタ帯域内で一定のスペクトルである．瞬時の値 $n_{\mathrm{BPF}}(t)$ は，搬送波周波数 f_{c} を用いて

$$\begin{aligned} n_{\mathrm{BPF}}(t) &= A_n(t) \cos\{2\pi f_{\mathrm{c}} t + \varphi_n(t)\} \\ &= n_{\mathrm{i}}(t) \cos 2\pi f_{\mathrm{c}} t - n_{\mathrm{q}}(t) \sin 2\pi f_{\mathrm{c}} t \end{aligned} \tag{7.31}$$

と表すことができる．ここで，$n_{\mathrm{i}}(t)$，$n_{\mathrm{q}}(t)$ の確率密度は正規分布に従う．$\varphi_n(t)$ は一様分布に従い，どの位相も等確率となる．

$A_n(t)$ はレイリー分布という，次式のような確率密度分布に従う．

$$p_{\mathrm{R}}(A_n) = \frac{A_n}{\sigma^2} \exp\left(-\frac{A_n^2}{2\sigma^2}\right) \tag{7.32}$$

これは図 7.17 に示すダーツのイメージに近い．中心を狙って刺さった点の縦横軸の値の平均はそれぞれ 0 となり，正規分布に従うのに対して，角度はどの角度の確率も等しい．A_n は中心からの距離に相当し，$A_n \geq 0$ である．中心を狙うので，A_n が小さいほど $\exp(-A_n^2/2\sigma^2)$ は大きくなる．一方，半径を A_n とする円周は当然 A_n に比例する．このため，中心近くで A_n が小さい場合の円周上に刺さる確率は小さくなるため，図 7.17 のような確率密度分布となる．

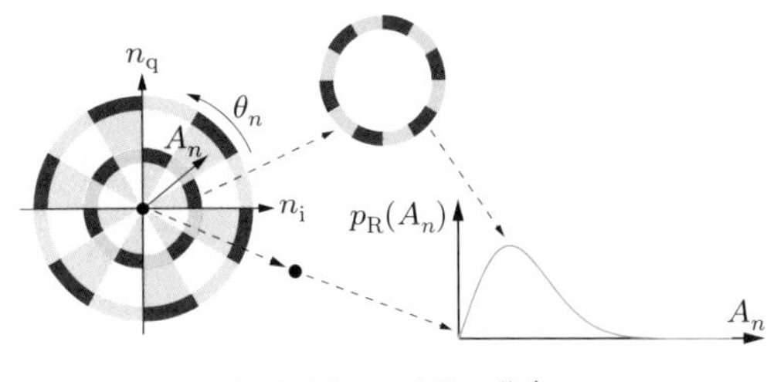

図 7.17　レイリー分布

7.3.4　変調方式と SNR

7.3.2 項では受信した R 点における SNR を求めたが，実際には復調後の D 点における SNR が品質に直接影響する．R 点での SNR と D 点での SNR の関係は変調方式や復調方式によって異なる．図 7.18 のように，基底信号の帯域が B_S の信号を SSB 変調，DSB 変調したとき，それぞれ $B_S/2$，B_S 以上の帯域幅が BPF の通過帯域に必要となる．このため，図のように，R 点における SSB の雑音電力は，DSB に比較して 1/2 にすることができる．搬送波を抑圧しない AM 変調の場合も，帯域幅は DSB と同様になる．このため，SSB で $(S/N)_R = \gamma$ と書けば，搬送波を抑圧しない AM および DSB では $(S/N)_R = \gamma/2$ となる．

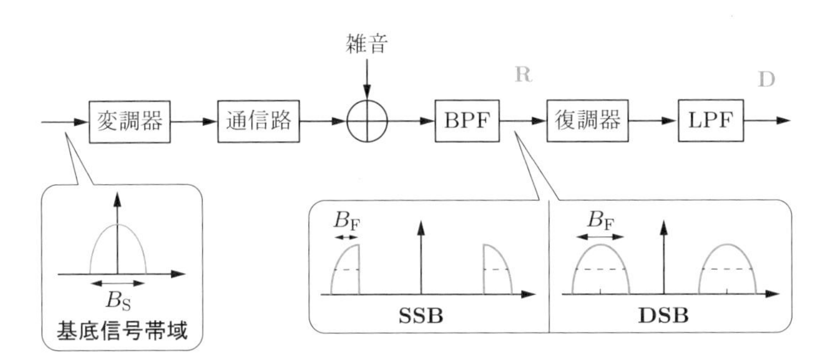

図 7.18　DSB と SSB の帯域通過信号スペクトル

D 点における SNR $(S/N)_D$ は，SSB では

$$(S/N)_D = (S/N)_R = \gamma \tag{7.33}$$

となる．これに対して，DSB では，同期復調により，図 7.19 のように正負の帯域通過信号スペクトルが基底帯域で合成されることで信号電力が 2 倍になるため，

$$(S/N)_D = 2(S/N)_R = \gamma \tag{7.34}$$

となる．このように，D 点においては DSB でも SSB と同じ SNR が得られる．

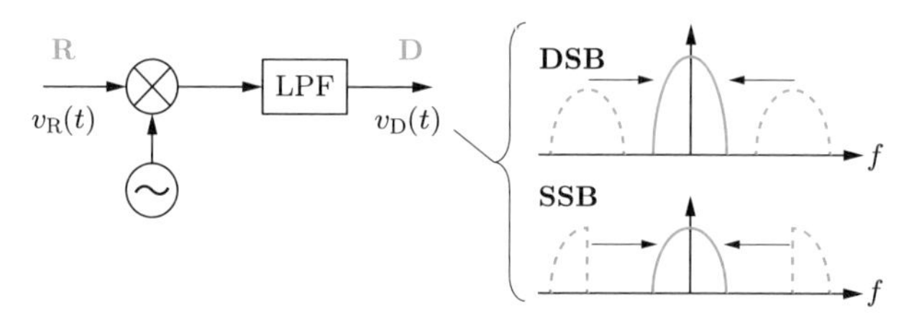

図 7.19　DSB と SSB の復調信号スペクトル

搬送波抑圧をしない AM 変調波では式 (3.2) のように，搬送波成分と信号成分が合成されている．信号成分の電力を $S_x = \mathcal{A}[|s(t)|^2]$ $(|s(t)| \le 1)$ とすると，両者が加算されている R 点での電力 S_{R} に対して，信号成分のみとなった D 点での電力 S_{D} は

$$S_{\mathrm{D}} = S_{\mathrm{R}} \frac{m_{\mathrm{AM}}^2 S_x}{1 + m_{\mathrm{AM}}^2 S_x} \tag{7.35}$$

となる．$(S/N)_{\mathrm{R}} = \gamma/2$ および式 (7.35) から，$m_{\mathrm{AM}}^2 S_x \le 1$ であれば

$$(S/N)_{\mathrm{D}} = \frac{2m_{\mathrm{AM}}^2 S_x}{1 + m_{\mathrm{AM}}^2 S_x} (S/N)_{\mathrm{R}} \le \frac{\gamma}{2} \tag{7.36}$$

となり，SSB，DSB より小さくなる．さらに，包絡線復調の場合には，雑音には I，Q 成分があるの対して，情報が載った信号は I 成分のみであり，雑音が合成された信号は

$$\begin{aligned} v'_{\mathrm{D}}(t) &= [A_{\mathrm{c}}\{1 + m_{\mathrm{AM}} s(t)\} + n_{\mathrm{i}}(t)] \cos 2\pi f_{\mathrm{c}} t - n_{\mathrm{q}}(t) \sin 2\pi f_{\mathrm{c}} t \\ &= A_v(t) \cos\{2\pi f_{\mathrm{c}} t + \varphi_v(t)\} \end{aligned} \tag{7.37}$$

となる．ただし，$s(t)$ は変調信号，m_{AM} は変調指数であり，

$$A_v(t) = \sqrt{[A_{\mathrm{c}}\{1 + m_{\mathrm{AM}} s(t)\} + n_{\mathrm{i}}(t)]^2 + \{n_{\mathrm{q}}(t)\}^2} \tag{7.38}$$

である．SNR が十分大きいとき，すなわち雑音が小さい場合には，

$$A_v(t) \fallingdotseq A_{\mathrm{c}}\{1 + m_{\mathrm{AM}} s(t)\} + n_{\mathrm{i}}(t) \tag{7.39}$$

であり，同期復調に近い品質が得られる．

これに対して，雑音が大きい場合には，

$$A_v(t) \fallingdotseq n(t) + A_{\mathrm{c}}\{1 + m_{\mathrm{AM}} s(t)\} \cos \varphi_n(t) \tag{7.40}$$

となる．$\varphi_n(t)$ は雑音の位相であり，一様分布するため，$\varphi_n(t)$ によって信号成分の電力が著しく変動し，急激に品質が劣化する．これを**スレッショールド効果** (threshold effect) とよぶ．

7.3.5　帯域幅，信号対雑音電力比と通信容量

ある通信路において，単位時間あたりに誤りなく送ることができる最大の情報量を，その通信路の通信路容量 C [bps] とよぶ．この最大値は**シャノン－ハートレーの定理**により**シャノン限界** (Shannon limit) として与えられている．

通信路容量 C は，信号対雑音電力比 S/N と通信路の周波数帯域幅 W によって，

$$C = W \log_2\left(1 + \frac{S}{N}\right) \simeq W \log_2 \frac{S}{N} \text{ [bps]} \tag{7.41}$$

と求められる．ここでは $S \gg N$ として近似している．帯域幅 W に比例して，単位時間あたりにパルスを多く伝送でき，情報量が増大する．また，S/N を 2 倍にすれば，単位帯域幅あたりの情報量 C/W を 1 bit 増やせる．図 7.20 のように同じ雑音電力であるときには，信号電力を大きくすれば，異なるレベルのシンボルが離れる．電力を 2 倍にすれば，2 倍に多値化ができ，1 シンボルあたり 1 bit 多く伝送できる．

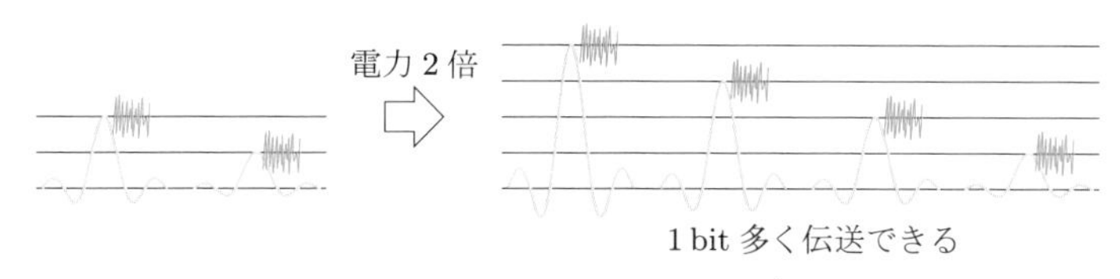

図 7.20　信号電力と通信容量

章末問題

7-1　図 7.21 に示す矩形パルス列の自己相関関数を求め，図示せよ．

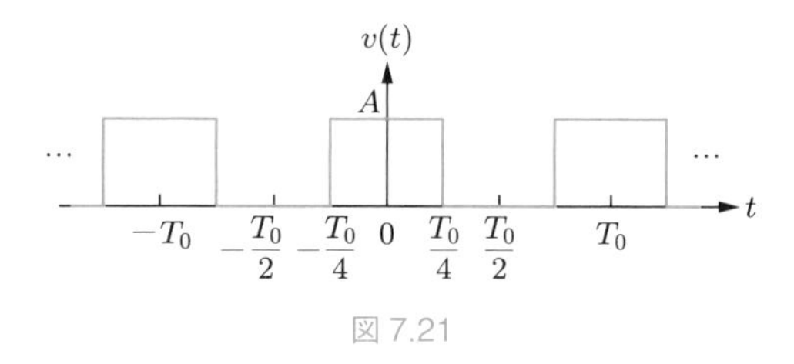

図 7.21

7-2　AM 信号 $s(t) = A(1 + \sin 2\pi f_{\mathrm{m}} t)\cos 2\pi f_{\mathrm{c}} t$ にスペクトル密度 $N_0/2$ [W/Hz] の白色ガウス雑音が付加されている．$s(t)$ を中心周波数 f_{c} [Hz]，帯域幅 B ($> 2f_{\mathrm{m}}$) [Hz] の BPF に入力した．BPF 出力の信号対雑音電力比を求めよ．

7-3　周波数帯域 $W = 1$ kHz，雑音の平均電力 $N = 1$ μW の伝送路で 10 kbps の伝送をしたい．信号の平均電力 S はいくら必要か．

7-4　6 MHz を占有するアナログ映像を 10 bits で量子化し，帯域が 8 MHz の伝送路で伝送したい．このときに必要となる SNR は何 dB か．

第8章 デジタル変復調器の構成

本章ではデジタル変復調器の構成を説明する．そのために，反射波によって符号間干渉 (ISI) が発生する仕組みを示したうえで，ISI による影響を抑えるための等化器，ロールオフフィルタを紹介する．また，デジタル変復調の品質への雑音の影響を示すため，信号対雑音電力比 (SNR) と信号空間上でのシンボルの誤り率 (SER) および符号誤り率 (BER) の関係を説明する．そのうえで，SNR をもっとも高くする受信フィルタとして整合フィルタを紹介する．さらに，同期復調とこれを実現するための搬送波再生回路を示す．関連して位相不確定性のある再生搬送波を利用した同期復調や遅延検波に適用される差動符号化を紹介する．これらを含めて，デジタル変復調器全体の構成を確認する．

8.1 ナイキストパルス

本節ではまず，ナイキスト条件を満たすパルス，すなわちナイキストパルスについて，マルチパスの影響により符号間干渉が発生することと，マルチパス対策である等化器のデジタル変調における動作について説明する．さらに，この符号間干渉を削減するナイキスト波形を実現するロールオフフィルタを紹介する．これは，時間領域で sinc 関数となるパルスに比べて，$t = kT$ における傾きが小さく，符号間干渉を小さくできる．この波形の特性を説明する．

8.1.1 マルチパスのナイキストパルスへの影響と等化器

5.1 節で述べたように，デジタル通信ではナイキストパルスを用いることにより，前後のパルスへの符号間干渉 (ISI) をなくすことができる．一方，2.3.3 項 (p. 43) で述べたようにマルチパス伝送により，品質が劣化することがある．

ナイキストパルスへのマルチパス歪みの影響を図 8.1 (a) に示す．直接波として受信される主波のパルス $s_1(t)$ がナイキスト条件を満たすことで，時刻 $t = 0$ において振幅 K_1 であったとき，$s_1(kT) = 0$（k：整数，$k \neq 0$）になる．これに反射波が干渉波として付加される．干渉波 $s_2(t)$ は主波に対して経路差によって決まる遅延時間 t_d だけ遅れた遅延波となり，その振幅 K_2 は反射による減衰のため K_1 より小さくなる．この遅延波が主波に干渉し，品質劣化の原因となる．図に示すように，$t = kT$

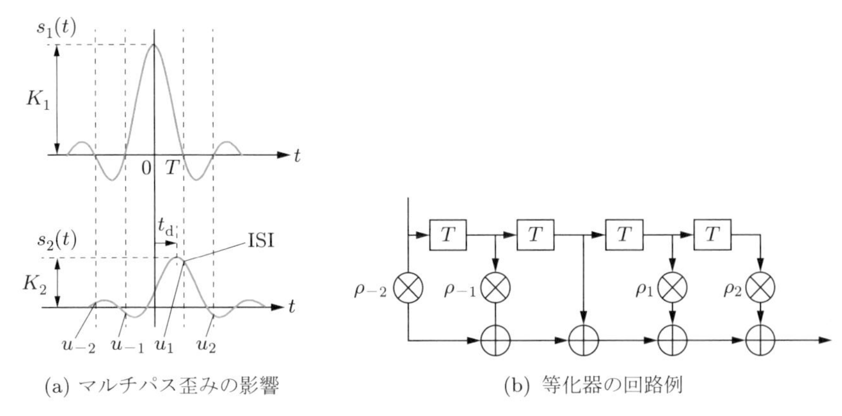

(a) マルチパス歪みの影響　　(b) 等化器の回路例

図 8.1　デジタル変調における等化器

$(k \neq 0)$ において主波は $s_1(kT) = 0$ であるのに対して，遅延波は $s_2(kT) \neq 0$ であるため，主波と干渉波の合成波はナイキストの条件を満たさない．主波に対しての干渉波の $s_2(kT)$ は，隣接するパルス符号への ISI となる．ISI による品質劣化は信号対雑音電力比の場合と異なり，主波の電力を大きくすれば，干渉波の電力も大きくなるため，送信電力を大きくしても解決しない．

ISI による品質劣化を小さくするために，2.3.3 項で述べたように，デジタル通信においても図 8.1 (b) に示した等化器は有効である．デジタル通信の場合は等化器の遅延素子の遅延時間を T とする．$t = kT$ における ISI である u_k は干渉波の t_d と K_2 によって決まるため，等化器の各タップ係数 ρ_k を制御し，合成波の大きさに対する ISI を打ち消す値を加える．t_d，K_2/K_1 は時間とともに変動するので，ρ_k はこれに追随する必要がある．

8.1.2　ロールオフフィルタ

第 5 章では，ナイキストパルスに波形整形するために，sinc 関数をインパルス応答とし，rect 関数を伝達関数とする理想低域通過フィルタ (LPF) を適用することを述べた．しかし，急峻な rect 関数の理想フィルタは実現が困難であることと，sinc 関数は $t = kT$ における傾きが大きく，小さい t_d でも大きな ISI が生じる欠点がある．そこで，LPF の急峻な周波数特性を緩やかにして，ISI を小さくした現実的なフィルタとして**ロールオフフィルタ** (rolloff filter) が用いられる．ロールオフフィルタは理想 LPF に比べ帯域幅を広げることで，時間幅の広がりを小さくし，ISI を小さくする．

ロールオフフィルタは図 8.2 に示す形の伝達関数をもち，それは次式で与えられる．

$$\mathrm{Roll}(f) = \begin{cases} T & (|f| \leq (1-\alpha)/2T) \\ T\cos^2\left\{\dfrac{2\pi}{4\alpha}\left(|f| - \dfrac{1-\alpha}{2T}\right)T\right\} & \\ \qquad ((1-\alpha)/2T < |f| < (1+\alpha)/2T) & \\ 0 & (|f| \geq (1+\alpha)/2T) \end{cases} \tag{8.1}$$

ここで，**ロールオフ率** α $(0 < \alpha < 1)$ はフィルタの周波数特性の急峻度を示す．α が小さいほど急峻であり，$\alpha = 0$ のとき rect 関数となる．$\mathrm{Roll}(f)$ のインパルス応答は逆フーリエ変換からつぎのように求められる．

$$\begin{aligned} \mathrm{roll}(t) &= \int_{-\infty}^{\infty} \mathrm{Roll}(f) e^{j2\pi ft}\,\mathrm{d}f \\ &= \int_{-(1+\alpha)/2}^{-(1-\alpha)/2} T\cos^2\left\{\frac{2\pi}{4\alpha}\left(|f| - \frac{1-\alpha}{2T}\right)T\right\} e^{j2\pi ft}\,\mathrm{d}f \\ &\quad + \int_{-(1-\alpha)/2}^{(1-\alpha)/2} Te^{j2\pi ft}\,\mathrm{d}f \\ &\quad + \int_{(1-\alpha)/2}^{(1+\alpha)/2} T\cos^2\left\{\frac{2\pi}{4\alpha}\left(|f| - \frac{1-\alpha}{2T}\right)T\right\} e^{j2\pi ft}\,\mathrm{d}f \\ &= \mathrm{sinc}\left(\frac{t}{T}\right)\frac{\cos(\alpha\pi t/T)}{1-(2\alpha t/T)^2} \end{aligned} \tag{8.2}$$

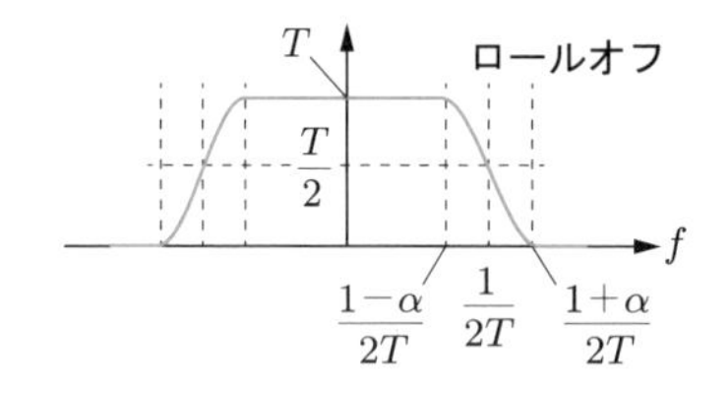

図 8.2　**ロールオフフィルタの伝達関数**

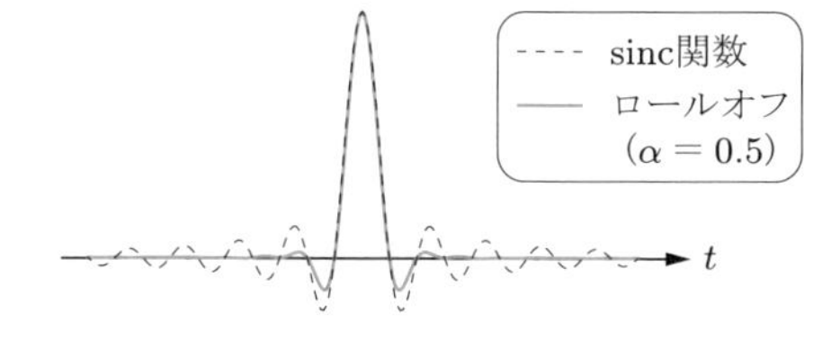

図 8.3　**sinc 関数とロールオフのインパルス応答**

ロールオフのインパルス応答と sinc 関数を比較すると，図 8.3 のようになる．sinc 関数の場合，波形の収束が鈍く，前後の多くのパルスに ISI を与えるのに対して，ロールオフ波形は ISI の影響を小さくできることがわかる．

$\alpha = 0.3, 0.5, 0.7$ のロールオフ波形を図 8.4 に示す．α が大きいほど $t = T, 2T$ における傾きが小さく，ISI を小さくできることがわかる．

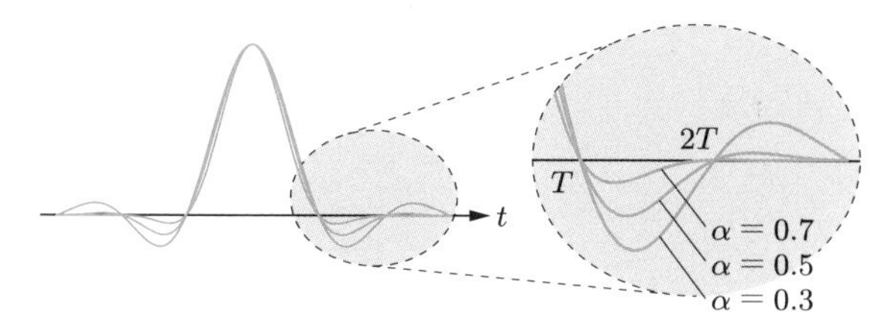

図 8.4　**ロールオフ率によるインパルス応答の違い**

8.1.3　アイパターン

ロールオフフィルタで波形整形された BPSK のパルス roll(t) による不規則パルス列

$$s(t) = \sum_{k=-\infty}^{\infty} a_k \,\mathrm{roll}(t - kT) \quad（ただし\ a_k = -1\ または\ 1） \tag{8.3}$$

は，たとえば図 8.5 のようになる．図は各 a_k が左から -1, -1, -1, -1, 1, 1, -1, ... の場合である．$t = kT$ では $s(t) = \pm 1$ となる．$t \neq kT$ においては前後の a_k によってさまざまな異なる値で遷移する．

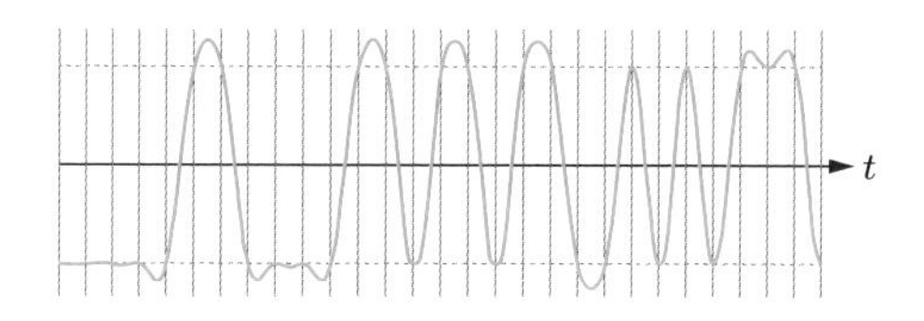

図 8.5　**ロールオフフィルタ出力（時間領域）**

図 8.6 のように，a_k によって異なる多数の遷移を重ね合わせて表示したものを**アイパターン** (eye pattern) あるいはアイダイアグラム (eye diagram) とよぶ．図 8.6 はロールオフ率 $\alpha = 0.7$ と $\alpha = 0.3$ の場合である．$t \neq nT$ において遷移し，それぞれ ISI がなく，$t = kT$ では $s(t) = \pm 1$ となり，目 (eye) が開いているように見える．$\alpha = 0.7$ に比較して $\alpha = 0.3$ の場合は，$t = kT$ から少し離れた時点で $s(t) = \pm 1$ か

図 8.6　**アイパターン**

らの差が大きく，小さな t_{d} でも ISI が大きくなることがわかる．

QAM 変調の場合は Ich，Qch 個別にアイパターンを見ることができる．16QAM の場合，Ich，Qch それぞれで 4 値の振幅変調になっており，図 8.7 のようになる．この場合のアイパターンは図 8.8 ($\alpha = 0.5$) のようになる．

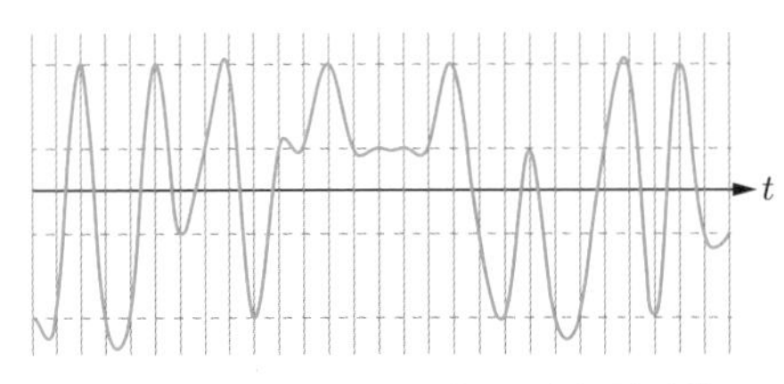

図 8.7　16QAM (Ich) 信号（時間領域）

図 8.8　16QAM (Ich) アイパターン ($\alpha = 0.5$)

8.2　信号対雑音電力比と符号誤り率

デジタル変調では，その品質は誤り率で評価される．本節では AWGN モデルにおいて，確率分布関数が正規分布に従うガウス雑音によって，誤りが発生するメカニズムを示す．これにより，信号対雑音電力比とシンボル誤り率の関係が得られる．また，変調方式で異なるシンボル誤りと符号誤りの関係を示す．とくに，多値 PSK において，1 bit あたりのエネルギー E_{b} を基に求める E_{b}/N_0 と誤り率の関係を示す．

8.2.1　符号誤りの発生とガウス雑音電力

信号対雑音電力比 (SNR) が復調信号の品質を表すことを第 7 章で説明した．一方，デジタル通信では誤り率が品質を示す．本項では SNR と誤り率の関係を示す．

図 8.9 に雑音が付加された信号の確率分布を示す．情報 $d_k = (0, 1)$ に対して，BPSK 信号の振幅 $a_k = (a_{(0)}, a_{(1)})$ は $a_{(1)} = -a_{(0)}$ の値をとる．ロールオフ波形整形された信号は，ある信号系列に対して図 8.9 の $v(t)$ となる．ここで，雑音と ISI がない場合，$d_k = (0, 1)$ に対し $v(kT) = (a_{(0)}, a_{(1)})$ となる．これに白色雑音 $n(t)$ が付加された信号 $v'(kT) = v(kT) + n(kT)$ の確率密度は，$d_k = 0$，$d_k = 1$ の場合，それぞれ図 8.9 の $p(v' \,|\, d_k = 0)$，$p(v' \,|\, d_k = 1)$ のように分布する．分布の中心はそれぞれ $a_{(0)}$，$a_{(1)}$ である．

復調器では，$v'(kT)$ が $a_{(0)}$ と $a_{(1)}$ のどちらに近いかで $d_k = 0$ または $d_k = 1$ を識別する．具体的には，$a_{(0)}$ と $a_{(1)}$ の中間のしきい値 v'_{th} との比較で識別する．$v'(kT) \leq v'_{\mathrm{th}}$ であれば $d_k = 0$，$v'(kT) > v'_{\mathrm{th}}$ であれば $d_k = 1$ と識別する．BPSK の場合のしきい値は $a_{(1)} = -a_{(0)}$ であることから $v'_{\mathrm{th}} = (a_{(0)} + a_{(1)})/2 = 0$ とする．

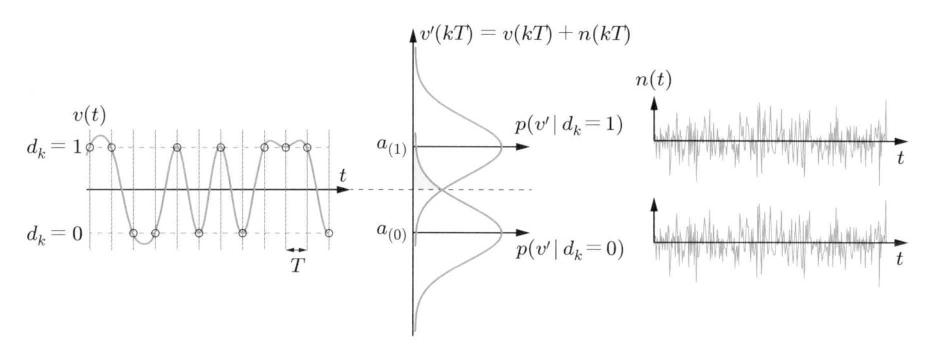

図 8.9　雑音が付加された信号の確率分布

$d_k = 1$ の場合に受信 $v'(kT)$ が $p(v' \mid d_k = 1)$ に従って分布するため，$v'(kT)$ が $a_{(1)}$ より $a_{(0)}$ に近くなる確率が誤る確率である．これは，BPSK の $a_{(1)}$ のシンボルが $a_{(0)}$ のシンボルに誤る**シンボル誤り率**（SER：symbol error rate）とよばれる．図 8.10 のように，白色雑音 $n(kT) = x$ となる確率分布 $p_r(x)$ は $n(t)$ の平均（直流成分）$\mu = 0$ の正規分布 (7.18)，すなわち

$$p_r(x) = \frac{1}{\sqrt{2\pi\sigma^2}} \exp\left(-\frac{x^2}{2\sigma^2}\right)$$

に従うことから，シンボル誤り率 p_e はつぎのようになる．

$$\begin{aligned} p_\mathrm{e} &= \int_{-\infty}^{v'_\mathrm{th}} p(v' \mid d_k = 1)\,\mathrm{d}v' \\ &= \int_{-\infty}^{(a_{(1)}+a_{(0)})/2} \frac{1}{\sqrt{2\pi\sigma^2}} \exp\left(-\frac{(v' - a_{(1)})^2}{2\sigma^2}\right) \mathrm{d}v' \\ &= \frac{1}{\sqrt{\pi}} \int_{-\infty}^{-\frac{a_{(1)}-a_{(0)}}{2\sqrt{2}\sigma}} e^{-\lambda^2}\,\mathrm{d}\lambda \qquad \left(\lambda = \frac{v' - a_{(1)}}{\sqrt{2}\sigma}\right) \\ &= \frac{1}{2} \operatorname{erfc}\left(\frac{a_{(1)} - a_{(0)}}{2\sqrt{2}\sigma}\right) \end{aligned} \tag{8.4}$$

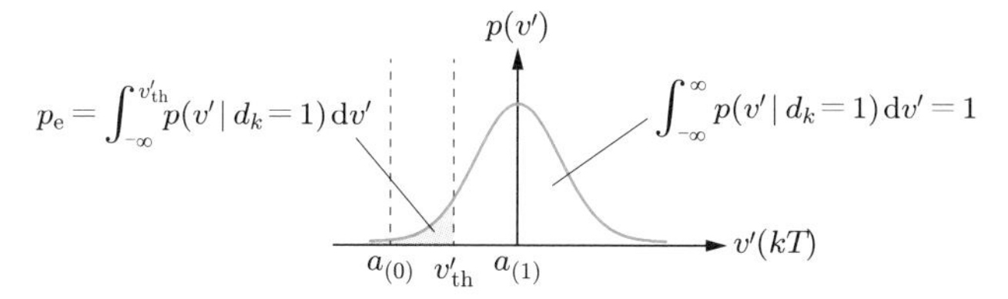

図 8.10　信号（時間領域）シンボル誤り率

ここで，相補誤差関数 (complementary error function) $\mathrm{erfc}(x)$ は，誤差関数 (error function) $\mathrm{erf}(x)$ とともに，つぎのように定義される．

$$\mathrm{erfc}(x) = 1 - \mathrm{erf}(x) = \frac{2}{\sqrt{\pi}} \int_{x}^{\infty} e^{-\lambda^2}\,\mathrm{d}\lambda = \frac{2}{\sqrt{\pi}} \int_{-\infty}^{-x} e^{-\lambda^2}\,\mathrm{d}\lambda \quad (8.5)$$

式 (8.4) より，誤り率は $(a_{(1)} - a_{(0)})/\sigma$ の関数になる．送信信号の電力が大きいほど，シンボルごとの振幅差の 2 乗 $(a_{(1)} - a_{(0)})^2$ は大きくなり，σ^2 は白色雑音電力であることから誤り率 p_e は SNR の関数となる．

8.2.2 多値変調の SER

シンボルが二つだけの BPSK では，p_e がシンボル誤り率 (SER) になる．これに対して多値変調では，数多くある他のシンボルへの誤りを考慮する必要がある．図 8.11 に M 値 ASK の場合のシンボルと確率密度を示す．振幅は a_0 から a_{M-1} の $M = 2^m$ 種類あり，1 シンボルで m [bits] の情報を伝送する．$t = kT$ において，送信信号の振幅が a_0 から a_{M-1} のいずれのシンボルになるかは等確率であり，情報に依存する．シンボルが a_0 であった場合 p_e の確率でシンボル a_1 に誤る．さらに離れた a_2 より右側のシンボルに誤る確率は，確率密度分布より，p_e に対して非常に小さく無視できる．同様にシンボル a_{M-1} の場合も，確率 p_e でシンボル a_{M-2} に誤る．これに対してシンボル a_1 が送信された場合，p_e の確率で a_0 に誤るだけでなく，a_2 にも誤るので，シンボル a_1 が他のシンボルに誤る確率は $2p_\mathrm{e}$ となる．シンボル a_2〜a_{M-2} が送信された場合も同様に $2p_\mathrm{e}$ である．したがって，SER は

$$p_\mathrm{s} = \frac{2p_\mathrm{e}}{M} + \frac{(M-2)2p_\mathrm{e}}{M} = \frac{2(M-1)}{M} p_\mathrm{e} \quad (8.6)$$

となる．

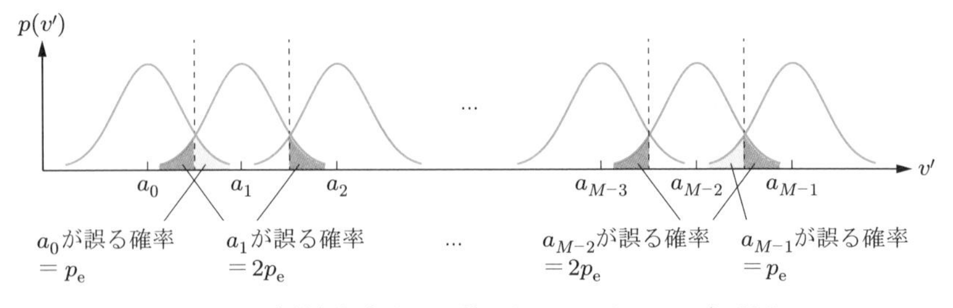

図 8.11 多値振幅変調 (M 値 ASK) におけるシンボル誤り

8.2.3 SER と BER

多値変調では，m [bits] の情報 $(d_0, d_1, \ldots, d_{m-1})$ に対応するシンボル $a_0, a_1, \ldots, a_{M-1}$ $(M = 2^m)$ のいずれかに対応させる．ここまではシンボル誤り率 (SER) を見てきたが，より直接に通信の品質に影響するのは，シンボルが復調されて得られた情報の**符号誤り率**，すなわち，**ビット誤り率**（BER：bit error rate）である．あるシンボル誤りによる誤るビット数は，情報とシンボルの対応方法によって異なる．このため，SER から BER の換算方法は変調方式によって異なる．

情報とシンボルの対応方法に関する例を図 8.12 に示す．4 値 ASK における情報 (d_0, d_1) の 2 bits と 4 値のシンボル a_0，a_1，a_2，a_3 の対応について，自然 2 進符号とグレイ符号の場合を挙げる．自然 2 進符号の場合，シンボル a_0，a_1，a_2，a_3 に対応する 2 bits の情報は 2 進法に従い，00，01，10，11 としている．シンボルは隣接シンボルに誤る確率が高い．その中で，a_1 と a_2 の間でのシンボル誤りでは 2 bits 誤り，それ以外のシンボル誤りでは 1 bit 誤りとなる．これに対して，隣接シンボルとのビットの違いを少なくしているのが，グレイ符号である．この場合には，どのシンボル誤りでもビット誤りは 1 bit である．このため，グレイ符号を用いるほうが自然 2 進符号を用いるより，同じ SER に対する BER が低くなる．

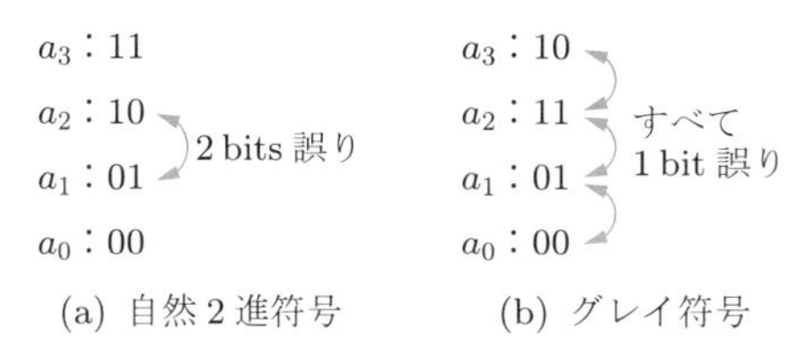

図 8.12　自然 2 進符号とグレイ符号

8.2.4 E_b/N_0

M が大きくなるほど周波数利用効率では有利になるが，同じ SNR に対する BER は劣化する．多値数の異なる M 値変調方式を評価する際に，信号電力を 1 bit あたりの電力 E_b で比較する評価指標として $\boldsymbol{E_\mathrm{b}/N_0}$ が広く使われている．N_0 は白色雑音のスペクトル値の 2 倍である（図 7.13 参照）．2 値の BPSK に対して 4 値の QPSK で同じ信号電力であった場合，1 bit あたりの信号電力は QPSK が BPSK の 1/2 になるとして評価する．$M = 2, 4, 8$ となる BPSK，QPSK，OPSK について，同じ E_b での比較を図 8.13 に示す．

表 8.1 のように，BPSK，QPSK，OPSK において，1 シンボルで伝送できるビット数はそれぞれ $m = 1, 2, 3$ であるから，信号電力を $P = E_\mathrm{b}, 2E_\mathrm{b}, 3E_\mathrm{b}$ とすることでビットあたりの電力 E_b は等しくなる．このことから，それぞれの振幅は $A_\mathrm{c} =$

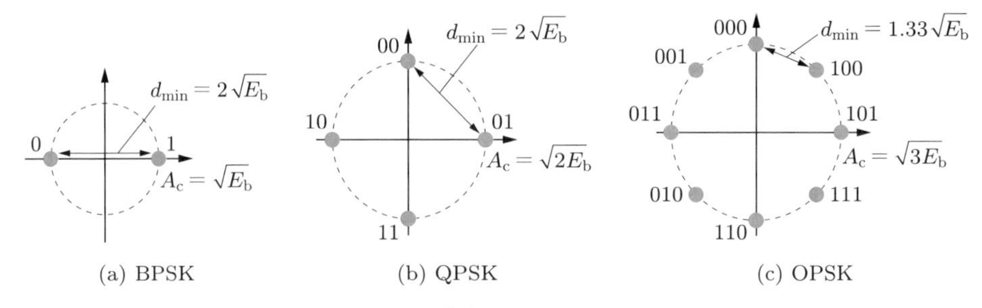

図 8.13　多値 PSK と $\boldsymbol{E_b/N_0}$

表 8.1　多値 QAM の電力

	BPSK	QPSK	OPSK
シンボル数 $M = 2^m$	2	4	8
ビット数 m	1	2	3
隣接シンボル間距離 $d_{\min}$	$2\sqrt{E_b}$	$2\sqrt{E_b}$	$1.33\sqrt{E_b}$
振幅 $A_c = \sqrt{P}$	$\sqrt{E_b}$	$\sqrt{2E_b}$	$\sqrt{3E_b}$
ビットあたりの電力 $E_b = P/m$	E_b	E_b	E_b
信号電力 P	E_b	$2E_b$	$3E_b$

$\sqrt{P} = \sqrt{E_b}, \sqrt{2E_b}, \sqrt{3E_b}$ である．これを基に，図 8.13 のように，隣接シンボル間の信号空間上での距離 $d_{\min}$ を比較すると，$d_{\min} = 2\sqrt{E_b}, 2\sqrt{E_b}, 1.33\sqrt{E_b}$ となり，BPSK と QPSK の $d_{\min}$ は等しい．QPSK と OPSK は $d_{\min}$ の距離に二つのシンボルがある．一方で図 8.12 に示したように，情報 d_k とシンボルの関係をグレイ符号化することで，隣接シンボル誤りで 2 bits 中 1 bit のみを誤るようにすれば，BPSK と QPSK で同じ E_b/N_0 である場合の BER は等しくなる．OPSK は 1 シンボルで 3 bits 伝送できるため，周波数利用効率は高いが，同じ E_b/N_0 での BER は劣化する．$M = 2, 4, 8, 16$ の場合の PSK の E_b/N_0 対 BER の関係を図 8.14 に示す．

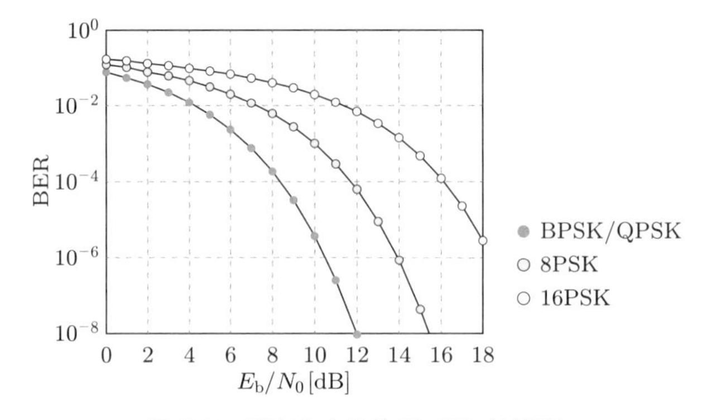

図 8.14　PSK における $\boldsymbol{E_b/N_0}$ 対 BER

8.3 整合フィルタ

フィルタには帯域制限と波形整形の機能がある．通信路で複数のフィルタを介した受信信号はナイキスト条件を満たす必要がある．本節では，送信フィルタで波形整形されたパルス波形に対して SNR を最大にする受信フィルタである最適フィルタについて説明する．とくに，AWGN における最適フィルタである**整合フィルタ** (matched filter) について見る．さらに，相関器によるパルス検出法について説明する．

8.3.1 シュワルツの不等式

以降の説明の準備として，整合フィルタの検討をするために必要となる不等式を与えておく．証明は省略するが，複素数値でもよい関数 $f(x)$ と $g(x)$ について，

$$\int_a^b |f(x)|^2 \, \mathrm{d}x \int_a^b |g(x)|^2 \, \mathrm{d}x \geq \left| \int_a^b f(x) g^*(x) \, \mathrm{d}x \right|^2 \tag{8.7}$$

が成り立つ．これを**シュワルツの不等式**[†1] とよぶ．式 (8.7) の等号は，考えている区間 $[a, b]$ 内のすべての x について $g(x) = Kf(x)$（K は定数）となるときに成り立つ．

8.3.2 整合フィルタ

図 8.15 のように，受信された波形 $s_\mathrm{p}(t) \leftrightarrow S_\mathrm{p}(f)$ のパルスに電力スペクトル密度 $G_n(f)$ の雑音が付加された信号を伝達関数 $H(f)$ のフィルタで受信したのち，$t = t_0$ でサンプリングする．$S_\mathrm{p}(f)$，$G_n(f)$ に対してどのように $H(f)$ を設定すれば，識別器での SNR を最も大きくできるかを検討する．

識別器入力における信号のサンプリングタイミング $t = t_0$ での振幅は

$$A = \mathcal{F}^{-1}[H(f) S_\mathrm{p}(f)]_{t=t_0} = \int_{-\infty}^{\infty} H(f) S_\mathrm{p}(f) e^{j2\pi f t_0} \, \mathrm{d}f \tag{8.8}$$

であり，雑音電力は

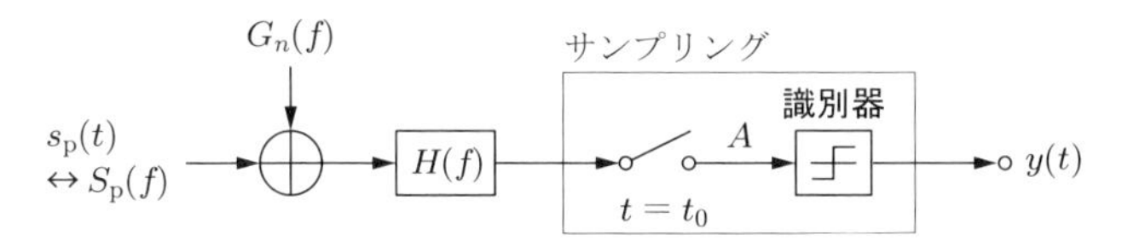

図 8.15 受信フィルタの構成

---

†1 最も単純な例は $(a_1^2 + a_2^2)(b_1^2 + b_2^2) \geq (a_1 b_1 + a_2 b_2)^2$ である．これは (左辺) − (右辺) $= (a_1 b_2 - a_2 b_1)^2 \geq 0$ から確かめられ，等号は $a_1 b_2 - a_2 b_1 = 0$，つまり $(b_1, b_2) = k(a_1, a_2)$ のときに成り立つ．式 (8.7) はこの不等式の拡張である．

$$\sigma^2 = \int_{-\infty}^{\infty} |H(f)|^2 G_n(f)\, \mathrm{d}f \tag{8.9}$$

となる．したがって，SNR はシュワルツの不等式から

$$\begin{aligned}
(S/N) = \left(\frac{A}{\sigma}\right)^2 &= \frac{\left|\int_{-\infty}^{\infty} H(f) S_{\mathrm{p}}(f) e^{j2\pi f t_0}\, \mathrm{d}f\right|^2}{\int_{-\infty}^{\infty} |H(f)|^2 G_n(f)\, \mathrm{d}f} \\
&= \frac{\left|\int_{-\infty}^{\infty} \left\{H(f)\sqrt{G_n(f)}\right\}\left\{\frac{S_{\mathrm{p}}(f) e^{j2\pi f t_0}}{\sqrt{G_n(f)}}\right\} \mathrm{d}f\right|^2}{\int_{-\infty}^{\infty} \left|H(f)\sqrt{G_n(f)}\right|^2 \mathrm{d}f} \\
&\leq \int_{-\infty}^{\infty} \left|\left\{\frac{S_{\mathrm{p}}(f) e^{j2\pi f t_0}}{\sqrt{G_n(f)}}\right\}^*\right|^2 \mathrm{d}f
\end{aligned} \tag{8.10}$$

となる．ここで，

$$\left\{\frac{S_{\mathrm{p}}^*(f) e^{-j2\pi f t_0}}{\sqrt{G_n(f)}}\right\} \Big/ \left\{H(f)\sqrt{G_n(f)}\right\} = K \tag{8.11}$$

が f によらず一定の場合に，SNR が最大となる．この場合の受信フィルタの伝達関数 $H_{\mathrm{opt}}(f)$ は

$$H_{\mathrm{opt}}(f) = K\left\{\frac{S_{\mathrm{p}}^*(f) e^{-j2\pi f t_0}}{G_n(f)}\right\} \tag{8.12}$$

となる．このように，分母で雑音 $G_n(f)$ を弱め，分子でパルス $S_{\mathrm{p}}(f)$ を強調している．このとき，SNR はつぎのようになる．

$$\left(\frac{A}{\sigma}\right)_{\max}^2 = \int_{-\infty}^{\infty} \frac{|S_{\mathrm{p}}(f)|^2}{G_n(f)}\, \mathrm{d}f \tag{8.13}$$

とくに AWGN では $G_n(f) = N_0/2$ が周波数によらず一定であることから，

$$H_{\mathrm{opt}}(f) = K\frac{S_{\mathrm{p}}^*(f) e^{-j2\pi f t_0}}{N_0/2} = K' S_{\mathrm{p}}^*(f) e^{-j2\pi f t_0} \tag{8.14}$$

となる．このフィルタを**整合フィルタ** (matched filter) とよぶ．$e^{-j2\pi f t_0}$ は遅延分であり，$S_{\mathrm{p}}(f)$ が実関数の場合，$H_{\mathrm{opt}}(f) = S_{\mathrm{p}}(f)$ のフィルタが整合フィルタとなる．このとき，信号エネルギー E に対して，SNR はつぎのようになる．

$$\left(\frac{A}{\sigma}\right)_{\max}^2 = \frac{2E}{N_0} \tag{8.15}$$

例題 8.1　8.1.2 項で述べたように，識別器における ISI を小さくするためにロールオフ波形整形を行う場合，整合フィルタの伝達関数を求めよ．

［解答］

インパルス $\delta(t)$ を送信フィルタ $H_{\mathrm{T}}(f)$ で波形整形したパルス $S_{\mathrm{p}}(f) = H_{\mathrm{T}}(f)$ が送信される．それが受信フィルタ $H_{\mathrm{R}}(f)$ を通るので，識別器入力波形が $S_{\mathrm{p}}(f)H_{\mathrm{R}}(f)$ となる．これがロールオフ波形であるため，$S_{\mathrm{p}}(f)H_{\mathrm{R}}(f) = \mathrm{Roll}(f)$ となる．さらに，整合フィルタであるために $H_{\mathrm{R}}(f) = S_{\mathrm{p}}(f)$ とすると，

$$H_{\mathrm{T}}(f) = H_{\mathrm{R}}(f) = S_{\mathrm{p}}(f) = \sqrt{\mathrm{Roll}(f)} \tag{8.16}$$

となることがわかる．このようにロールオフ特性を送受信で配分する．

8.3.3　相関器によるパルス検出

整合フィルタを用いる復調では，受信パルス $S_{\mathrm{p}}(f)$ を，$H_{\mathrm{opt}}(f) = S_{\mathrm{p}}(f)$ の伝達関数を掛けた $S_{\mathrm{p}}(f)^2$ をサンプリングタイミング $t = t_0$ で識別している．これに対して，受信側に整合フィルタを用意する代わりに送信側と同じ波形のパルス $s_{\mathrm{p}}(t)$ を用意し，これと受信パルスの相関をとることによってパルス検出する方法がある．図 8.16 で送信パルス波形は $s_{\mathrm{p}}(t)$ であり，これに雑音 $n(t)$ が付加された $v(t) = s_{\mathrm{p}}(t) + n(t)$ が受信される．受信側の相関器で用意した $s_{\mathrm{p}}(t)$ と受信 $v(t)$ を乗算し，時刻 $t = 0$ からサンプリングタイミング t_0 までの積分値 $\int_0^{t_0} v(t)s_{\mathrm{p}}(t)\,\mathrm{d}t$ を得る．この積分値は受信パルスとサンプリング用パルスとの相関となる．この相関により，情報が 0 か 1 かを識別する．相関器による識別は，受信側にパルス $s_{\mathrm{p}}(t)$ を用意する必要があるが，整合フィルタによる識別と同様に SNR が最適となる復調を実現する．

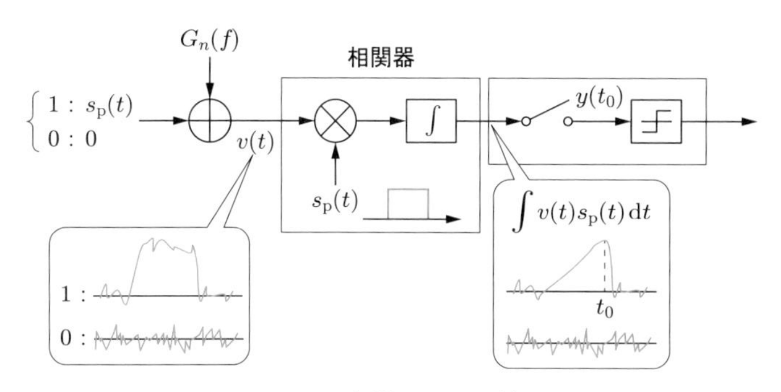

図 8.16　相関器による受信

例題 8.2　M 値 FSK の最適復調器の構成を示し，その仕組みを述べよ．

［解答］

M 値 FSK の最適復調器の構成を図 8.17 に示す．受信信号は $v_{\mathrm{R}} = \cos 2\pi(f_0 + k\Delta f)t$

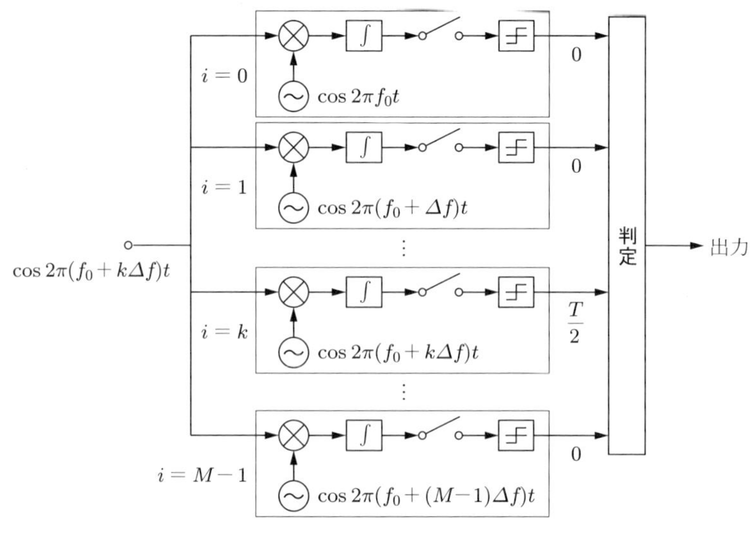

図 8.17　**FM 変調波の受信**

$(k=0,1,2,\ldots,M-1)$ となる．$\Delta f=1/T$ とすると，余弦波の直交性

$$\int_{-T/2}^{T/2} \cos 2\pi(f_0+k\Delta f)t \cos 2\pi(f_0+i\Delta f)t\,\mathrm{d}t = \begin{cases} 0 & (k \neq i) \\ \dfrac{T}{2} & (k=i) \end{cases} \tag{8.17}$$

を利用して復調できる．復調器には周波数 $f_0+i\Delta f$ $(i=0,1,2,\ldots,M-1)$ の基準搬送波を用意し，v_{R} と基準搬送波の積を T の時間積分した結果を識別する．$i=k$ の出力のみ $T/2$ となり，ほかは 0 となることから，k を判定できる．

8.4　帯域通過信号の復調

本節では同期復調について，搬送波再生を中心にその回路構成法と，バースト通信における同期を説明する．さらに，再生搬送波の位相不確定性と，遅延検波において必要となる差動符号化について紹介する．

8.4.1　基底帯域変調信号と帯域通過変調信号

信号の帯域幅は，載っている情報量が多いほど広い．これを 1 本のケーブルで伝送する場合，信号帯域の最高周波数成分がケーブルを通過できなければならない．ケーブルにはさまざまな種類がある．音声伝送を目的とした電話線などは帯域が狭いが，安価で扱いやすい．図 8.18 (a) のように，動画などの信号を伝送するためには，同軸ケーブルなどの比較的高価なものが必要となる．

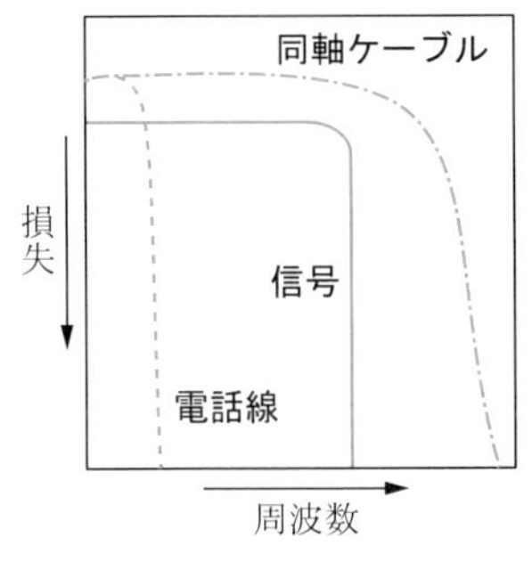

(a) 同軸ケーブルなどの基底帯域

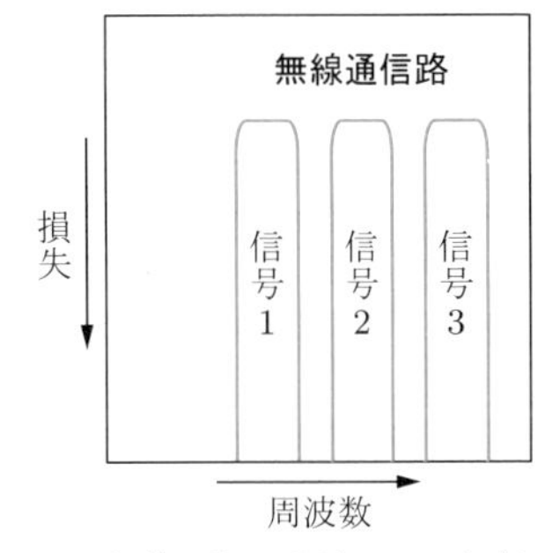

(b) 無線通信の帯域とその役割

図 8.18　**通信路と信号の帯域**

無線通信路の帯域はさらに広いが，多くのユーザの信号を伝送するため，高い周波数の電波の利用が必要となる．また，混信の影響を受けないように周波数などの無線リソースの分割が必要となる（図 8.18 (b)）．有線通信の場合でも 1 本の広帯域なケーブルを複数の信号が共用するときには，信号ごとに異なる搬送波周波数で変調する必要がある．このように，それぞれの信号ごとに異なる搬送波の帯域を用意し，その帯域を通過する信号を用いる方式を**帯域通過変調**とよぶ．

8.4.2　同期復調と非同期復調

搬送波を変調する帯域通過変調信号の復調には，変調方式に応じてさまざまな種類の復調方式が用いられる．電波を用いた変調波の復調は**検波**ともよばれる．比較的簡易な復調方式として，AM には包絡線検波（3.4.1 項），FM には周波数弁別復調（3.5.1 項）がある．これらは復調器に再生搬送波を必要としない**非同期復調**に分類される．非同期復調は簡易ではあるが，雑音の影響を大きく受ける．これに対して，復調器で送信側に同期した搬送波を再生して用いる**同期復調**は，より高品質で効率的な復調を可能とする．

8.4.3　同期復調回路の構成

8.3 節で整合フィルタあるいは相関器を用いた基底帯域変調信号の復調器の構成を説明した．これに，QAM 変調信号を，再送搬送波を用いた復調器構成で合わせると，図 8.19 のようになる．

図 8.19 は，1 シンボルで m [bits] の情報を伝送できる QPSK ($m = 2$)，または M 値 QAM ($M = 2^m$) 変復調器のブロック図である．図 (a) の送信側では，$t = kT$ における m [bits] の $(d_1, d_2, \ldots, d_m)$ は，マッピング回路で Ich，Qch のそれぞれ $M/2$ 値の変調信号 a_k，b_k に変換される．送信信号 a_k，b_k は $\delta(t)$ と乗算された後，

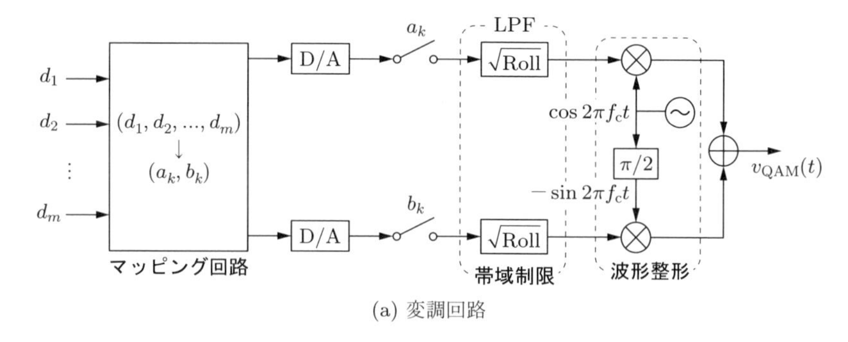

(a) 変調回路

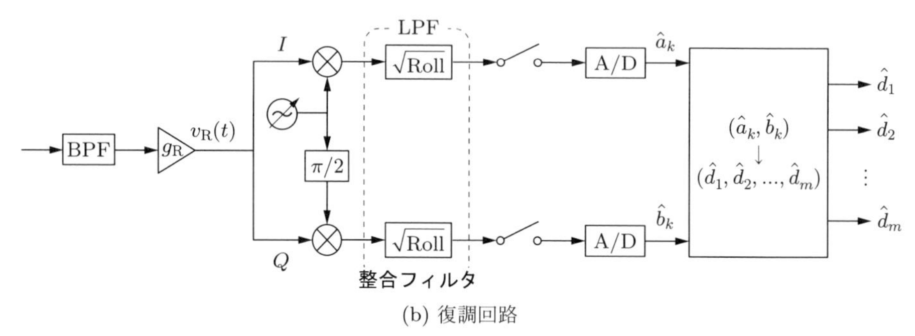

(b) 復調回路

図 8.19　QAM 変復調器の構成

LPF で帯域制限されるとともに $\sqrt{\mathrm{Roll}(f)}$ に波形整形される．さらに，搬送波周波数 f_{c} の正弦波，余弦波を変調し，合成して QAM 変調信号とする．

図 8.19 (b) の受信側では，BPF で帯域通過させたのち，受信増幅器 g_{R} で増幅する．再生搬送波で基底帯域に周波数変換（ダウンコンバート）した後，整合フィルタ $\sqrt{\mathrm{Roll}(f)}$ を通す．これによりフィルタ出力波形は $\mathrm{Roll}(f)$ となる．これを再生クロックでサンプリングして，A/D 変換器で識別してそれぞれ $M/2$ 値の復調信号 $\hat{a}_k$, $\hat{b}_k$ を得て，最終的に $t = kT$ における m [bits] の $\hat{d}_1, \hat{d}_2, \ldots, \hat{d}_m$ として復調される．

8.4.4　搬送波再生回路

図 8.19 (b) の復調器においては，局部発振器から周波数と位相が送信搬送波と同期した再生搬送波を出力する**基準搬送波再送** (carrier recovery) が必要となる．基準搬送波再生のおもな手法として，逓倍法，逆変調法，コスタス法が挙げられる．

● 逓倍法

逓倍法では，受信信号を逓倍することにより，変調信号に依存しない搬送波成分を得る．受信信号を BPSK では 2 逓倍，QPSK では 4 逓倍，8PSK では 8 逓倍する．

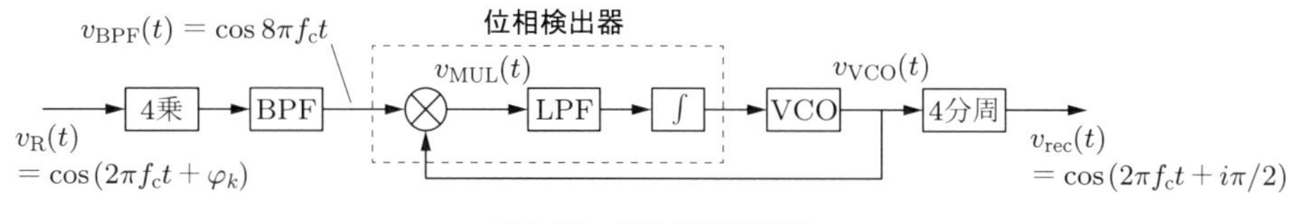

図 8.20　搬送波同期回路

QPSK の場合，受信信号は $v_{\rm R}(t) = \cos(2\pi f_{\rm c} t + \varphi_k)$ である．これを図 8.20 のように受信信号の 4 乗 $\cos^4 z = (3 + 4\cos 2z + \cos 4z)/8$ $(z = 2\pi f_{\rm c} t + \varphi_k)$ にし，BPF を通して $v_{\rm BPF} = \cos(8\pi f_{\rm c} t + 4\varphi_k)$ を得る．ここで，$\varphi_k = 0, \pi/2, \pi, 3\pi/2$ であることから $4\varphi_k = 0$ と同じになり，変調信号によらず搬送波の 4 倍波 $v_{\rm BPF} = \cos 8\pi f_{\rm c} t$ が得られる．この 4 倍波を 4 分周することで，搬送波と周波数同期した再生搬送波 $v_{\rm rec}$ が得られる．しかし，図 8.21 のように 4 分周して得られる $v_{\rm rec} = \cos(2\pi f_{\rm c} t + i\pi/2)$ の $i = 0, 1, 2, 3$ は定まらず，位相不確定性がある．

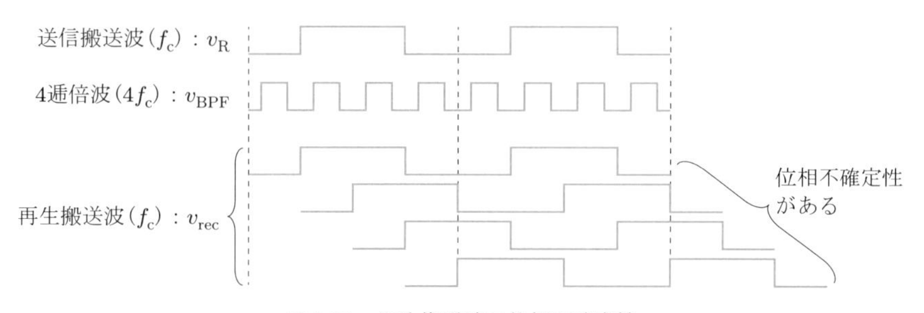

図 8.21　再生搬送波の位相不確定性

図 8.20 で，BPF 出力 $v_{\rm BPF}$ は位相検出器（PD : phase detector）に入力され，PD の出力が VCO の制御電圧となる．VCO 出力 $v_{\rm VCO}$ である 4 逓倍波には送信搬送波と周波数誤差 Δf，位相誤差 $\Delta\varphi$ があり，$v_{\rm VCO} = \cos\{2\pi(4f_{\rm c} + \Delta f)t + \Delta\varphi\}$ となる．$v_{\rm VCO}$ と $v_{\rm BPF}$ の積である乗算器出力は $v_{\rm MUL} = \cos\{2\pi(4f_{\rm c} + \Delta f)t + \Delta\varphi\}\cos 8\pi f_{\rm c} t$ であり，LPF で低周波数成分のみを抽出した信号は $v_{\rm LPF} = -\sin(2\pi\Delta f t + \Delta\varphi) \fallingdotseq -(2\pi\Delta f t + \Delta\varphi)$ となる．これを積分回路で平均化した信号が VCO にフィードバックされ，Δf，$\Delta\varphi$ が 0 となるように制御される．この VCO 出力を 4 分周して再生搬送波として用いる．

● 逆変調法とコスタス法

周波数や位相の変化に対する追従性を向上するための方法として**逆変調法**がある．この方法では，同期復調により得られた Ich，Qch 信号を用いて受信信号を逆変調することにより，受信変調信号から無変調の搬送波を抽出する．

さらに，**コスタス (Costas) 法**は，同期検波したベースバンド信号を演算して制御信号を生成する．図 8.22 は QPSK の例であり，Ich，Qch の復調結果 I_1，Q_1 とともに，さらに 1 bit 下位の A/D 変換結果 I_2，Q_2 を得る．識別結果 (I_1, I_2, Q_1, Q_2) は図の 16 の領域で異なる値となる．ここで，A^+ の四つの領域 $(I_1, I_2, Q_1, Q_2) = (1,1,1,1), (1,1,0,0), (0,0,0,0), (0,0,1,1)$ では，識別結果は基準点（青点）に比較して大きな値となる傾向にある．同様に A^- では小さくなる．このため，A^+ の領域にある率が A^- の領域にある率に比較して多い場合，A^- の領域が大きくなるよう基準点を修正する必要がある．位相については，φ^+ の 4 領域では位相が $+$ にシフトしているので，この領域にある率が φ^- の領域にある率より多ければ，搬送波周波数の位相を送信搬送波に同期する方向に制御する．

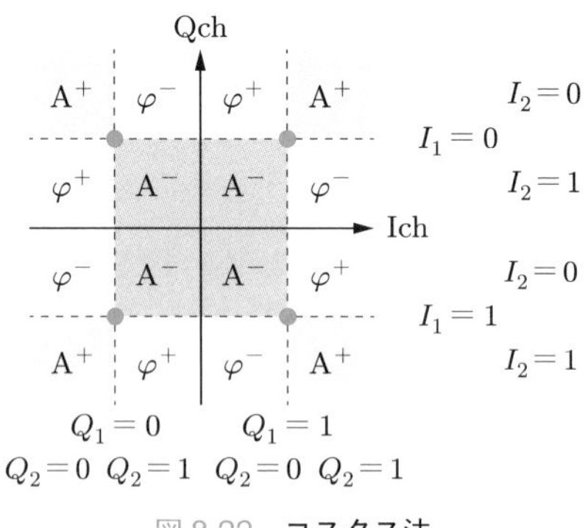

図 8.22　コスタス法

8.4.5　バースト通信における搬送波同期

一つの基地局に対して複数の端末が通信を行う TDMA（6.2.1 項 (p. 106) 参照）など，時分割を行う通信では，割り当てられた時間にのみ信号を間欠的に送受信する．割り当てられた時間の信号を**バースト**とよぶ．復調器では，バースト開始から同期を行うため，割り当てられた時間のうち同期完了までの時間は情報の伝送に利用できない．したがって，効率良く同期を行うことが重要となる．

バーストの構成は図 8.23 のようになる．割り当てられた時間の先頭から，以下の GT，CR，BTR，UW，Cch の時間の後，情報データを送信する．

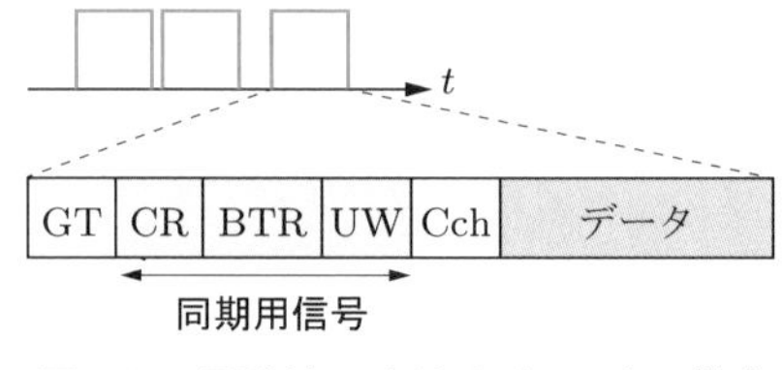

図 8.23　TDMA におけるバーストの構成

(1) GT (guard time) は，端末ごとに基地局からの距離が異なるゆえに生じるタイミング差による衝突をなくすための，信号を送らない時間である．
(2) CR (carrier recovery) の時間に，無変調の搬送波を送信する．この信号を利用して，復調器では CR の時間内に搬送波同期を終了する．
(3) BTR (bit timing recovery) の時間で，データのないクロック信号での変調信号を送信し，復調器はこの時間内にクロックの同期を行う．同期完了後，信号を復調する．
(4) 最初に決められた UW (unique word) が送られ，これ以降が受信データとなる．
(5) 受信データのうち，Cch (control channel) でバーストごとの制御を行った後の信号が，情報が載った実際のデータとなる．

8.4.6 遅延検波

ここまでは復調器で搬送波再生回路を要する同期復調方式について説明したが，この回路をなくして簡易に復調する方式として**遅延検波**が用いられることがある．PSK における遅延検波回路のブロック図を図 8.24 に示す．

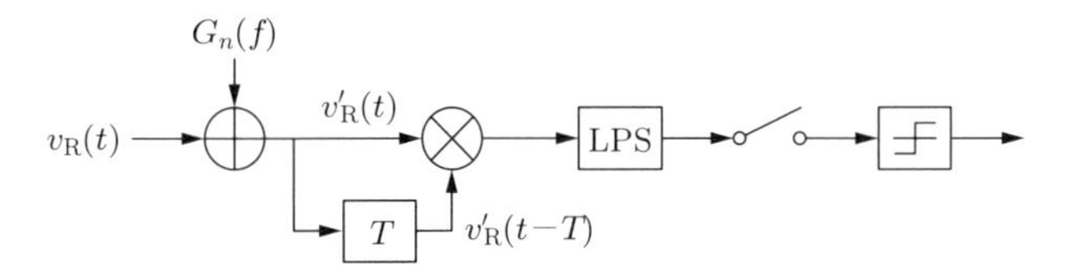

図 8.24　遅延検波回路の構成

$kT \leq t < (k+1)T$ であるとして，雑音の載った信号 $v'_{\mathrm{R}}(t)$ を一つ前のタイムスロットの信号 $v'_{\mathrm{R}}(t-T)$ で検波する．$v'_{\mathrm{R}}(t-T)$ は遅延回路によって得られることから，搬送波同期回路を用いる方式より簡易な構成となる．

$v'_{\mathrm{R}}(t) = \cos(2\pi f_{\mathrm{c}} t + \varphi_k)$ と $v'_{\mathrm{R}}(t-T) = \cos(2\pi f_{\mathrm{c}} t + \varphi_{k-1})$ の積を入力した乗算器回路の出力

$$v'_{\mathrm{MUL}}(t) = \frac{\cos(4\pi f_{\mathrm{c}} t + \varphi_k + \varphi_{k-1})}{2} + \frac{\cos(\varphi_k - \varphi_{k-1})}{2}$$

を LPF に通すことで，位相差成分 $\cos(\varphi_k - \varphi_{k-1})$ が得られる．情報は φ_k ではなく，$\varphi_k - \varphi_{k-1}$ に載せられる．これについてはつぎの 8.4.7 項で述べる．

遅延検波は回路が簡易化できるが，$v'_{\mathrm{R}}(t-T)$ に付加された雑音の影響による品質劣化がある．また，$\varphi_k - \varphi_{k-1}$ を判別するため，1 シンボルの誤りがつぎのシンボルの誤りを起こし，誤り率を劣化させる．

8.4.7 差動符号化

PSK における遅延検波では，情報をシンボルの位相 φ_k ではなく，連続する 2 シンボルの位相差 $\varphi_k - \varphi_{k-1}$ に載せる．また，8.4.4 項の再生搬送波に位相不確定性がある場合にも，位相差に情報を載せる．この差動符号を使う場合，1 シンボルの誤りがつぎのシンボルに伝搬して，誤りを増加させてしまう．図 8.25 に示すように，復調された位相の一つ φ_k に誤りがあると，これを使って得られる $\varphi_k - \varphi_{k-1}$ と $\varphi_k - \varphi_{k+1}$ によるデータの 2 シンボルに誤りが発生する．

QAM 変調の搬送波再生にも位相不確定性がある．ここで，誤り伝搬の影響を小さくするため，16QAM の各シンボルと情報 d_1，d_2，d_3，d_4 を図 8.26 にマッピングする．第 1，2，3，4 象限の各 4 シンボルの上位 2 ビットを 00，01，11，10 とし，下位 2 ビットを図のように回転対称に配置する．これにより，下位 2 ビットは位相不確定性の影響を受けないため，誤り伝搬による劣化をなくすことができる．このようなマッピング方式を**回転対称マッピング**とよぶ．

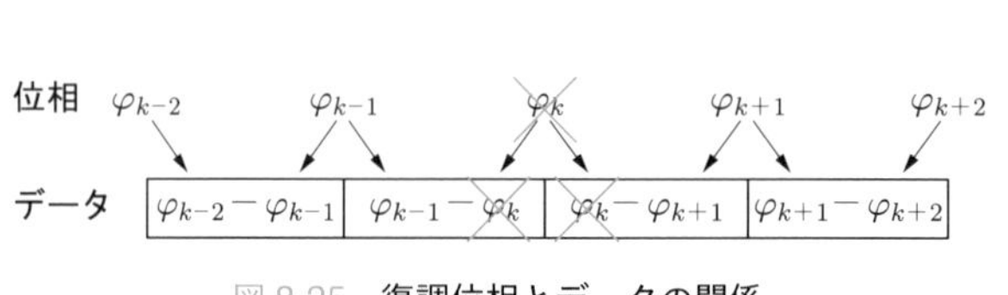

図 8.25　復調位相とデータの関係

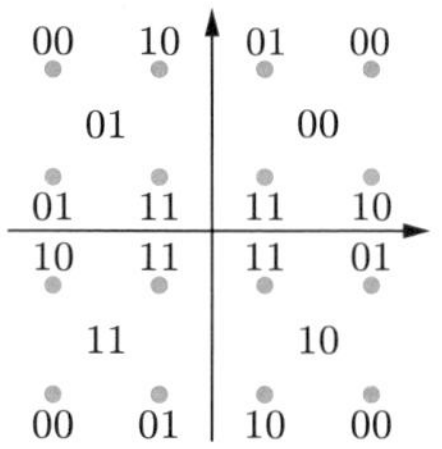

00　10　01　00
01　00
01　11　11　10
10　11　11　01
11　10
00　01　10　00

図 8.26　16QAM の回転対称マッピング

章末問題

8-1　QPSK，8PSK，16QAM の自然 2 進，グレイ配置されたマッピングを信号空間上に示せ．さらに，16QAM では回転対称配置されたマッピングも示せ．

8-2　下記の周波数特性をもつパルス $P(f)$ に対して，それぞれ整合フィルタの伝達関数 $H_{\mathrm{opt}}(f)$ とそのインパルス応答 $h_{\mathrm{opt}}(t)$ を示せ．

(1)　$S_{\mathrm{p}}(f) = \begin{cases} 1 & (|f| \leq 1/2) \\ 0 & (|f| > 1/2) \end{cases}$

(2)　$S_{\mathrm{p}}(f) = \delta(f - f_{\mathrm{c}})$

第9章 さまざまな無線通信技術

最終章では，無線通信分野での技術を紹介する．無線通信では通信資源の有効利用とともに，マルチパスや雑音，干渉の影響による品質劣化への対策が重要な課題である．9.1 節では，マルチパスの影響を説明した後，空間ダイバーシチを紹介する．9.2 節では，個別の技術として，誤り訂正とこれを変調と融合させた軟判定および符号化変調を説明する．また，9.3 節でスペクトル拡散，9.4 節で OFDM，9.5 節で MIMO について説明する．これらは，最近の携帯電話，無線 LAN，デジタル放送などさまざまな無線通信分野で利用され，いまなお新たな技術が研究開発されている．

9.1 無線通信システム

本節では，無線通信の品質を向上させるための手段を紹介する．無線通信路は反射波により複数の経路が発生するマルチパス通信路になる．マルチパス通信路で広帯域な変調波を用いる場合，通信路は周波数特性をもち，これによる歪みが品質劣化の要因となる．2.3.3 項や 8.1.1 項で紹介した等化器は，この歪みを抑えるために古くからある基本技術である．ここではとくに，マルチパス歪み対策の一つで，古くからある**空間ダイバーシチ**を紹介する．

9.1.1 各種無線通信システムと無線伝搬路の特徴

通信路の伝達関数が式 (2.8) に示した $H(f) = Ke^{-j2\pi f t_{\mathrm{d}}}$ である通信路，すなわち遅延時間 t_{d} があり，K $(0 < K < 1)$ 倍に減衰するが，周波数特性のない無歪み通信路が理想的である．送受信間の距離を電波や電気信号が伝達するには遅延時間 t_{d} がかかる．減衰 K は受信信号電力 S を低下させるので，信号対雑音電力比 (SNR) が低下し，BER などで評価される品質を劣化させる．

一方で，実際の通信路や送受信装置には種々の歪みがあり，伝達関数 $H(f)$ は周波数特性をもつ．8.4.1 項 (p. 144) でも述べたように，有線通信では線路によって伝送できる周波数が限られ，変調信号の帯域幅の上限が決まる．これに対して，電波が伝搬する空間を用いる無線通信路は，直流は通過しないものの帯域は広い．しかし，無線通信には共用空間での混信を避けるための技術が必要となるとともに，遮蔽物による減衰や反射物による歪みの対策技術も必要となる．

伝達関数 $H(f)$ の周波数特性の影響をなくすには，2.3.2 項 (p. 41) で述べたように，あらかじめ歪み (distortion) $H(f)$ を測定して，その逆特性 $1/H(f)$ の伝達関数をもつ**前置補償器** (predistorter) を適用すればよい．ただし，無線通信では通信路が開かれた空間であることと，移動通信ではユーザやその周辺のものが動くことで，$H(f)$ が時間とともに変動するため，この変動に適応させるチャネル推定が必要となる．これらの基本的な考え方は，本章で紹介するさまざまなシステムで使われる．

9.1.2 無線システムとマルチパス

無線通信システムでは図 2.16〜2.19 で示したように，直接波と反射波などがマルチパス通信路を通過した電波が受信アンテナで合成される．図 9.1 は，直接波に対して一つの反射波に着目し，それらの位相関係を示すものである．ある位相，周波数で電波が送信されるとする．反射波は 2.3.3 項 (p. 43) で述べたように直接波に対して経路が長いため，受信される位相が遅れる．このため，直接波と反射波の位相差が生じる．この位相差は直接波に対する反射波の遅延時間と周波数によって決まる．

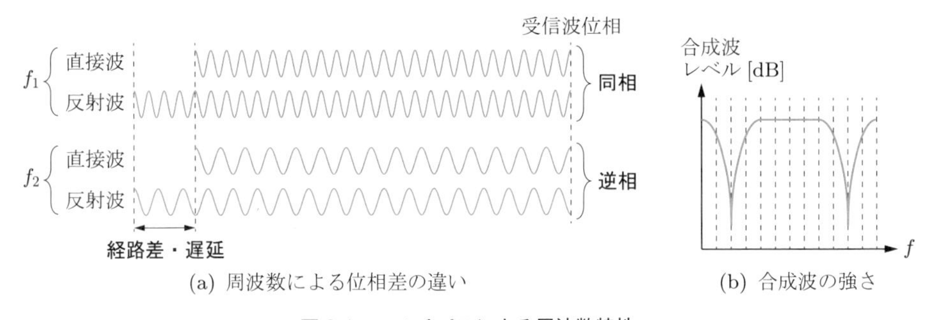

図 9.1　マルチパスによる周波数特性

このことから，図 9.1 (a) の例では，受信アンテナにおいて，直接波と反射波が周波数 f_1 では同じ位相であっても，f_2 では逆相になっている．合成波は，直接波と反射波が同相であれば強まり，逆相であれば打ち消しあって弱まる．これを変調波の帯域幅の範囲で見ると，図 (b) のような周波数特性をもつ歪みのある通信路となる．また，変調波の帯域が広いほど，この歪みの影響を強く受ける．

等化器は反射波の影響を打ち消すものである．2.3.3 項で述べたアナログ変調での等化器では，回路素子の遅延時間を反射波の遅延時間に合わせて反射波を打ち消す．8.1.1 項 (p. 132) で述べたデジタル変調では，この等化器の遅延時間をクロック周期 T とし，符号間干渉 (ISI) を打ち消す．等化器は，その時間領域での特性をフーリエ変換して周波数領域で観測すると，図 9.1 (b) の周波数特性の逆特性をもつフィルタとみなすことができる．これは**トランスバーサルフィルタ** (transversal filter) とよばれる．

9.1.3 空間ダイバーシチ

直接波と反射波の位相関係には送受信アンテナの位置関係も影響する．異なる位置にある二つ以上の受信アンテナでは，受信電力や周波数特性の異なる合成波（= 直接波 + 反射波）が得られる．通常アンテナ間隔を半波長以上離せば，各受信アンテナで受信される信号の特性差は大きくなる．

これを利用したマルチパス対策技術として**空間ダイバーシチ** (space diversity) がある[†1]．ダイバーシチは多様性を意味する語である．無線通信では，複数の通信方法で起きる特性の多様性を利用することを指し，空間ダイバーシチのほか，複数回送信する時間ダイバーシチ，予備の周波数チャネルを用いる周波数ダイバーシチ，水平・垂直偏波を用いる偏波ダイバーシチ，複数の指向性アンテナで異なる向きからの電波を受信する角度ダイバーシチ，複数の中継経路を用いるルートダイバーシチやサイトダイバーシチなどがある．

空間ダイバーシチは，図 9.2 のように二つの受信アンテナそれぞれで直接波と反射波の合成波を受信する．これは直接波と反射波一つだけの二波干渉モデルとよばれる．この図は地面など下からの反射波が到来する場合で，両受信アンテナで直接波はほぼ同じ位相だが，反射波は上下に並べた受信アンテナで距離に依存して位相が異なる．この二つの受信信号を合成することで，歪みの少ない受信信号を実現できる．

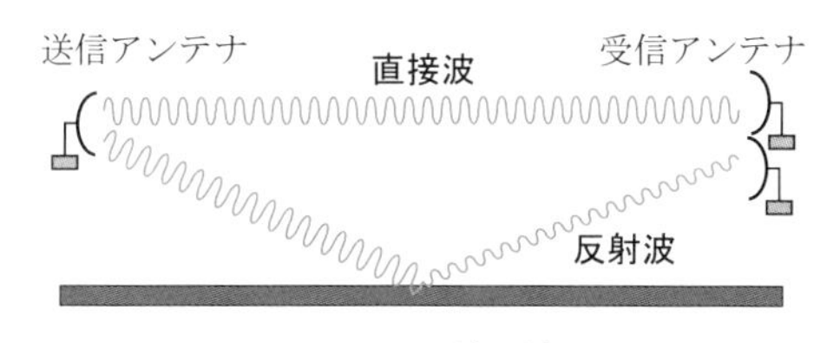

図 9.2　**二波干渉**

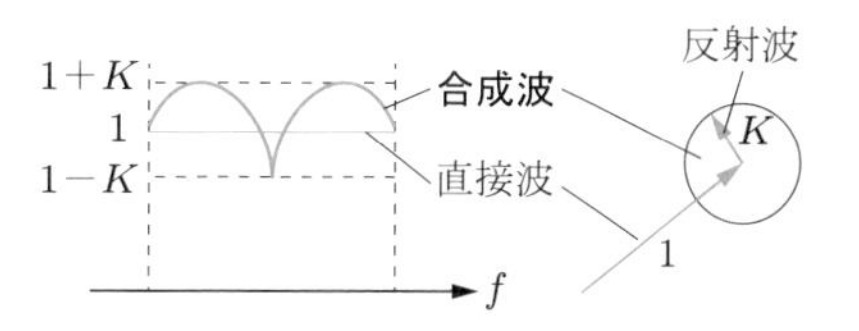

図 9.3　**直接波と反射波の合成波の表現**

空間ダイバーシチにおける二つのアンテナからの受信信号の代表的な合成方法には，簡易なものや効果の大きいものとして，選択合成，等利得合成，最大比合成がある．

これらのダイバーシチ合成法を説明するために，直接波と反射波の合成波を図 9.3 のように表現する．直接波振幅を 1 とおくと，反射波振幅は反射により減衰した K である．直接波を，振幅が長さで，位相が向きであるベクトルで表すとする．振幅 K の反射波が合成される際の直接波との位相差は周波数によって異なるので，変調波の帯域内においてさまざまな位相があることを示すために，反射波は半径 K の円で示している．広帯域な変調波の場合は図 9.1 (b) のように，直接波と反射波が逆相にな

†1　diversity の読みはダイバーシティだが，技術が輸入された頃の仮名遣いでダイバーシチと表記することが多い．

る周波数で合成波の振幅は $1-K$ となる．合成波を復調したときの品質は直接波と反射波の電力比 SNR に依存する．

ここで，二つのアンテナ A，B における受信波の合成法を図 9.4 に示し，以下にまとめる．図では，アンテナ A，B それぞれで受信した合成波（= 直接波 + 反射波）が受信信号としてどのように合成され，図の下部へ伝わっていくかを示している．また，図は，直接波は A のほうが大きく，反射波は B のほうが大きい場合である．

(a) **選択合成**では，両アンテナからの入力信号のうち電力が大きいほう一つ（この場合 A）を選択して復調する．これは簡易な装置で実現できる．

(b) **等利得合成**では，アンテナ B からの直接波とアンテナ A からの直接波が同相になるように，アンテナ B からの受信波の位相を移相器で調整してから A，B の受信波を合成することで，(a) の選択合成より SNR を大きくできる．

(c) **最大比合成**では，(b) の等利得合成と同様に位相を合わせるとともに，SNR の大きいほうの受信信号が強調されるように振幅を調整する．これにより等利得合成より大きな SNR を実現できる．

(b)，(c) で同相となった直接波は合成されることで電力が大きくなるが，反射波は互いに位相が合わせられないため，合成される際に強調されない．

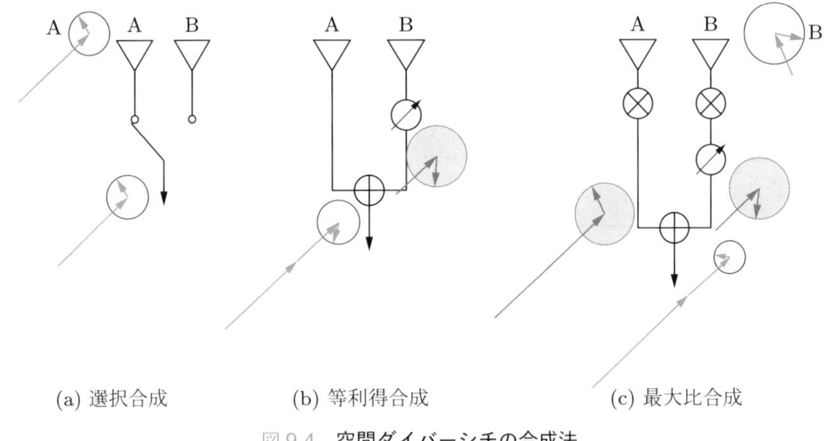

図 9.4 空間ダイバーシチの合成法

9.2 誤り訂正と変復調の融合

デジタル通信では，誤り訂正によりビット誤り率 (BER) を低下させ，通信品質を向上できる．符号理論により，誤り訂正符号には種々の技術が開発されている．通信路において，符号は変調信号空間上のシンボルに対応する信号に変換される．シンボルは雑音が付加されることによって他のシンボルへの誤りとなり得る．このとき，雑音振幅はアナログ値であり，この変調信号空間上の距離を用いて誤り訂正をすることが効果的である．復号時にこの距離を評価する軟判定について紹介する．また，誤り訂正を考慮して，変調信号空間上のシンボルを配置する符号化変調について説明する．

9.2.1　通信路符号化

デジタル通信路での誤りは，変調信号空間上のシンボル誤りとして発生する．誤りの影響を低減する手法として，符号理論に基づく**通信路符号化** (channel coding) 技術がある．これはあらかじめ定めた符号により算出される冗長ビットを送信側で送信ビットに付加して送信し，受信側で**誤り検出** (error detection) あるいは**誤り訂正** (FEC：forward error correction) を行うものである．

通信路符号化のうち**ブロック符号** (block code) では，送信ビットに冗長ビットを加えたブロックに符号化する．誤り検出では，受信側の復号器で誤りのあるブロックを検出でき，このブロックを再送することで誤りの影響をなくす．さらに，どのビットが誤ったかを判断して，そのビットを訂正する誤り訂正も使われる．また，ブロック単位に区切らずに冗長ビットを加える**畳み込み符号** (convolutional code) もある．これらは通信路符号化とよばれ，通信，放送，記録（メモリ）に広く利用されている．

通信路符号化方式やそのパラメータにはさまざまなものが使い分けられている．誤り率が大きい通信路では，多くの誤りを訂正するために，冗長ビット数を増やす必要がある．しかしこの場合，1 ブロック中の情報ビットの割合である符号化率が下がり，情報の伝送効率が低下する．また，外的要因により，誤りが集中して発生するバーストエラーが多いか否かという，誤りのランダム性も加味される．その他，回路規模や遅延時間も含めて，通信システムの目的に合わせて，誤り検出・訂正方式は設計され，さまざまな技術が開発されている．

9.2.2　誤り訂正の原理と硬判定

誤り訂正の原理を多数決 (m, n) 符号によって説明する．ここでは図 9.5 のように，$m = 1$ bit の情報ビット 0 または 1 を，2 bits の冗長ビットを加えた $n = 3$ bits の符

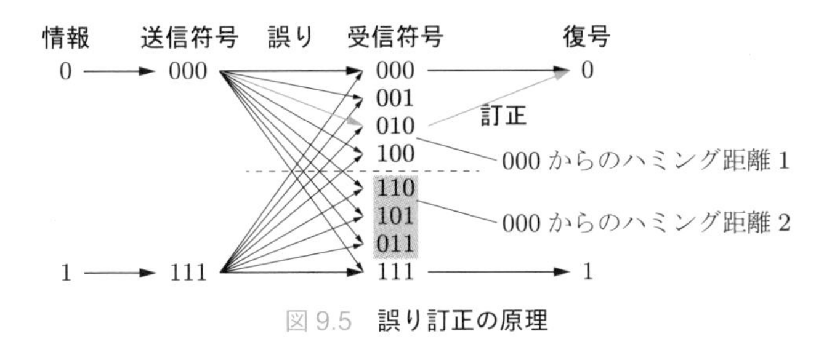

図 9.5　誤り訂正の原理

号 $(0,0,0)$ または $(1,1,1)$ に符号化して送信する，最も単純な多数決 $(3,1)$ 符号を考える．通信路で 3 bits の符号の中に 1 bit の誤りが発生すると，送信符号 $(0,0,0)$ の場合，受信符号が $(0,0,1)$，$(0,1,0)$，$(1,0,0)$ になるので，これは情報ビット 0 と復号する．同様に，受信符号が $(1,1,0)$，$(1,0,1)$，$(0,1,1)$ ならば情報ビット 1 と復号する．このように，1 bit の誤りは訂正されるが，2 bits 以上誤ると正しく訂正できない．復号をするには，符号内の 3 bits をそれぞれ判定する必要がある．このような各ビットを 0 か 1 かに判定する方法を**硬判定** (hard decision) とよぶ．

硬判定復号器では，図 9.5 のように受信符号として，たとえば $(0,1,0)$ を受信したとき，送信符号としてあり得る $(0,0,0)$ と $(1,1,1)$ のどちらが受信符号に近いかを表す**ハミング距離** (Hamming distance) d_{H} に応じて復号する．ハミング距離は二つの符号の間で異なるビット数である．たとえば，$(0,1,0)$ と $(0,0,0)$ では $d_{\mathrm{H}}=1$，$(0,1,0)$ と $(1,1,1)$ では $d_{\mathrm{H}}=2$ となる．送信される可能性のある符号のうち，受信符号にハミング距離が近い符号に復号する．したがって，$(0,0,0)$，$(0,0,1)$，$(0,1,0)$，$(1,0,0)$ は送信符号 $(0,0,0)$ に対応する情報 0 に，$(1,1,1)$，$(1,1,0)$，$(1,0,1)$，$(0,1,1)$ は情報 1 に復号される．

通信においては，3 bits の符号は通信路で，変調信号空間上の三つのシンボルに変換される．1 シンボルの信号は送信され，図 9.6 に示すガウス分布に従う雑音が付加される．図では，雑音が付加された受信シンボル x_0 としきい値の関係から，シンボル 0 に硬判定される．しきい値は 0 と 1 の中間の中央値として設けられる．符号 0 に対応する送信シンボルが，受信信号 x として受信される確率密度関数を $p_{\mathrm{r}(0)}(x)$ とする．受信シンボルにガウス雑音が付加しているので，図 9.6 のように $p_{\mathrm{r}(0)}(x)$ はガウス分布に従う．上述の x_0 が 0 に硬判定されるのは $p_{\mathrm{r}(0)}(x_0) > p_{\mathrm{r}(1)}(x_0)$ であることによる．硬判定時の雑音が大きいために結果が誤る場合がある．この分布でし

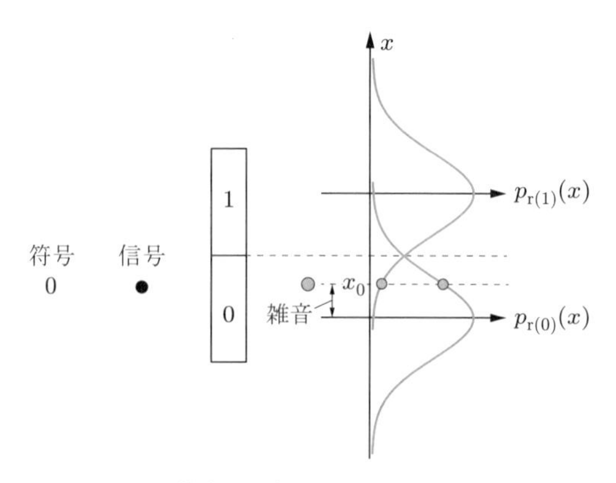

図 9.6　雑音が付加された信号の確率分布

きい値を超える確率が硬判定のビット誤り率 (BER before FEC) p_{b} である．3 シンボル中 2 シンボル以上で硬判定が誤ると誤り訂正を失敗し，復号ビットが誤る．その確率は誤り訂正後の誤り率 (BER after FEC) p_{a} となる．$(0,0,0)$ を送信した場合，2 bits 誤り $(1,1,0)$，$(1,0,1)$，$(0,1,1)$ と 3 bits 誤り $(1,1,1)$ があるので，$p_{\mathrm{a}} = 3p_{\mathrm{b}}^2(1-p_{\mathrm{b}}) + p_{\mathrm{b}}^3$ となる．

9.2.3 軟判定

軟判定 (soft decision) は，変調信号空間上でシンボルがどれだけ雑音の影響を受けたかを評価して誤り訂正を行う手法である．ハミング距離ではなく，変調信号空間上のユークリッド距離で評価する．

この距離を測るために A/D 変換器の下位ビットを用いる．図 9.7 では，3 bits の符号を送信し，受信側は各シンボル x を 3 桁の A/D 変換器で識別する．A/D 変換器は最上位ビット（MSB：most significant bit）で受信シンボルを 0 か 1 に硬判定し，さらに最下位ビット（LSB：least significant bit）を使って受信シンボルを複数段階に識別する．図 9.7 の例では，3 bits の A/D 変換器で 8 $(=2^3)$ 段階に識別している．送信シンボル 0 が雑音なく受信されれば，シンボルは MSB が 0 の領域の中央付近にあり，3 桁の A/D 変換出力はそれぞれ 50% の確率で 010 か 001 となる．しかし，サンプリングした時点での雑音が大きいと，011 や 000 になる場合がある．さらに雑音が大きいと，MSB が 1 となり，硬判定の結果が誤りとなる．

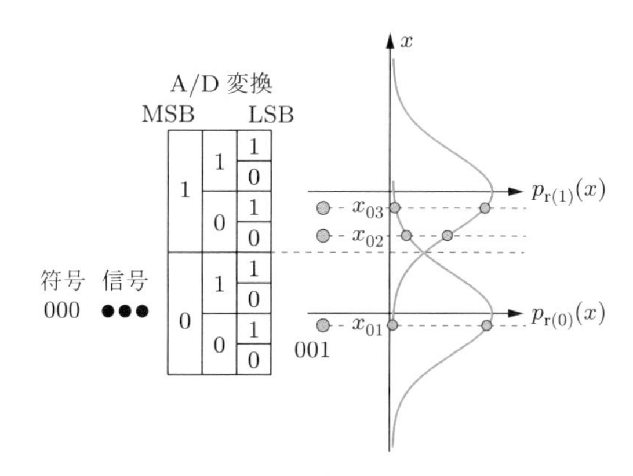

図 9.7　誤り訂正符号ブロックの各信号の確率

送信シンボルが 0，1 のとき，雑音が付加された受信シンボルが x となる確率分布 $p_{\mathrm{r}(0)}(x)$，$p_{\mathrm{r}(1)}(x)$ は図 9.7 のようになる．これに対して，3 桁の A/D 変換出力 $\hat{x}$ は連続値である受信シンボル x に対応する．8 種類ある A/D 変換出力 $\hat{x}$ は 000, 001, 010, ..., 111 と離散値になる．ここで，第 1 ビットが MSB，第 3 ビットが LSB

である．送信シンボルが 0，1 であるとき，A/D 変換出力 3 bits が $\hat{x}$ となる確率を $q_{\mathrm{r}(0)}(\hat{x})$，$q_{\mathrm{r}(1)}(\hat{x})$ とする．$q_{\mathrm{r}(0)}(\hat{x})$ は次式で表される．$q_{\mathrm{r}(1)}(\hat{x})$ も同様である．

$$q_{\mathrm{r}(0)}(\hat{x}) = \int_{C_{\hat{x}}} p_{\mathrm{r}(0)}(x)\,\mathrm{d}x \tag{9.1}$$

ここで，A/D 変換出力が $\hat{x}$ となる A/D 変換入力アナログ値 x の領域を $C_{\hat{x}}$ とする．

図 9.7 の例では送信符号が $(0,0,0)$ で，受信シンボルが図の x_{01}，x_{02}，x_{03} であった場合，それぞれのシンボルを硬判定すると $(0,1,1)$ となり，情報 1 と復号される．これに対して，x_{01}，x_{02}，x_{03} を軟判定して，$\hat{x}_{01}$，$\hat{x}_{02}$，$\hat{x}_{03}$ とした場合，

$$q_{\mathrm{r}(0)}(\hat{x}_{01})q_{\mathrm{r}(0)}(\hat{x}_{02})q_{\mathrm{r}(0)}(\hat{x}_{03}) > q_{\mathrm{r}(1)}(\hat{x}_{01})q_{\mathrm{r}(1)}(\hat{x}_{02})q_{\mathrm{r}(1)}(\hat{x}_{03}) \tag{9.2}$$

となり，情報 0 と復号される．このように軟判定では，A/D 変換出力の下位ビットを用いて，各シンボルが 0 または 1 である尤度（確からしさ）を求め，これを合わせて符号の尤度に換算して最も尤度の高い符号に復号する．

送信シンボルから雑音などによって離れた距離を A/D 変換出力の下位ビットから算出することができる．図 9.8 は，4 値 ASK や 16QAM の Ich または Qch で，d_1，d_2 の 2 bits の 4 値硬判定に加えて 3 bits 軟判定を行う例である．受信信号は 5 桁の A/D 変換され，下位の d_3，d_4，d_5 から軟判定される．d_3 の反転を $\bar{d_3} = d_3 \oplus 1$ とおき，$e_1 = \bar{d_3} \oplus d_4$，$e_2 = \bar{d_3} \oplus d_5$ とする．$(0,0)$，$(0,1)$，$(1,0)$，$(1,1)$ と信号空間上の距離に従う (e_1, e_2) を軟判定結果として用いる．

ここではブロック符号を用いて軟判定の説明をしたが，軟判定は次項で述べる畳み込み符号でより一般に使われる．

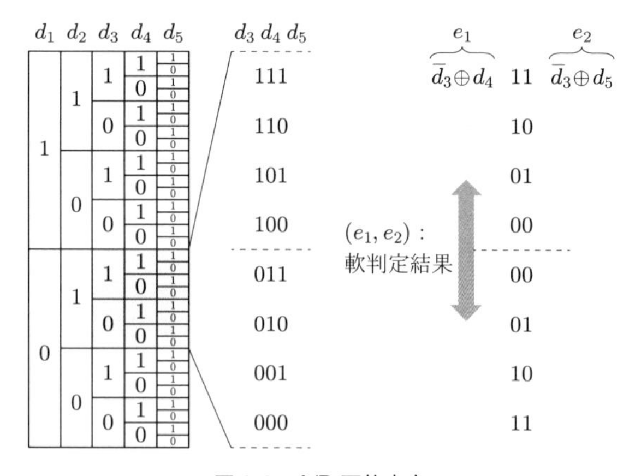

図 9.8　A/D 下位出力

9.2.4 ビタビ復号器と軟判定

誤り訂正には，9.2.1 項で述べたブロック符号ではない符号として，**畳み込み符号**がある．また，畳み込み符号の復号法として，**ビタビ復号** (Viterbi decoding) がある．図 9.9 (a) の例では，符号化率 1/2 の畳み込み符号器で情報ビット 1 bit に冗長ビット 1 bit を加えて 2 bits に符号化している．この符号は通信路で雑音が付加された状態でビタビ復号器に入力される．符号器内部には，前のタイムスロットの入力信号をメモリするシフトレジスタ D_1，D_2 がある．このメモリの内容を**状態**とよび，情報ビット d_i が入力されるたびに，図 9.9 (b) に示すように状態 D_1，D_2 が遷移し，d_{o1}，d_{o2} が出力される．各矢印のそばの 00/0 や 11/1 などの数字は $d_{o1}d_{o2}/d_i$ を表す．

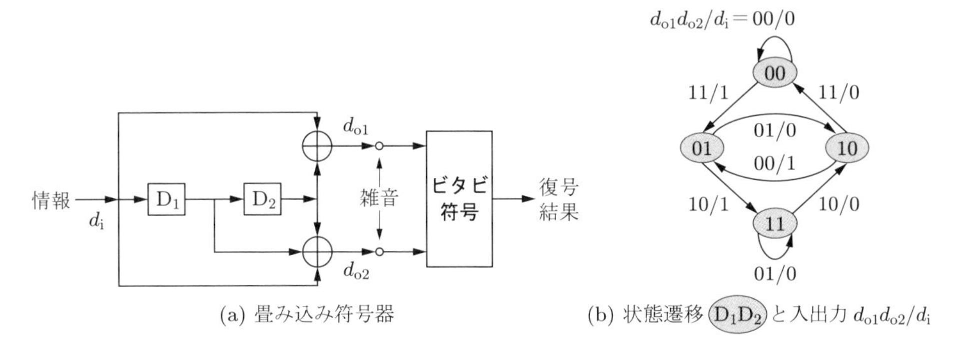

(a) 畳み込み符号器　　(b) 状態遷移 D_1D_2 と入出力 $d_{o1}d_{o2}/d_i$

図 9.9　**畳み込み符号器，ビタビ復号の構成と状態遷移図**

ビタビ復号器では，この状態遷移を受信信号から推定した結果により復号を行う．ビタビ復号器では，横軸を時系列として状態の遷移を示す，図 9.10 の**トレリス線図** (trellis diagram) を用いる．図の破線は符号器入力が 0，実線は符号器入力が 1 の遷移を示す．

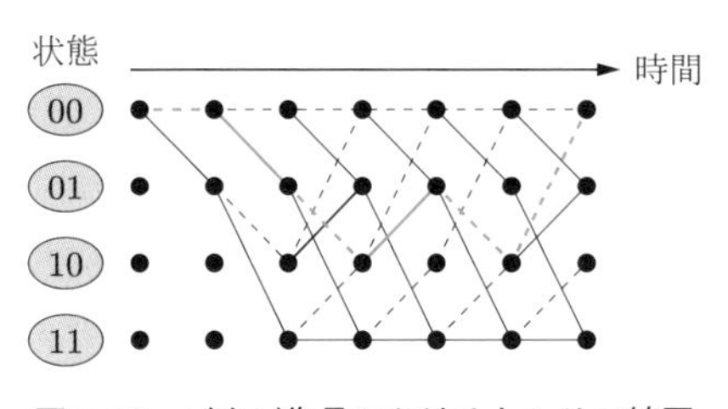

図 9.10　**ビタビ復号におけるトレリス線図**

それぞれの遷移の確からしさを示す**ブランチメトリック** (branch metric) を算出し，ブランチメトリックを合計して経路の確からしさである**パスメトリック** (path metric) として，最も確からしいパスに対応する復号結果を出力する．図 9.10 では青色の太線のパスが選択され，これに対応する符号器入力 010100 が復号結果となる．この際にブランチメトリックの算出に軟判定結果を用いることで，パスメトリックが軟判定結果の合計となり，より精度高くその確からしさを表し，復号能力を向上させることができる．

9.2.5 符号化変調

雑音は変調信号空間上のシンボルの位置に影響するため，前節ではこのシンボル位置を復号の際に軟判定により評価する方法が有効であることを述べた．

符号化変調 (coded modulation) では，さらに変調信号空間上のシンボル位置と誤り訂正符号化を組み合わせる．変調信号空間上で遠いシンボルに誤る確率は低く，隣接のシンボルに誤る確率が高いことを利用して，誤り訂正と信号配置を決定する．これにより，多値変調において高い符号化利得を得る．

図 9.11 は符号化 OPSK (8PSK) の例である．2 bits の情報を 3 bits の符号に符号化し，この 3 bits で OPSK 変調を行う．この際に a_1 のみを符号化率 1/2 の畳み込み符号器に入力して，符号化ビット b_1，b_0 を得る．a_2 はそのまま非符号化ビット b_2 となる．符号化率が低いほど誤り訂正符号能力は高いため，符号化率 2/3 の符号を用いるより，b_1，b_0 を強力に誤り訂正できる．しかし，b_2 は誤り訂正されない．

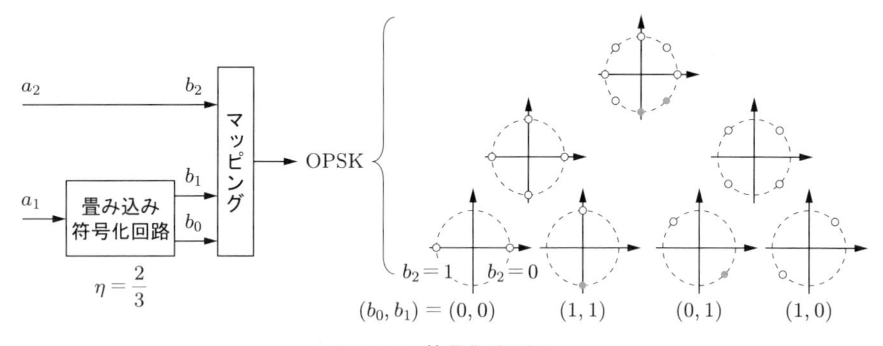

図 9.11　符号化 OPSK

b_0，b_1，b_2 はマッピング回路で変調信号空間上の OPSK シンボルに配置される．その際に，b_0，b_1 が符号化ビット，b_2 が非符号化ビットであることを利用する．

具体的には図 9.11 にあるように，$(b_0, b_1) = (0,0), (1,1), (0,1), (1,0)$ に対応するシンボルの位相を $(\varphi_0, \varphi_1) = (0, \pi), (\pi/2, 3\pi/2), (3\pi/4, 7\pi/4), (\pi/4, 5\pi/4)$ とする．すなわち，$(b_0, b_1) = (0,0)$ のとき，位相は 0，π のいずれかとなる．さらに OPSK シンボルの位相は，$b_2 = 0$ の場合 φ_0，$b_2 = 1$ の場合 φ_1 となる．すなわち，$(b_0, b_1, b_2) = (0,0,0)$ であれば位相は 0，$(b_0, b_1, b_2) = (0,0,1)$ であれば π となる．

誤り訂正によって，(b_0, b_1) は強力な誤り訂正で復号され，2 シンボルの組 (φ_0, φ_1) は正しく得られる率が高い．一方で，b_2 は非符号化ビットで誤り訂正されない．しかし，正しく復号された (b_0, b_1) に対応する 2 シンボル間の変調信号空間上のユークリッド距離は大きく，φ_0 と φ_1 の間で誤る確率は低い．たとえば，強力な誤り訂正で $(b_0, b_1) = (0, 0)$ を正しく得られれば，そのうえで $\varphi = 0$ をユークリッド距離が大きい $\varphi = \pi$ と誤る確率は低い．

図 9.11 では，青色のシンボル $\varphi = 3\pi/2$ を隣接するシンボル $\varphi = 7\pi/4$ に誤った場合でも，誤り訂正によって $(b_0, b_1) = (1, 1)$ と復号されている．さらに，受信シンボルからユークリッド距離の遠いシンボル $\varphi = \pi/2$ ではなく，正しいシンボル $\varphi = 3\pi/2$ に復号されている．

このように，符号化変調では，誤る確率の高いシンボル間に強力な誤り訂正を施すことで，効率的に高い符号化利得を得ることができる．

9.2.6 符号化 16QAM

図 9.12 (a) に符号化 16QAM の構成を示す．3 bits の情報を符号化率 1/2 の畳み込み符号器で符号化し，2 bits の符号化ビット b_0，b_1 と 2 bits の非符号化ビット b_2，b_3 をマッパーで変調信号空間上の 16 シンボルにマッピングしている．同じ符号

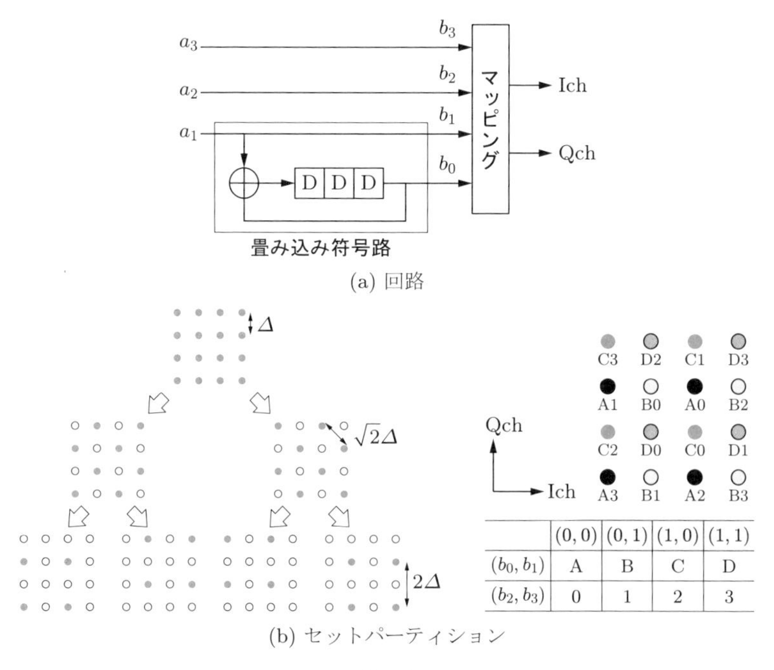

(a) 回路

	(0, 0)	(0, 1)	(1, 0)	(1, 1)
(b_0, b_1)	A	B	C	D
(b_2, b_3)	0	1	2	3

(b) セットパーティション

図 9.12　符号化 16QAM

化ビットに対応するシンボルを離すために，**セットパーティション** (set partition) とよばれる手法で，図 (b) の左側のようにシンボルを交互に選択して 2 組に分類することを順次行い，4 シンボルずつの 4 組に分ける．一つの組の中の 4 シンボルは離れているため，これらのシンボル間での誤る確率は低い．この 4 組を (b_0, b_1) に対応する A，B，C，D とする．さらに，非符号化ビット (b_2, b_3) に対応して 0，1，2，3 として，16 シンボルを図 (b) の右側のように配置する．なお，非符号化ビット 0，1，2，3 は 8.4.7 項 (p. 150) で示した回転対称配置にしている．16QAM のシンボル間のユークリッド距離を Δ とおくと，同一符号化ビット b_0，b_1 のシンボル間距離は 2Δ となり，これは QPSK に相当する．伝送できる情報ビット数は a_1，a_2，a_3 の 3 bits なので，OPSK 相当になる．

9.3 スペクトル拡散

スペクトル拡散という技術では拡散符号を用いて変調信号の帯域を拡散する．帯域が広がり，他の信号と同じ周波数となり，干渉するが，復調側で同じ拡散符号で逆拡散することで，希望波のみを抽出することができる．スペクトル拡散には直接拡散と周波数ホッピングがあり，それぞれについて紹介する．また，拡散符号の条件について述べる．スペクトル拡散は秘匿性や耐干渉性に優れることから広く利用されており，携帯電話の CDMA や無線 LAN，GPS などでも用いられる技術である．

9.3.1 スペクトル拡散の概要

これまで述べてきた無線局は互いに干渉しないように，ある時間，ある場所において割り当てられた周波数帯域幅を占有する．占有帯域幅あたりの伝送情報量である周波数利用効率は，無線システムを評価する一つの指標である．変調方式の多値化はこの指標を向上するための代表的な周波数有効利用技術である．また，TDMA は必要に応じてユーザに時間を割り当て，無線資源の有効利用を図る．空間の有効利用については，5.3.2 項 (p. 95) で述べた小セル化や，後述する MIMO による空間多重などの技術が開発されている．無線通信の資源は限られているので，上記のような技術で少ない周波数，時間，空間を占有させ，多くの情報を伝送することが重要である．

一方，**スペクトル拡散** (spread spectrum) は違う発想に基づくものであり，周波数帯域を拡大し，同時に近い場所で複数の無線局が同じ周波数で変調された信号を用いる．重なって受信された信号は受信後に分離される必要がある．これまで述べた変調では，各無線局に個別の周波数または時間を割り当てたのに対し，スペクトル拡散では，互いに直交する拡散符号を割り当てる．ここで，符号が直交するとは，つぎの

9.3.2 項で述べるように符号の相互相関が 0 に近いことを意味する．

送信機では，PSK や QAM で変調された信号のスペクトルを拡散符号で広げる．最初の PSK などによる変調を一次変調，つぎの符号による拡散を二次変調とよぶ．受信側は同じ拡散符号で逆拡散することで一次変調信号を得る．その際に他の拡散符号で拡散された信号が混信しても，符号の直交性により逆拡散の際に打ち消される．

デジタル変調方式が PSK や QAM のグループと，FSK のグループに分類されるように，スペクトル拡散は**直接拡散**（DSSS：direct sequence spread spectrum）と**周波数ホッピング**（FHSS：frequency hopping spread spectrum）に分類される．それぞれの詳細は次項以降で述べる．スペクトル拡散は雑音や干渉に強いほか，秘匿性にも優れている．そのため，軍事用に技術開発が進み，その後民生用機器への応用が拡がった．2000 年に実用化された第 3 世代携帯電話の CDMA 技術や，1999 年に標準化された無線 LAN・Wi-Fi の標準規格 IEEE 802.11b の CCK (complementary code keying) 技術をはじめ，Bluetooth や GPS などにも広く利用されている．

9.3.2　符号の直交性

二つの符号 A と B があり，この符号が直交するとは，ある演算 X に対して $\mathrm{X}(A, B) = 0$ となり，$\mathrm{X}(A, A) \neq 0$ かつ $\mathrm{X}(B, B) \neq 0$ となることである．このように直交する場合，A と B が混信した $A + B$ が受信されたとき，受信側で

$$\mathrm{X}((A+B), A) = \mathrm{X}(A, A) + \mathrm{X}(A, B) = \mathrm{X}(A, A),$$
$$\mathrm{X}((A+B), B) = \mathrm{X}(B, B)$$

が得られる．一般に，$\mathrm{X}(A, B)$ が 0 に近いほど，A と B は直交性が高いという．

一例として，図 9.13 のように 4 bits の符号を $A = (+1,\ -1,\ +1,\ -1)$，$B = (+1, +1, -1, -1)$ とし，演算 X を内積とすると，

$$\mathrm{X}(A, A) = 4, \qquad \mathrm{X}(B, B) = 4, \qquad \mathrm{X}(A, B) = 0$$

となり，この二つの符号は直交している．また，

$$\mathrm{X}(A, -A) = \mathrm{X}((+1, -1, +1, -1), (-1, +1, -1, +1))$$
$$= -4 = -\mathrm{X}(A, A),$$
$$\mathrm{X}(B, -B) = -\mathrm{X}(B, B)$$

となる．

このことから，演算として内積を符号長 $n = 4$ で割ったものを考えると，図 9.13 のように，符号 A，B に $+$ または $-$ を掛けて合成された信号は，受信側で A または

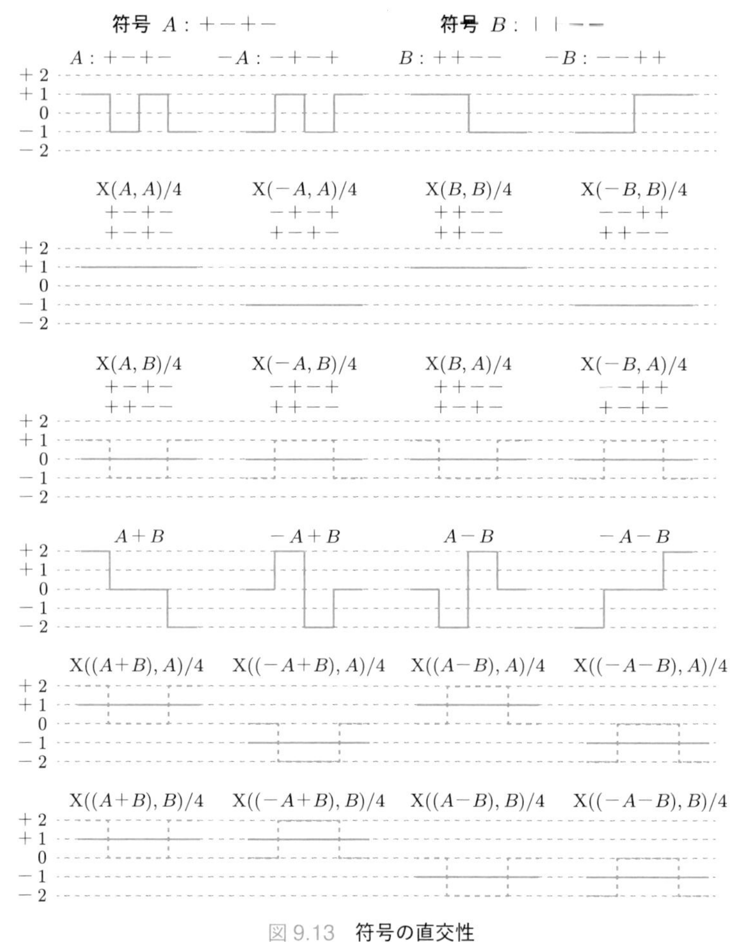

図 9.13　符号の直交性

B と演算することで，それぞれの $+$ または $-$ を得ることができる．

図 9.13 では符号 A，B と演算結果を示している．1 段目は符号 $\pm A$，$\pm B$ である．これに対して，2 段目は A と $\pm A$，B と $\pm B$ の演算結果で，± 1 が得られる．3 段目は $\pm A$ と $\pm B$ の演算を示しており，各要素ごとの積が破線で示され，これを平均することで 0（実線）となる．4 段目は $(\pm A) + (\pm B)$ を示している．それぞれ A と演算すると A の成分が得られ（5 段目），B と演算すると B の成分が得られる（6 段目）．

実際に，A が $+$ で B が $-$ である $A - B = (0, -2, +2, 0)$ を A で演算すると

$$\begin{aligned}\mathrm{X}((A - B), A) &= (0, -2, +2, 0)(+1, -1, +1, -1)\\ &= (0 + 2 + 2 + 0)/4 = +1\end{aligned}$$

となり，各ビットの平均は $+1$ で A が $+$ であり，B で演算すると

$$\mathrm{X}((A-B),B) = (0-2-2+0)/4 = -1$$

となり，B が $-$ であることがわかる．

このように，二つの符号 A，B が通信路で合成された信号 $(\pm A)+(\pm B)$ を受信しても，復調において，受信信号をそれぞれの符号と演算することで A，B を分離することができる．

9.3.3　直接拡散

直接拡散の原理を図 9.14 に示す．ビットレート[†2] $1/T$ [bps] で情報（図では 1, 0, 0, ...）が発生する．この情報で一次変調（図では BPSK）を行う．情報の各ビットに対応して，± 1 の BPSK シンボル（図では $+1, -1, -1, \ldots$）に変調される．これに時間長 T の拡散符号 C を掛ける．拡散符号を構成する個々の ± 1 のパルスを**チップ** (chip) とよぶ．チップ数 n の拡散符号 C において，1 秒あたりのチップ数であるチップレートは n/T [cps]（cps：chips per second）であり，変調波の帯域は一次変調波の n 倍になる．拡散により，変調されたシンボルが $+1$ の場合は符号 C が，シンボルが -1 の場合は C を反転した符号 $-C$ が得られる．このように送りたい情報を載せた波を**希望波**とよぶ．

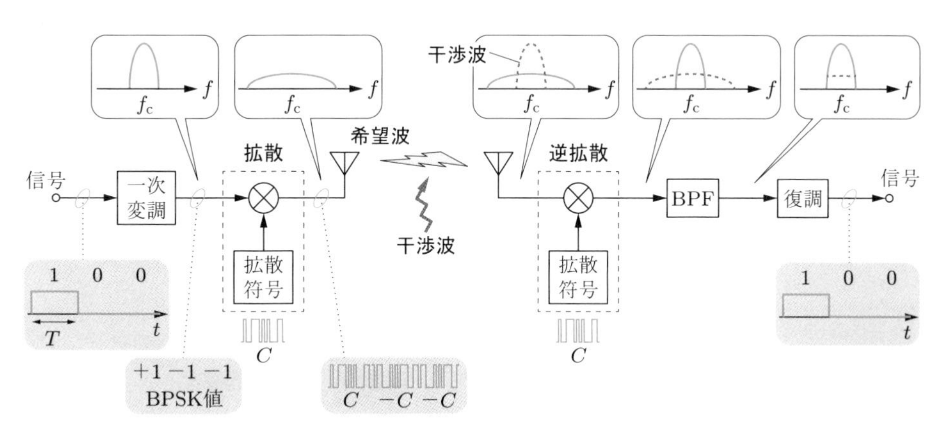

図 9.14　直接拡散符号

受信信号は送信側と同じ拡散符号 C で逆拡散を行う．受信符号 C と逆拡散符号 C の場合，チップごとには $(+1)\times(+1)$ または $(-1)\times(-1)$ になるので，符号 C の時間長 T の間，$+1$ になる．同様の受信符号が $-C$ のときは -1 となり，ビットレート $1/T$ の一次変調信号が得られる．

†2　1 秒あたりの情報ビット数で定義される．

これに対して，拡散符号 C とは異なる拡散符号で拡散されている，あるいは図のように拡散されていない干渉波信号が，受信側において逆拡散符号 C で逆拡散されると，ビットレート $1/T$ の一次変調信号に逆拡散されず，広帯域のままである．

電力が同じ信号を逆拡散した信号では，帯域内の周波数で積分した電力は同じになる．したがって，図 9.14 のように，広い帯域の信号の電力スペクトル密度は低くなる．このため，BPF で希望波の帯域はそのままに，干渉波の電力を低減できる．

6.2.1 項 (p. 106) で示した CDMA は直接拡散を利用したものである．図 6.10 において，各端末に互いに直交する拡散符号が割り当てられる．この符号をもって拡散することで，通信路で各端末からの信号が重なって受信されても，それぞれの拡散符号で逆拡散すれば，その符号で拡散された信号のみを分離して復調することができる．

9.3.4 周波数ホッピング

図 9.15 に**周波数ホッピング**（FH：frequency hopping）の原理を示す．スペクトル拡散していない 2 値の FSK である BFSK (binary FSK) では，1 bit の情報 0，1 に対応して $f_{(0)}$ または $f_{(1)}$ の周波数チャネルの変調波が送信される．図は情報が 011010 の例である．BFSK では 2 チャネルあるのに対して，周波数ホッピングでは拡散することでチャネルの数を増やす．図の低速 FH の例では，帯域を 4 倍に拡散し，$f_{1(x)}$ として $f_{1(0)}$，$f_{1(1)}$ を用意し，同様に $f_{4(1)}$ まで計八つの周波数チャネルを用意する．送受間で定められる拡散符号により，$f_{i(x)}$ $(= f_{1(x)}, f_{2(x)}, f_{3(x)}, f_{4(x)})$ で周

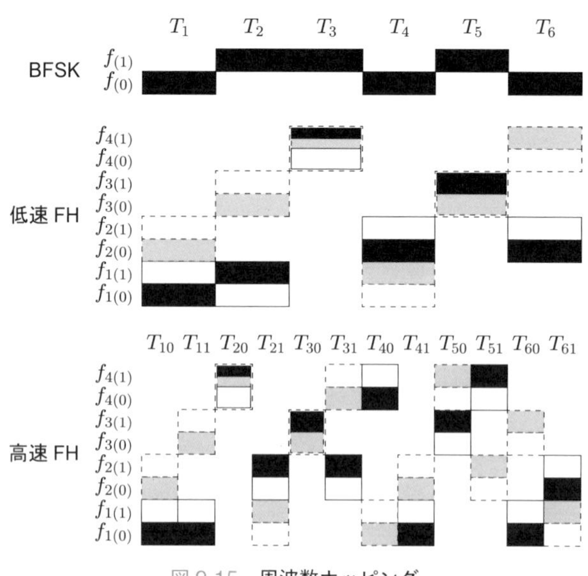

図 9.15　周波数ホッピング

波数をホップする．すなわち，拡散符号 c_i に対して，$t = iT$ で i において $f_{c_i(x)}$ が選ばれ，その時点の情報が $a_i = 0$ ならば $f_{c_i(0)}$ が，$a_i = 1$ ならば $f_{c_i(1)}$ が送信周波数となる．x は 1 bit 情報に対応して，i は拡散符号によって決まる．図の低速 FH では，黒と青の 2 端末が同じ 8 チャネルを利用している様子を示す．実線，破線が 2 端末それぞれのホップを示す．黒の端末の符号は実線で示すように 1，1，4，2，3，2 であり，チャネル $f_{1(x)}$，$f_{1(x)}$，$f_{4(x)}$，$f_{2(x)}$，$f_{3(x)}$，$f_{2(x)}$ とホッピングしている．青の端末には，破線で示すように別の符号 2，3，4，1，3，4 が割り当てられている．さらに，$f_{i(x)}$ のタイムスロットでは，送信情報によって $f_{i(0)}$ または $f_{i(1)}$ が選択され，送信される．

各無線局には異なる符号を割り当てることで，同じ 8 チャネルを用いても，それぞれのタイムスロットでは符号に対応したチャネルのみを受信するので，T_1，T_2 では混信しない．ただし，無線局が増えると，異なる符号でも異なる無線局でチャネルが重なるタイムスロットが発生する．T_3 では 2 端末の同じチャネル $f_{4(x)}$ で衝突しているが，いずれも $f_{4(1)}$ となり，ともに復調できる．これに対して，T_5 ではいずれでも $f_{2(x)}$ は黒，青で $f_{2(0)}$，$f_{2(1)}$ に分かれたため，復調の際にこのビットが消失する．消失する率が小さければ，通信路符号化（誤り訂正，消失訂正）で訂正することが可能となる．

図 9.15 の高速 FH では，1 bit の情報を送信する際に拡散符号によって，ホップする．図では，青色の端末で第 1 ビットの 0 を送信する際に $f_{2(0)}$，$f_{3(0)}$ と周波数をホップしている．情報ビットの継続時間長は拡散符号ビットの時間長の整数倍になっている．ただし，拡散による帯域の広がりは低速 FH と同じ 8 チャネルである．この場合，$T_{3(0)}$ で消失があるが，$T_{3(1)}$ でそれぞれの情報（黒は 1，灰色は 0）が得られる．

周波数ホッピングでは，各端末に異なる拡散符号を割り当てることで，衝突率を下げて安定した通信を行う．周波数ホッピングが用いられている **Bluetooth** は，**Wi-Fi**（**無線 LAN**）と同様に 2.4 GHz 帯の **ISM バンド**（industrial scientific and medical band：産業科学医療用バンド）を用いている．ISM バンドは電子レンジなど電波のエネルギーを利用するシステムで用いられるため，さまざまな干渉があるバンドである．Bluetooth では，2402〜2480 MHz の 1 MHz ごとに 79 チャネルを設定し，1 秒間に 1600 ホップする．

9.3.5　符号の条件

スペクトル拡散には直交する符号が必要であり，とくに CDMA を適用し，多数の端末が利用する携帯電話などにおいては，良い符号を設計することは重要である．符号の評価基準として，「自己相関」「相互相関」「符号数，符号長」がある．

(1) 自己相関

自己相関特性が良い符号であるほど，符号同期の誤り率を低減できることを説明する．

符号 $A=(a_0, a_1, a_2, \ldots, a_{n-1})$ が $a_x = \ldots, a_{n-2}, a_{n-1}, a_0, a_1, a_2, \ldots, a_{n-1}, a_0, a_1, a_2, \ldots$（$a_x=0$ または 1）と繰り返して与えられるとき，符号の先頭ビット a_0 を見つける符号同期が必要となる．このため，n [bits] の連続する信号 $(a_x, a_{x+1}, \ldots, a_{x+n-1})$ と a_0 から始まる符号 $(a_0, a_1, a_2, \ldots, a_{n-1})$ について，図 9.16 の回路によって，

$$R_x = \frac{1}{n}\sum_{i=0}^{n-1} a_i \oplus a_{x+i} \tag{9.3}$$

を求めることにより符号同期する．ここで，$\oplus$ は排他的論理和を表し，a_i と a_{x+i} が等しいとき $a_i \oplus a_{x+i} = 1$，等しくないとき $a_i \oplus a_{x+i} = 0$ とする．$x = Mn$（M：整数），すなわち同期のとれた信号であれば，$R_x = 1$ となる．$x \neq Mn$ のとき $R_x \neq 1$ であれば，R_x を求めることで符号同期が可能となる．

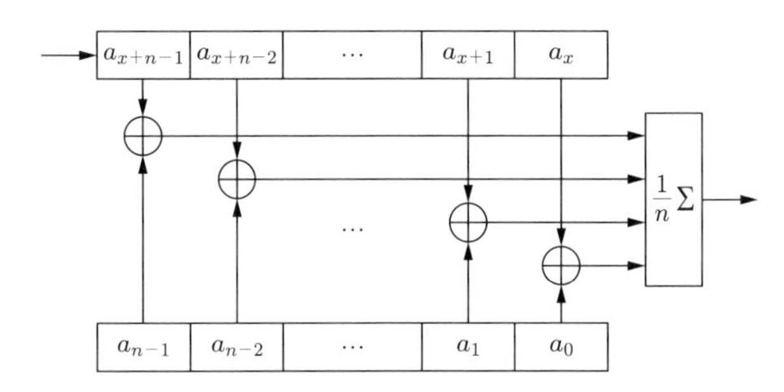

図 9.16　**符号同期回路**

R_x が 1 であれば同期とみなすので，$x \neq Mn$ における R_x と 1 の差が大きいほど，符号同期誤り率は低い．そこで，位相が 0 の符号 A と，同じ符号 A で k [bits] 位相がシフトした符号における各ビットの一致率を，自己相関を用いて

$$R_{aa}(k) = \frac{1}{n}\sum_{i=0}^{n-1} a_i \oplus a_{i-k} \tag{9.4}$$

と定義し，$R_{aa}(k)$ $(k \neq 0)$ の最大値が 1 よりは 0 に近い符号，すなわち自己相関特性の良い符号を用いる．自己相関特性の良い符号の例を図 9.17 に示す．図中の表で「一致 (A)」は a_i と a_{i-k} が一致し，$a_i \oplus a_{i-k} = 1$ となるビット数を示す．

自己相関特性の良い符号においては，$k=0$ では 7 bits が一致して $R_{aa}=1$ となり，$k \neq 0$ では 3 bits が一致して $R_{aa}=3/7$ となる．$k=0$ においてビット誤りが

$A = (1,1,1,0,0,1,0)$

k	符号系列	一致 (A)	R_{aa}
-3	0 0 1 0 1 1 1	3	3/7
-2	1 0 0 1 0 1 1	3	3/7
-1	1 1 0 0 1 0 1	3	3/7
0	1 1 1 0 0 1 0	7	1
1	0 1 1 1 0 0 1	3	3/7
2	1 0 1 1 1 0 0	3	3/7
3	0 1 0 1 1 1 0	3	3/7

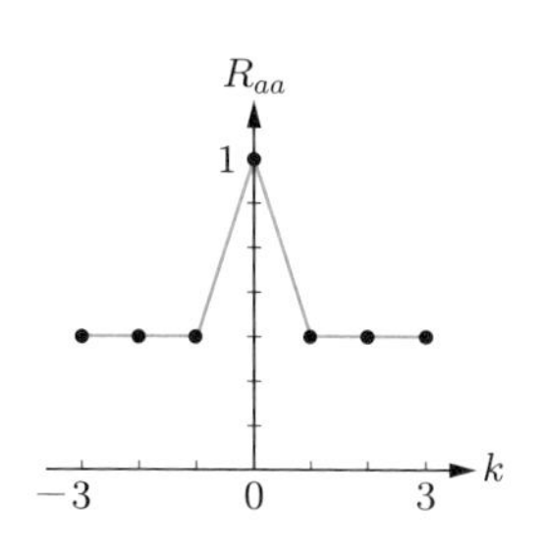

図 9.17　自己相関特性の良い符号

なければ 7 bits が一致するが，1 bit 誤りがあれば一致ビット数は 6 bits となる．しかし，$k \neq 0$ においては一致ビット数が 3 bits であり，3 bits の誤りが起こった場合に 6 bits 一致となるが，その確率は低い．このことから 6 bits 一致で同期とみなすことができる．

一方，自己相関特性の悪い符号の例を図 9.18 に示す．この符号の場合，$k = \pm 3$ において 5 bits 一致する．このため，6 bits 一致している場合，$k = \pm 3$ あるいは $k = 0$ のいずれで 1 bit 誤りがあったのか判別できない．したがって，このような符号は利用に適さない．

$A = (1,1,0,0,1,1,0)$

k	符号系列	一致 (A)	R_{aa}
-3	0 1 1 0 1 1 0	5	5/7
-2	0 0 1 1 0 1 1	1	1/7
-1	1 0 0 1 1 0 1	3	3/7
0	1 1 0 0 1 1 0	7	1
1	0 1 1 0 0 1 1	3	3/7
2	1 0 1 1 0 0 1	1	1/7
3	1 1 0 1 1 0 0	5	5/7

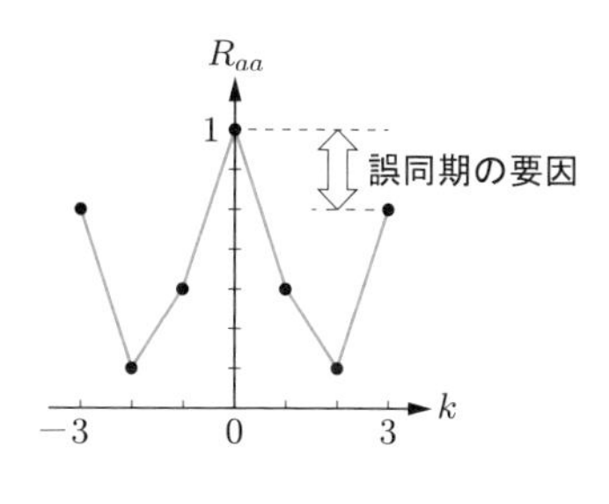

図 9.18　自己相関特性の悪い符号

(2) 相互相関

相互相関特性が良い符号であるほど，他端末からの干渉を低減できることを説明する．

異なる拡散符号で拡散された信号を割り当てられた拡散符号で逆拡散すると，これらの符号の直交性から干渉がなくなることを 9.3.3 項で述べた．直交性を示す拡散符号と逆拡散符号の一致率は符号の相互相関で評価できる．

符号 $A=(a_0, a_1, \ldots, a_{n-1})$ と符号 $B=(b_0, b_1, \ldots, b_{n-1})$ の相互相関は

$$R_{ab}(k)=\frac{1}{n}\sum_{i=0}^{n-1} a_i \oplus b_{i-k} \tag{9.5}$$

で定義される．符号 A, B の位相差 k にかかわらず R_{ab} が 0 に近い，すなわち相互相関特性が良いほど，干渉波である符号 B の影響は逆拡散によって小さくなる．一例として，符号長 31 で自己相関特性の良い二つの符号

$$a_i = 1111100011011101010000100101100$$

$$b_i = 1111100110100100001010111011000$$

の相互相関 R_{ab} は図 9.19 のようになる．いずれの k でも 1 には遠く，干渉の影響を低減できる．

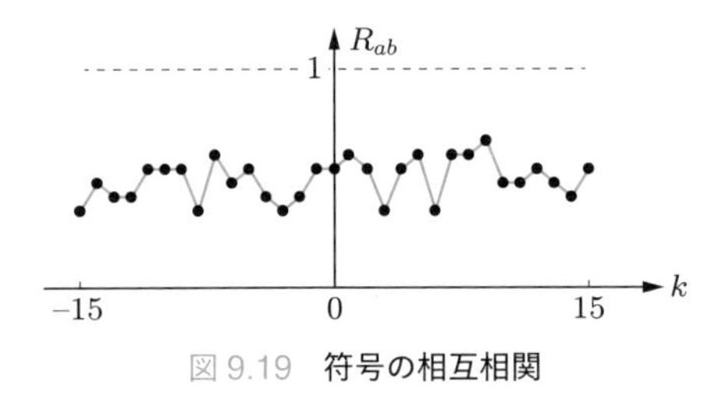

図 9.19　符号の相互相関

(3) 符号数，符号長

直交性の高い符号が多いほど，多くの端末で利用できる．

携帯電話システムにおいて，一つの基地局が多くの端末と通信するにはそれぞれの端末に直交する符号を割り当てるため，符号数を多くする必要がある．このため，**符号長**が長くなる．また，帯域を広く拡散するためにも長い符号長が必要となる．

基本的符号として **M 系列符号**があり，この段数を増やすことで符号長を長くすることができる．また，**Gold 符号**により**符号数**を増やす手法が用いられている．これらについて次項で述べる．

9.3.6　符号の生成

拡散符号として **PN 系列**（pseudo noise sequence：**疑似雑音系列**）が用いられる．中でも **M 系列**（maximum length shift register 系列の略）が代表的である．これは，図 9.20 に示す線形帰還シフトレジスタにすべての i で $d_i=0$ である「全 0」以外の初期値を与えて生成される．s 段のシフトレジスタ d_i $(i=0,1,\ldots,s-1)$ にメモリされたビットは周期 T ごとに更新されるとともに，出力はゲート g_i $(i=1,2,\ldots,s)$

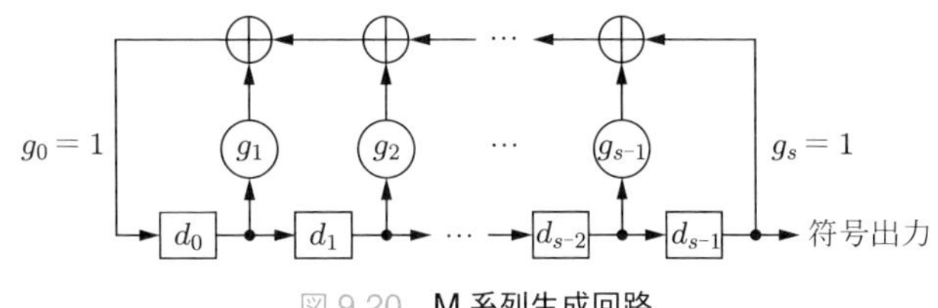

図 9.20　M 系列生成回路

を通ったビットと排他的論理和で Modulo 2 加算され，g_0 を通して d_0 にフィードバックされる．帰還路において，$g_i = 1$ のゲートは ON でシフトレジスタ出力はそのまま排他的論理和回路に入力され，$g_i = 0$ のゲートは OFF で信号は遮断される．最終段のシフトレジスタ出力が符号出力となる．

状態 $(d_0, d_1, \ldots, d_{s-1})$ が 2^s 通りあり得る中で，シフトレジスタ d_i は初期値から順次遷移する．状態が全 0 の場合は，それ以降 0 が継続して出力されるため，全 0 以外の初期値を用いる．状態は順次遷移するが，途中で状態が初期値となるとそこで系列は終わり，それまでの符号出力ビット数が系列長になる．それ以降出力からは同じ符号が繰り返される．状態は 2^s 通りあり得るが，全 0 を除かれるため，最長系列は $2^s - 1$ となる．

図 9.21 に $s = 4$ で $g_0 = g_1 = g_4 = 1$，$g_2 = g_3 = 0$ の場合について示す．ゲート g_1 と g_4 が ON であり，[4, 1] 系列とよぶ．初期値を $(d_0, d_1, d_2, d_3) = (0, 0, 0, 1)$ として，つぎの状態では d_3 と d_0 の排他的論理和が d_0 にフィードバックされる．これを繰り返し，d_3 から符号となる PN 系列が出力される．この場合，系列長は $15 = 2^4 - 1$ であり，最長系列となる．

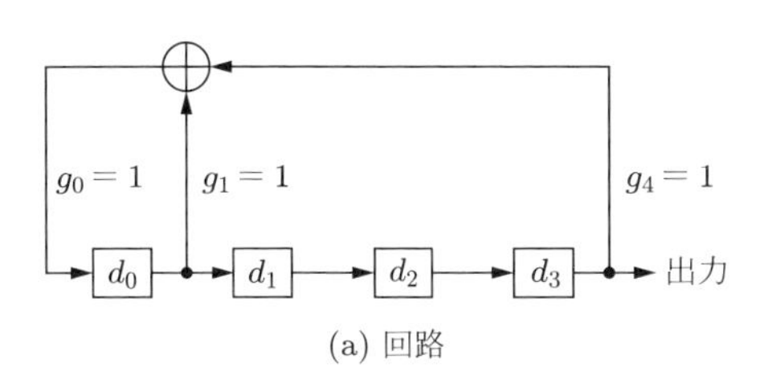

(a) 回路

$\longrightarrow t$

d_0　0 1 1 1 1 0 1 0 1 1 0 0 1 0 0 0 1 1
d_1　0 0 1 1 1 1 0 1 0 1 1 0 0 1 0 0 0 1
d_2　0 0 0 1 1 1 1 0 1 0 1 1 0 0 1 0 0 0
d_3　1 0 0 0 1 1 1 1 0 1 0 1 1 0 0 1 0 0

PN 系列　⇧ 初期値と同じ

(b) 状態遷移

図 9.21　PN 系列 [**4, 1**]

最長系列を与える g_i は，系列長 $n\ (= 2^s - 1)$ ごとに，

$$n = 3\text{: } [2,1],\ 7\text{: } [3,1],\ 15\text{: } [4,1],\ 31\text{: } [5,2], [5,4,3,2], [5,4,2,1], \ldots$$

などが知られている．長い系列では

$$n = 2147483647\ (= 2^{31} - 1)$$
$$: [31,29,21,17], [31,28,19,15], [31,3], [31,3,2,1], [31,13,8,3]$$

などとなる．

端末の多いシステムにおいては M 系列より多い符号数の拡散符号が必要となる．このため，図 9.22 に示すように，周期の等しい二つの M 系列の位相を変えて排他的論理和で合成する Gold 符号が用いられる．系列長 n に対して位相を $n-1$ 種類変えて符号が得られるため，多くの符号が必要な場合に適する．

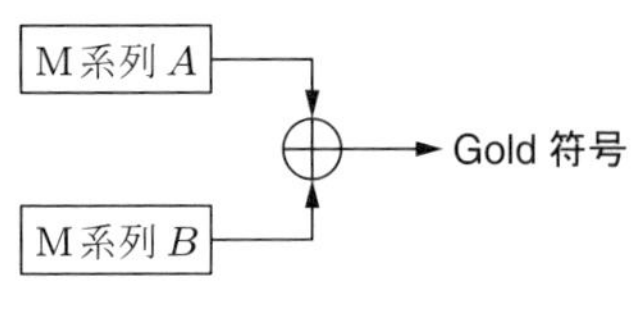

図 9.22　Gold 符号生成回路

9.4 OFDM

本節では，**OFDM（直交周波数分割多重**，orthogonal frequency division multiplexing）について説明する．これは，高速化のため広帯域となる変調波を周波数領域で複数のサブキャリアに分割する技術である．サブキャリア間の干渉が起こらないように，各サブキャリア変調波を互いに直交させて分割することから，この名でよばれる．サブキャリアは狭帯域となるため，マルチパスの影響を抑圧できる．OFDM 変復調器を実現するには，離散フーリエ／逆フーリエ変換を用いる．変調側では，情報は周波数領域に並べられ，逆フーリエ変換によって時間領域で連続変調波となる．復調側では，フーリエ変換によって個別の周波数成分を抽出することで，その周波数に対応する情報を得る．デジタル放送や無線 LAN で実用化された後，広く利用されている技術である．

9.4.1 OFDM の目的と適用例

通信や放送分野では，情報量の増加，画像の高精度化のため，大容量システムが開発されている．このためスペクトルが広くなる傾向がある．

一方で，これまでで述べたように，無線通信路ではマルチパス伝搬となり，通信路に周波数領域の歪みが発生する．図 9.23 に示すように，多数の反射波が合成された受信信号電力は複雑な周波数特性をもち，帯域幅が広くなるにつれて歪みの影響は大きくなる．このため，これまでに述べてきた等化器や空間ダイバーシチ以外にもさらに対策が求められる．

直接波と反射波の干渉の様子を時間領域で見ると，図 9.24 のようになる．周期 T のナイキストパルスが，情報が載ったシンボルを表す．そこで，この時間長 T を

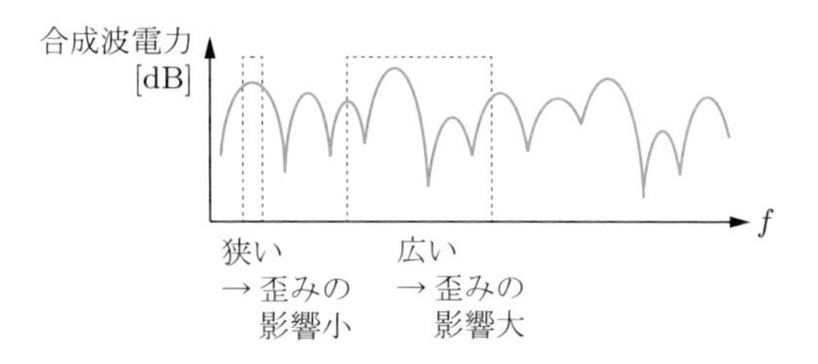

図 9.23　マルチパス通信路の広帯域信号への影響

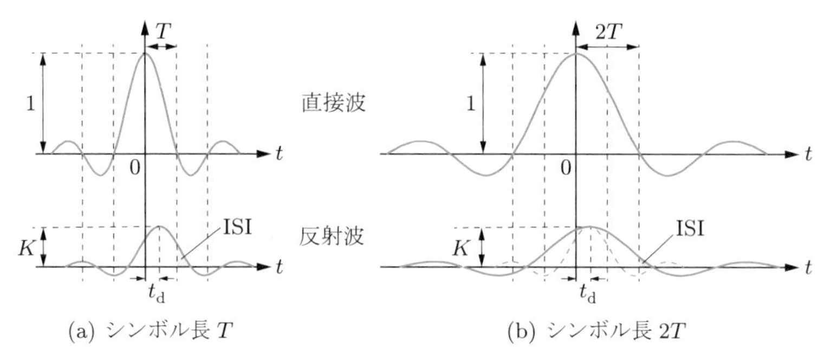

図 9.24　マルチパスの影響（時間領域）

シンボル長とよぶ．時刻 $t = 0$ で振幅 1 の直接波に対して，反射波は減衰により振幅 K，遅延時間 t_d である．反射波の時刻 $t = T$ における振幅が隣接符号への符号間干渉 (ISI) となる．

図 9.23 から，同じ K，t_d の場合，シンボル長を $2T$ とすることにより，$t = 2T$ における隣接符号への ISI は小さくなることがわかる．これは，周波数領域の歪みが小さくなったことを時間領域で反映したものである．雑音と ISI の両方が加わることで符号誤りが発生するが，ISI が大きいほど誤り率は大きくなる．

シンボル長 T を $2T$ とすると，伝送できる情報量は 1/2 になるが，帯域も 1/2 となる．そこで図 9.25 のように，1 系列の情報を複数系列に S/P 変換（serial-parallel conversion：直／並列変換）し，それぞれ変調する．周波数領域では複数のスペクトルが並ぶが，合計した帯域は変わらない．ISI が小さくなり，品質は向上するが，変

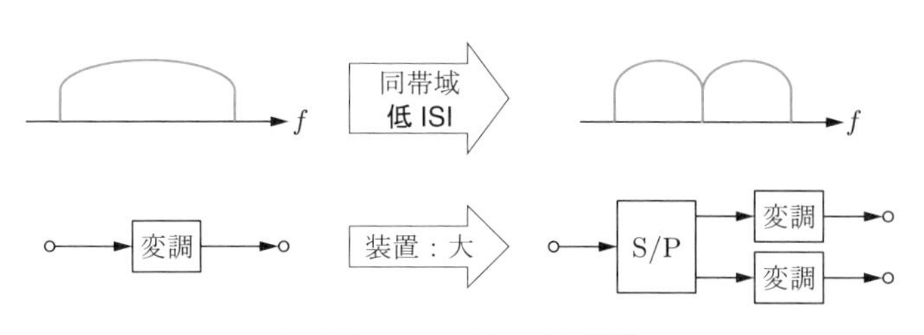

図 9.25　マルチキャリア伝送

復調器が複数必要となる．これは**マルチキャリア** (multi-carrier) とよばれる手法で，装置のデジタル化とともに，マイクロ波中継システムなどで古くから用いられている．

図 9.26 に示すように，できるだけ多くの変調波に分割するほうが歪みの影響は小さくなる．シングルキャリア（①）でマルチパスにより右下がりの周波数特性がある場合，マルチキャリア（②）にすることで各キャリアにおける歪みは小さくなる．さらに数十のキャリアに分割した場合（③）において，マルチパスがあっても各キャリアの波形歪みの影響は小さくなる（④）．ここで，周波数領域で隣接するキャリアへの干渉がないようにするために，隣接キャリアとの周波数差を占有帯域以上にし，ガードバンドを設ける必要があり（⑤），したがって周波数利用効率は下がる．

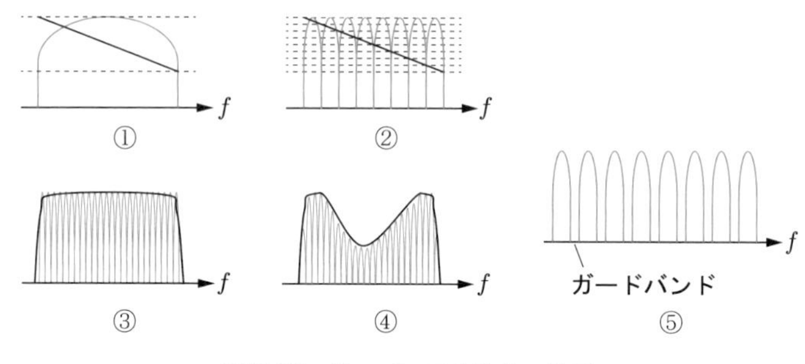

図 9.26　スーパーマルチキャリア

OFDM（直交周波数分割多重）は，図 9.27 ①のように各キャリアが周波数領域で重なるため，全体として矩形に近いスペクトルで，周波数利用効率は高い．OFDM では個別の各キャリアを**サブキャリア** (subcarrier) とよぶ．②は①の一部を横に拡大した図である．周波数領域でサブキャリアは互いに直交し，他のサブキャリアの中心周波数では 0 となる．これにより，隣接サブキャリアに影響を与えない．

このように，サブキャリアが互いに直交することから OFDM (orthogonal frequency division multiplexing) とよばれる．OFDM はデジタル放送や無線 LAN

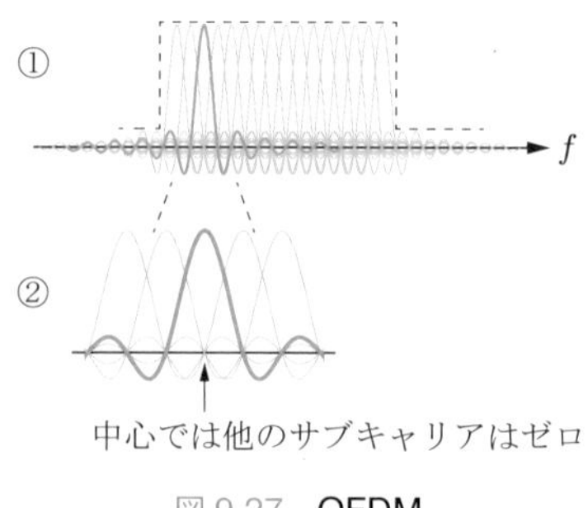

図 9.27　OFDM

などをはじめ，高帯域な無線システムに利用される．OFDM を多元接続に利用した OFDMA (orthogonal frequency division multiple access) は携帯電話などでも利用されている．

9.4.2 OFDM の原理

振幅・位相変調された信号は $s(t) = A(t)\cos\{2\pi f_{\mathrm{c}}t + \varphi(t)\}$ となる．デジタル変調の場合，情報は離散値で，$t = kT$（k：整数）において位相 $\varphi(k)$，振幅 $A(k)$ となり，$kT \leq t < (k+1)T$ の間では $s_k(t) = A(k)\cos\{2\pi f_{\mathrm{c}}t + \varphi(k)\} = \mathcal{R}e[(a(k) + jb(k))e^{j2\pi f_{\mathrm{c}}t}]$ と表現できる．$A(k)$，$\varphi(k)$，$a(k)$，$b(k)$ は，送信する情報 d_{i} によって定まる．ここからは，$\mathcal{R}e$ を省略し，$kT \leq t < (k+1)T$ の間のみを扱うとして k を省略し，$s(t) = (a + jb)e^{j2\pi f_{\mathrm{c}}t}$ と表す．

OFDM では，それぞれ周波数 $n\Delta f$ の搬送波は $t = kT$ における離散値情報 $a_n + jb_n$ で変調され，$s_n(t) = (a_n + jb_n)e^{j2\pi n\Delta ft}$ となる．$kT \leq t < (k+1)T$ における基底帯域変調信号 $s_{\mathrm{B}}(t)$ は，図 9.28 (a) のようにサブキャリア変調波を合成した

$$s_{\mathrm{B}}(t) = \frac{1}{N}\sum_{n=0}^{N-1}(a_n + jb_n)e^{j2\pi n\Delta ft} \tag{9.6}$$

となる．ここで，N はサブキャリア数，Δf はサブキャリアの周波数間隔である．

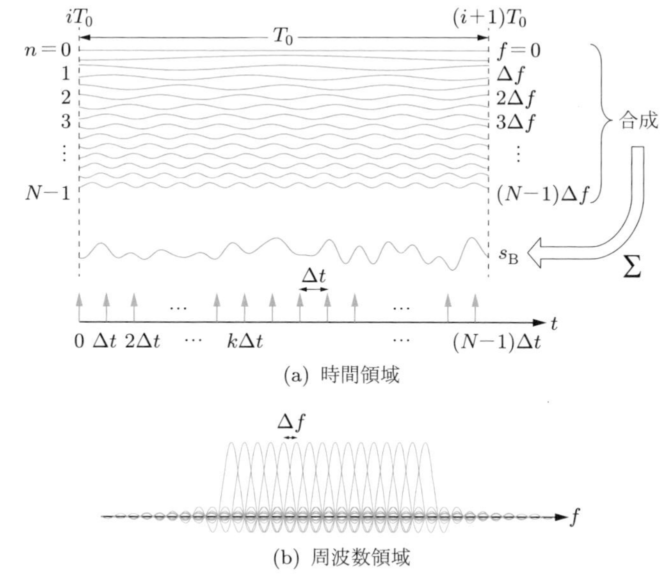

図 9.28　OFDM サブキャリアの合成

基底帯域変調信号は，割り当てられた周波数の帯域通過変調信号にシフトされてから送信される．図 9.28 の基底帯域変調信号では，サブキャリア周波数 f がそれぞれ Δf の n 倍 $(n = 0, 1, 2, \ldots, N-1)$ になっており，サブキャリア周波数 0 のときは定数 $(\cos 0)$ となる．

シンボル長 T $(kT \le t < (k+1)T)$ 内において，$f = \Delta f$ では 1 周期分のサブキャリア搬送波正弦波，$f = n\Delta f$ では T 内に n 周期分の正弦波となる．図 9.28 の例では，各サブキャリアの位相はそれぞれの情報によって QPSK 変調されている．

基底帯域変調信号 $s_{\mathrm{B}}(t)$ は，異なる周波数のすべてのサブキャリアの合成であるので，$s_{\mathrm{B}}(t)$ から各周波数成分 $(a_n + jb_n)e^{j2\pi n\Delta ft}$ を得ることで復調できる．すなわち，受信した変調信号のフーリエ変換を行えば，そのフーリエ係数 $(a_n + jb_n)$ が復調結果として得られる．

9.4.3 離散フーリエ変換

ここで，フーリエ変換，フーリエ級数について改めて振り返る．

時間関数 $v(t)$ の周波数成分はそのフーリエ変換 $V(f)$ となる．$v_{\mathrm{p}}(t)$ が周期関数であれば，$V(f)$ はフーリエ級数展開でき，周波数成分は離散値 c_n と表される．$v_{\mathrm{p}}(t)$ の基本周期 T_0 に対して基本周波数 $f_0 = 1/T_0$ となる．c_n は周波数 nf_0 の関数であり，フーリエ変換に形式を合わせると c_n は $V(n)$ となる．

時間と周波数の関係を拡大すると，周波数領域での周期関数 $V_{\mathrm{p}}(f)$ を逆フーリエ変換することで，時間領域で離散時間 kT_0 の関数 $v(k)$ が得られる．これを離散時間フーリエ変換とよぶ．さらに，時間領域でも周波数領域でも周期関数であれば，いずれも離散関数になる．これらの関係を表 9.1 に示す．

表 9.1　離散フーリエ変換

	t 方向：連続	t 方向：離散，f 方向：周期的
f 方向：連続	フーリエ変換 $V(f) = \int_{-\infty}^{\infty} v(t)e^{-j2\pi ft}\,\mathrm{d}t$ $v(t) = \int_{-\infty}^{\infty} V(f)e^{j2\pi ft}\,\mathrm{d}f$	離散時間フーリエ変換 $V_{\mathrm{p}}(f) = \sum_{k=-\infty}^{\infty} v(k)e^{-j2\pi fkT_0}$ $v(k) = \frac{1}{f_0}\int_{-f_0/2}^{f_0/2} V_{\mathrm{p}}(f)e^{j2\pi fkT_0}\,\mathrm{d}f$
f 方向：離散 t 方向：周期的	フーリエ級数 $c_n = \frac{1}{T_0}\int_{-T_0/2}^{T_0/2} v_{\mathrm{p}}(t)e^{-j2\pi nf_0t}\,\mathrm{d}t$ $v_{\mathrm{p}}(t) = \sum_{n=-\infty}^{\infty} c_n e^{j2\pi nf_0t}$	離散フーリエ変換 (DFT) $V_{\mathrm{p}}(n) = \sum_{k=0}^{N-1} v_{\mathrm{p}}(k)e^{-j2\pi nk/N}$ $v_{\mathrm{p}}(k) = \frac{1}{N}\sum_{n=0}^{N-1} V_{\mathrm{p}}(n)e^{j2\pi nk/N}$

周期的離散時間関数から周期的離散周波数関数への変換を**離散フーリエ変換**（DFT：discrete Fourier transform）とよぶ．離散フーリエ変換 $V_{\mathrm{p}}(n)$ は周波数 nf_0 の関数であり，その指数は $-j2\pi nf_0kT_0$ において $f_0T_0=1/N$ とおくことで $-j2\pi nk/N$ と与えられる．離散フーリエ変換は離散処理であることから，計算機による演算やディジタル信号処理で利用される．

式 (9.6) の OFDM 変調信号において，t を離散時間 $k\Delta t$ での値に離散化する．$s_{\mathrm{B}}(0)$ から $s_{\mathrm{B}}((N-1)\Delta t)$ の N 個の値を繰り返す周期関数 $s(k)$ は，$t=k\Delta t$，$\Delta t\Delta f=1/N$ を代入することで，

$$s(k)=s_{\mathrm{B}}(k\Delta t)=\frac{1}{N}\sum_{n=0}^{N-1}(a_n+jb_n)e^{j\frac{2\pi}{N}nk} \tag{9.7}$$

となる．これは，表 9.1 の逆離散フーリエ変換 $v_{\mathrm{p}}(k)=\frac{1}{N}\sum_{n=0}^{N-1}V_{\mathrm{p}}(n)e^{j\frac{2\pi}{N}nk}$ で $V_{\mathrm{p}}(n)=S(n)=a_n+jb_n$ とおいたものである．式 (9.7) の級数の第 n 項 $s_n(k)=(a_n+jb_n)e^{j\frac{2\pi}{N}nk}$ は周波数 $n\Delta f$ のサブキャリア変調波であり，これを合成した級数 $s(k)$ が OFDM 変調波となる．情報 a_n+jb_n を周波数 $n\Delta f$ 成分 $S(n)$ とする時間関数 $s(k)$ を得るには，$S(n)$ を逆離散フーリエ変換すればよい．これによって，周波数領域で表 9.1 のように並ぶサブキャリアのスペクトルが得られる．受信側では，$S(n)=a_n+jb_n$ を得るには，$s(k)$ を離散フーリエ変換すればよい．

9.4.4 高速フーリエ変換

図 9.29 に，離散逆フーリエ変換の原理をサブキャリア数 $N=4$ の例で示す．周波数がそれぞれ $f_n=n\Delta f=0,\Delta f,2\Delta f,3\Delta f$ のサブキャリアの搬送波を情報 d_n $(n=0,1,2,3)$ で一次変調したサブキャリア変調波を考える．このとき，一次変調は M $(=2^m)$ 値の PSK や QAM などが選ばれ，d_n は m [bits] の情報となる．d_n で変調されたサブキャリア変調波を時間領域で $s_n(t)$ とする．すべてのサブキャリア変

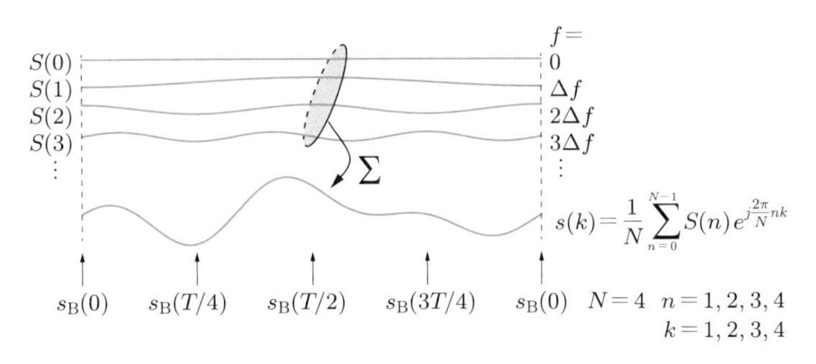

図 9.29　高速フーリエ変換

調波を合成したものが基底帯域での OFDM 変調（二次変調）波 $s(t)$ となる．また，$t=0$ における $s_n(0)$ を $S(n)$ とする[†3]．$S(n)$ は離散周波数 $n\Delta f$ の関数であり，情報 d_n によって定まる．すなわち，情報 d_n は離散周波数方向に並べられ，$S(n)$ が情報を表している．

T，N は固定値で，離散時刻 $t=kT/N=0, T/4, T/2, 3T/4$（$k=0,1,2,3$，$N=4$）において時間領域での OFDM 変調波を $s(k)$ と表す．

$f_n=0$ $(n=0)$ のサブキャリア変調波 $s_0(k)$ については位相の影響がないため，$k=0,1,2,3$ の各時刻 $t=0, T/4, T/2, 3T/4$ で $s_0(k)=S(0)$ となる．$f_n=\Delta f$ $(n=1)$ では時間 T で 1 周期なので，0，$T/4$，$T/2$，$3T/4$ の各時刻で $X(1)$ は位相 $\varphi_k=2\pi k/N=0, \pi/2, \pi, 3\pi/2$ シフトし，$s_1(k)=S(1)e^{j2\pi k/N}$ となる．$f_n=2\Delta f$ $(n=2)$ では，位相 φ_k がそれぞれ $f_n=\Delta f$ の場合の 2 倍となり，$S(2)$ は位相 $\varphi_k=0, \pi, 2\pi, 3\pi$ シフトし，$s_2(k)=S(2)e^{j4\pi k/N}$ となる．他の n でも同様で，まとめると $s_n(k)=S(n)e^{j2\pi nk/N}$ となる．

したがって，$s(k)=\frac{1}{4}\sum_{n=1}^{4}s_n(k)$ は以下の式で表される．

$$
\begin{aligned}
s(0)&=\frac{1}{4}\{S(0)+S(1)\quad\ +S(2)\quad\ +S(3)\quad\}\\
s(1)&=\frac{1}{4}\{S(0)+S(1)e^{\frac{j\pi}{2}}+S(2)e^{j\pi}+S(3)e^{\frac{j3\pi}{2}}\}\\
s(2)&=\frac{1}{4}\{S(0)+S(1)e^{j\pi}+S(2)e^{j2\pi}+S(3)e^{j3\pi}\}\\
s(3)&=\frac{1}{4}\{S(0)+S(1)e^{\frac{j3\pi}{2}}+S(2)e^{j3\pi}+S(3)e^{\frac{j\pi}{2}}\}
\end{aligned}
\tag{9.8a}
$$

これは一般化すると，図 9.29 に示す

$$
s(k)=\frac{1}{N}\sum_{n=0}^{N-1}S(n)e^{j\frac{2\pi}{N}nk} \tag{9.8b}
$$

となる．

この一連の操作は表 9.1 の逆離散フーリエ変換であり，これにより，周波数 f_n の搬送波を $S(n)$ の情報で変調したサブキャリアを合成した OFDM 基底帯域変調信号 $s(k)$ が得られる．

復調では，各周波数成分が合成された変調波から特定の周波数成分を抽出するため，離散フーリエ変換を行う．以上より，デジタル信号処理回路である離散フーリエ／逆

†3　式 (9.7) で $t=k\Delta t=0$ を代入した $s(0)=s_{\mathrm{B}}(0)=\frac{1}{N}\sum_{n=0}^{N-1}(a_n+jb_n)$ において，$s_n(0)=a_n+jb_n=S_n$ である．

フーリエ変換により OFDM の変復調器が構成できる．

ここで，実際の回路では精度良く実現するために，N を大きくする必要があり，これに伴い，回路規模は膨大になる．離散フーリエ変換を高速に計算するアルゴリズムとして**高速フーリエ変換**（FFT：fast Fourier transform）が知られており，計算機での計算時間の短縮や演算回路規模の低減に効果がある．

離散フーリエ変換は $w = e^{-j2\pi/N}$ とおくと，

$$
\begin{aligned}
S(n) &= \sum_{k=0}^{N-1} s(k)e^{-\frac{j2\pi nk}{N}} = \sum_{k=0}^{N-1} s(k)w^{nk} \\
&= s(0)w^0 + s(1)w^n + s(2)w^{2n} + \cdots + s(N-1)w^{(N-1)n} \qquad (9.9)
\end{aligned}
$$

となり，N 回の演算が必要となる．これを $S(0)$ から $S(N-1)$ までの N 回行うため，N^2 回の演算が必要となり，N が大きい場合，回路規模が膨大となる．たとえば $N = 4$ の場合でさえ，図 9.30 のようになる．

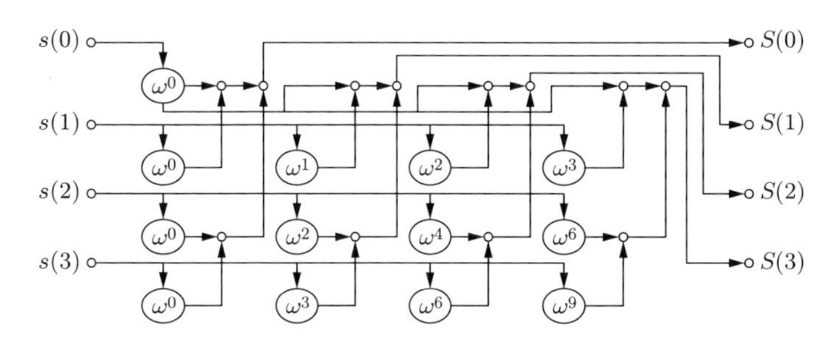

図 9.30　離散フーリエ変換回路 ($\boldsymbol{N = 4}$)

この演算を簡易化するために，以下のような整理を行う．

まず，$w = e^{-j2\pi/N}$ より $N = 4$ の場合に $w^0 = 1$，$w^1 = e^{-j\pi/2} = j$，$w^2 = e^{-j\pi} = -1$，$w^3 = e^{-j3\pi/2} = -j$ であることから，式 (9.9) はつぎのようになる．

$$
\begin{aligned}
S(0) &= s(0) + s(1) \ + s(2) + s(3) \\
S(1) &= s(0) - js(1) - s(2) + js(3) \\
S(2) &= s(0) - s(1) \ + s(2) - s(3) \\
S(3) &= s(0) + js(1) - s(2) - js(3)
\end{aligned}
$$

ここで，第 2 式と第 3 式を入れ替え，さらに各式の第 2 項と第 3 項を入れ替える．そのうえで，各式の第 1 項と第 2 項，第 3 項と第 4 項をそれぞれ括弧で括ると，

$$
\begin{aligned}
S(0) &= \{s(0)+s(2)\}+\{s(1)+s(3)\} \\
S(2) &= \{s(0)+s(2)\}-\{s(1)+s(3)\} \\
S(1) &= \{s(0)-s(2)\}-j\{s(1)-s(3)\} \\
S(3) &= \{s(0)-s(2)\}+j\{s(1)-s(3)\}
\end{aligned}
\tag{9.10}
$$

となる．こうすることで，一度算出した項を繰り返し使えることになり，回路は図 9.31 のようになる．図 9.30 と比較すると，回路規模を削減できることがわかる．この手法による回路は**バタフライ (butterfly) 回路**とよばれ，高速フーリエ変換に用いられる．

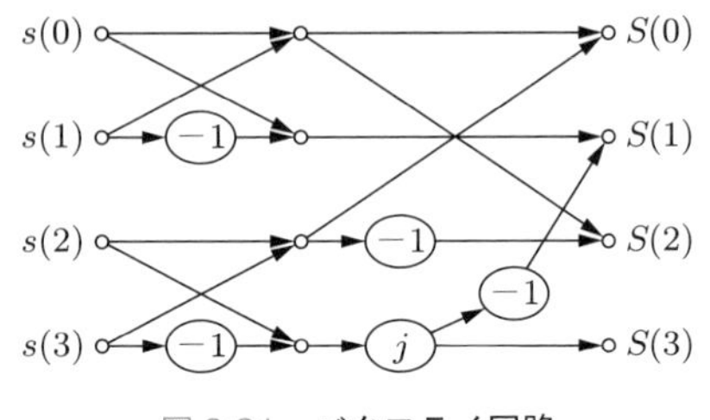

図 9.31　**バタフライ回路**

ここでは $N=4$ の例で示したが，$N>4$ の場合でも同様の操作が可能である．図 9.30 のような回路で N^2 規模となるフーリエ変換の演算回数は，図 9.31 のようなバタフライ回路では $N\log_2 N$ 規模まで削減できることが知られている．そのため，N が大きいほど，この削減の効果は大きい．

9.4.5　OFDM 変復調器

OFDM 変調器の構成を図 9.32 に示す．入力信号はマッピング回路で，複数ビットを多値変調の変調信号空間上のシンボルに対応する実部と虚部に変換される．図では，入力 4 bits ごとに 16QAM のシンボルにマッピングされている．各シンボルは並列の n 系列に S/P（serial/parallel：直並列）変換される．それぞれの系列は各サブキャリアを変調するので，図の $n\Delta f$ $(n=0,1,\dots,N)$ のサブキャリア変調信号に相当する．ただし，この段階では個別の変調を行っていないので，IFFT（逆高速フーリエ変換）の入力は $S(n)$ のままである．

これを IFFT 回路で離散逆フーリエ変換することで，$s(k)$ を得る．これらは IFFT 回路から並列に出力されるので，これを実部と虚部で別々の時間 n 上に並べることにより，OFDM 基底帯域変調信号が得られる．これを帯域通過変調信号の搬送波周波数 f_c に変換することで，OFDM 変調信号を得る．

復調器の構成は図 9.33 になる．受信 OFDM 変調信号は，再生搬送波と LPF で基底帯域に変換された後はデジタル演算となる．1 周期 T_0 間の信号 $s(k)$ を並列入力す

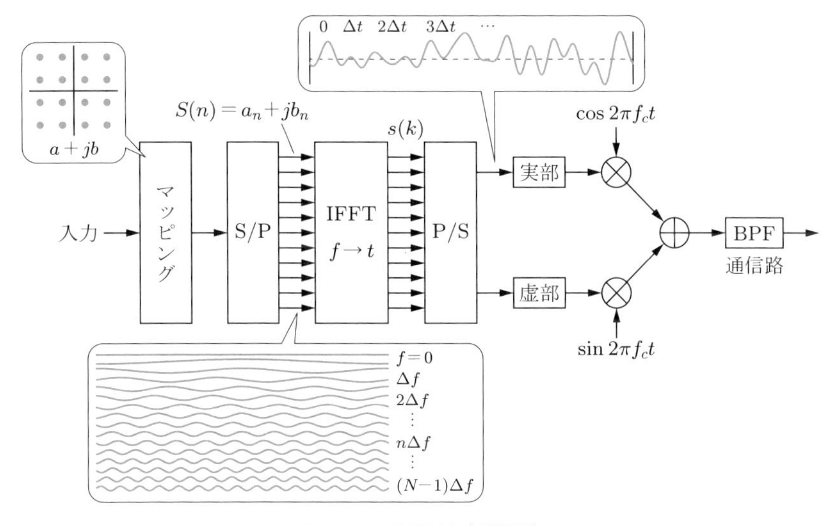

図 9.32 OFDM 変調回路

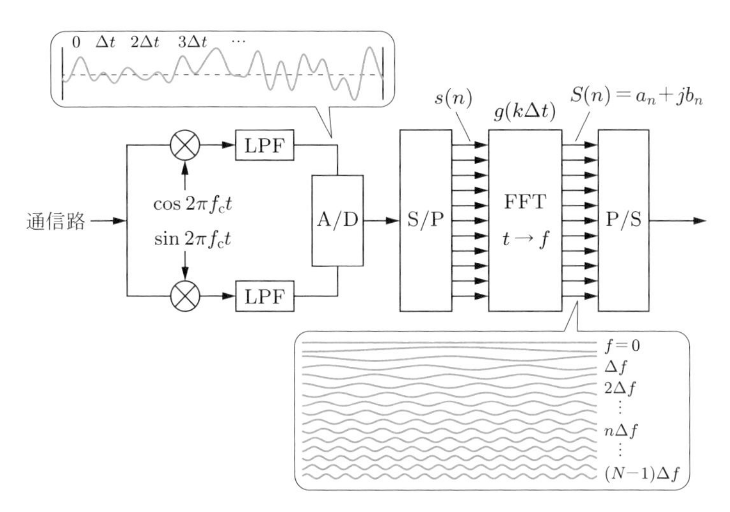

図 9.33 OFDM 復調回路

る FFT 回路で各サブキャリア周波数の成分 $S(n)$ を得ることで復調される．

9.4.6 ガードインターバル

OFDM では $\Delta f = 1/T$ とすることで，周波数 $n\Delta f$ のすべてのサブキャリア変調波の振幅，位相は $t = iT$ と $t = (i+1)T$ で一致する．このことから，サブキャリアの合成波である OFDM 変調波を，図 9.34 ①のように，同じ信号が繰り返した信号と考えると，その信号の情報は任意の時刻から始まる時間 T 内の信号で得られる．

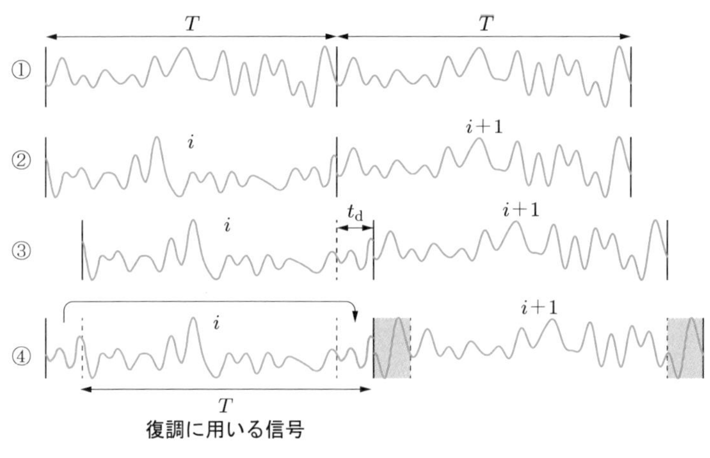

図 9.34　ガードインターバル

このことから，時間 T ごとに別の情報を送ることができる．すなわち，②に示すように，シンボル i（$t=iT$ から $(i+1)T$ の時間）と $i+1$（$t=(i+1)T$ から $(i+2)T$ の時間）で異なる情報を送る．一方，マルチパス通信路で受信変調波は直接波と反射波の合成になる．反射波は③のように直接波に対して遅延して受信される．多数の点で反射するため遅延波はたくさんあるが，最大遅延時間を t_d とすれば，$(i+1)T$ から $(i+1)T+t_\mathrm{d}$ の時間でシンボル i と $i+1$ が混信し，品質を劣化させる．

そこで④のように，シンボルの最後尾信号を t_d の時間分を最先端にコピーして，$T+t_\mathrm{d}$ の時間長にして送信する．これを**ガードインターバル** (guard interval) あるいは**サイクリックプレフィックス** (cyclic prefix) とよぶ．受信側はコピーした時間長を無視し，T のシンボル長のみを用いて復調する．コピーする時間長 t_d を反射波の最も大きな遅延に合わせることで，隣接シンボルからの干渉の影響をなくすことができる．ただし，コピーした信号は復調信号の情報量に寄与しないため，効率は低下する．

9.4.7　周波数インターリーブ

デジタル通信では，誤り率の改善のために誤り訂正技術が広く用いられている．誤り訂正では，一般にランダムに発生する誤りに対しては強力に訂正できるが，図 9.35 (a) に示すように，集中して発生するバースト誤りの訂正は難しい．通常の誤り訂正では，時間領域で連続する信号を誤り訂正ブロックとするため，何らかの理由による時間的な誤りの集中に備えて，図 9.35 (b) のように信号の順序を入れ替える**インターリーブ** (bit interleaving) が適用される．

OFDM では，図 9.36 に示す**周波数インターリーブ**が用いられる．図で周波数領域（横）に並ぶサブキャリアに時間領域で連続して変調される．マルチパスによる周波

信号 1111222233334444
↓　バースト誤りが発生
1111xxxx33334444
(a) インターリーブなし：訂正が難しい

信号 1111222233334444
↓　順番を入れ替える
1234123412341234
↓　バースト誤りが発生
1234xxxx12341234
↓　順番を戻す
1x112x223x334x44
(b) インターリーブあり：訂正しやすい

図 9.35　**インターリーブによるバースト誤り対策**

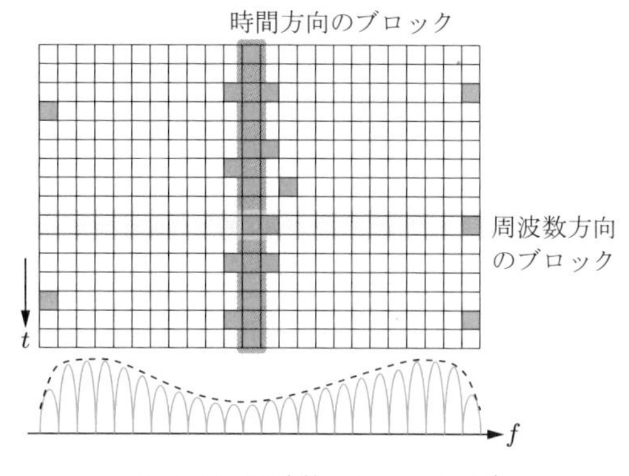

図 9.36　**周波数インターリーブ**

数領域での歪みにより特定のサブキャリアの受信電力が低下し，誤りが集中する．時間方向に誤り訂正ブロックを構成すると，受信電力が低下したサブキャリア信号の誤りは訂正できない．そこで，周波数方向に信号をまとめて誤り訂正ブロックを構成する．これにより，ブロック内の誤りビット数は少なくなり，訂正される．

9.5　MIMO

本節では MIMO（マイモ）を紹介する．これは，送受信機にそれぞれアンテナを複数設け，個々のアンテナ素子の入出力を制御することで，ダイバーシチ，ビームフォーミング（指向性制御），SDM（空間分割多重）を行うシステムである．ここでは，この基本構成を説明する．MIMO は古くからあるアレーアンテナ技術の流れをくみ，無線 LAN で実用化されたのち，携帯電話の Massive MIMO のベースとなっている．

9.5.1　MIMO の目的と適用例

MIMO (multiple input multiple output) は，アンテナ－伝送空間の入出力が複数であるシステムのことである．すなわち，送受信アンテナ素子を複数用いるシステムである．MIMO はアレーアンテナ技術の一種であり，アンテナ素子の送受信電波の振幅・位相を制御することでアンテナ指向性を制御できる．

MIMO には，複数アンテナによるダイバーシチ，特定の通信相手にアンテナ指向性を向けるビームフォーミングにより，空間を分割し，信号を多重化し，通信できる情報量を増やす SDM（space division multiplex：空間分割多重）の機能がある．

MIMO は無線 LAN の標準仕様 IEEE 802.11n に適用され，その後，複数端末を対象とするマルチユーザ MIMO，第 5 世代携帯電話では大規模 MIMO（massive

MIMO) などで利用される技術が開発されている．

複数のアンテナ素子を組み合わせ，電波を空間合成することでアンテナの指向性を制御するアレーアンテナの原理についての詳細は，他の専門書を参照されたい．ここでは，アンテナ素子に給電する際に位相制御することでアレーアンテナの指向性を制御できる，最も単純な例を示す．図 9.37 (a) は，xy 平面内に均一な指向性をもつ二つのアンテナ素子 a，b が x 方向に距離 $\lambda/2$ で並んでいる．ここで，余弦波 $v(t) = \cos 2\pi f_{\mathrm{c}} t$ が a，b に給電される．$\lambda = c/f_{\mathrm{c}}$ はその波長で，c は電波の伝搬速度である．

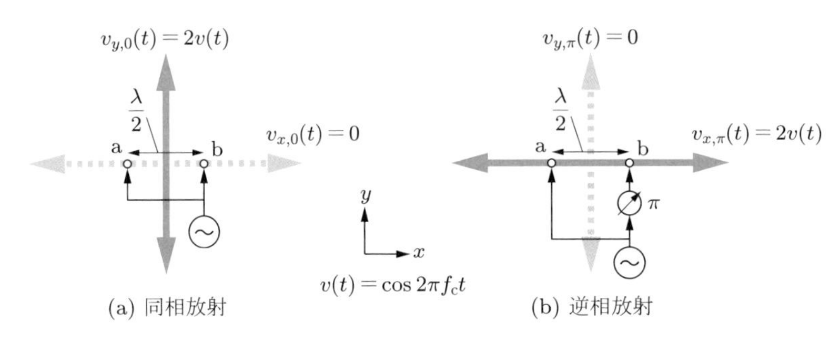

図 9.37　アンテナ合成による指向性制御

線分 ab の垂直二等分線上では a，b から等距離にあることから，それぞれから放射された余弦波は同相であるため，その合成波は $v_{y,0}(t) = 2v(t)$ となる．ただし，アンテナ素子からの距離による減衰と遅延は無視している．これに対して，直線 ab 上でアンテナより右では，アンテナ素子 a から放射される余弦波は，アンテナ素子 b から放射される余弦波に対して，距離 $\lambda/2$ に相当する時間 $\lambda/(2c)$ 遅れて合成される．アンテナの左では，逆に b からの余弦波が同じだけ遅れて合成される．このため，各アンテナ素子から放射される余弦波は逆相になり，合成波は

$$
\begin{aligned}
v_{x,0}(t) &= \cos 2\pi f_{\mathrm{c}} t + \cos 2\pi f_{\mathrm{c}}(t + \lambda/2c) \\
&= \cos 2\pi f_{\mathrm{c}} t + \cos(2\pi f_{\mathrm{c}} t + \pi) = 0
\end{aligned}
\tag{9.11}
$$

となる．以上から，アレーアンテナとして y 方向に指向性をもつ．

これに対して，図 9.37 (b) のように，アンテナ b から余弦波の位相を移相器で π 遅らせてから放射すると，線分 ab の垂直二等分線上では a，b からの余弦波の位相差が π であることから，合成波が打ち消されて $v_{y,\pi}(t) = 0$ となる．直線 ab 上では，アンテナ間距離により片側のアンテナ素子からの余弦波が位相 π だけ遅れるため，移相器による遅れと合わせて，同相での合成になるため，$v_{x,\pi}(t) = 2v(t)$ となり，アレーアンテナは x 方向に最も放射強度が強いメインビームとなる．また，y 方向は放射強度が 0 あるいは極めて弱くなり，この向きはヌルとよばれる．

このように，給電する余弦波の位相や振幅によりアレーアンテナの指向性を制御できるのが，アレーアンテナの特徴である．

9.5.2 MIMO 伝搬路モデル

送信信号 t_1 が伝搬路 h_i を通過したとき，受信信号を $r_1 = h_i t_1$ と表すとする．この h_i を**伝搬チャネル応答** (propagation channel response) とよぶ．マルチパス伝搬路では複数ある伝搬路 h_i の合成で表される．送信信号 $t_1 = \cos 2\pi f_c t = \mathcal{R}e[e^{j2\pi f_c t}]$ に対して，伝搬路での減衰で振幅が α_i 倍され，遅延時間が τ_i とする．遅延時間を位相遅れ φ_i に換算すると，$\varphi_i = 2\pi f_c \tau_i$ となる．このとき，受信信号は

$$r_1 = h_1 t_1 = \mathcal{R}e[\alpha_i e^{-j2\pi f_c \tau_i} e^{j2\pi f_c t}]$$
$$= \mathcal{R}e[\alpha_i e^{j2\pi f_c (t-\tau_i)}] = \alpha_i \cos 2\pi f_c (t - \tau_i) \tag{9.12}$$

となる．以降 $\mathcal{R}e$ は省略し，伝搬チャネル応答は

$$h_i = \alpha_i e^{-j2\pi f_c \tau_i} \tag{9.13}$$

とする．t_1–r_1 間がマルチパス伝搬路の場合は，（パスが L 個あり得て，各伝搬チャネル応答を $h_i = \alpha_i e^{-j\varphi_i}$ $(i = 1, 2, \ldots, L)$ として）その伝搬チャネル応答 h_{11} は，つぎのように各パスの伝搬チャネル応答の和となる．

$$h_{11} = \sum_{i=1}^{L} h_i = \sum_{i=1}^{L} \alpha_i e^{-j\varphi_i} = \alpha_{11} e^{-j\varphi_{11}} \tag{9.14}$$

なお，ここまでは余弦波 $e^{j2\pi f_c t}$ がマルチパス伝搬路を通過して，受信信号が $r_1 = h_{11} t_1 = \alpha_{11} e^{j2\pi f_c (t-\tau_{11})}$ となった場合で説明したが，余弦波 $e^{j2\pi f_c t}$ が振幅 α_m，位相 φ_m で変調された変調波に送信信号を置き換えて $t_1 = \alpha_m e^{j(2\pi f_c t - \varphi_m)}$ としても，同じ変調波が各パスを通過するので，$r_1 = h_{11} t_1$ のままで考えることができる．

MIMO 伝搬路のモデルを図 9.38 に示す．送信側のアンテナ素子から信号 t_1，t_2 が送信され，受信側では r_1，r_2 が受信される．反射波が多い複雑な伝搬路では MIMO アンテナ素子間の伝搬チャネル応答 h_{11}，h_{21}，h_{12}，h_{22} はそれぞれ異なる値となる．(a) の場合，伝搬チャネル応答は t_1–r_1 間で h_{11}，t_2–r_2 間で h_{22} であり，他は 0 である．受信信号は $r_1 = h_{11} t_1$，$r_2 = h_{22} t_2$ となる．この場合は互いに混信がなく，t_1–r_1 と t_2–r_2 で空間が完全に分離している状態で，それぞれに異なる通信路ができる．ただし，これは両通信路が距離的に十分離れている状態であり，一つの送信機あるいは受信機に複数アンテナのある MIMO 伝搬路ではない．

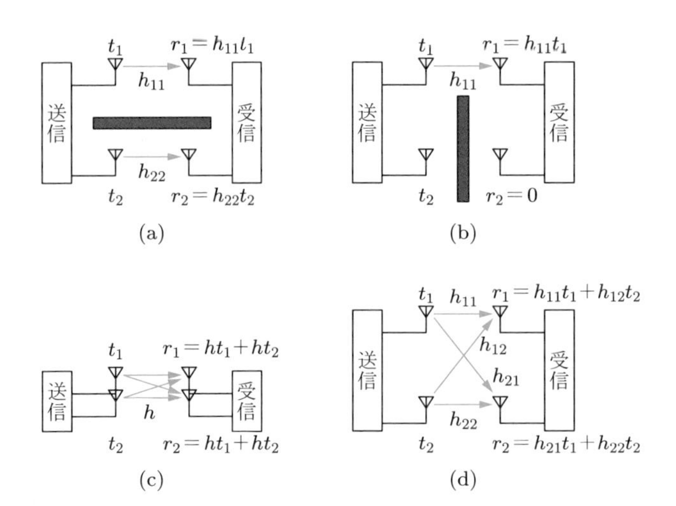

図 9.38　MIMO 伝搬路モデル

図 9.38 (b) は t_1–r_2，t_2–r_1，t_2–r_2 が遮断されている状態で，t_1–r_1 の通信路のみで情報を伝送できる状態である．(c) は二つの送信アンテナ，受信アンテナそれぞれが同じ位置にあり，t_1–r_1，t_2–r_2，t_1–r_2，t_2–r_1 間の伝搬チャネル応答がすべて h となる理想的な場合を示す．この場合，$r_1 = r_2 = ht_1 + ht_2$ となり，受信側で t_1，t_2 を個々には得ることができず，一つの通信路のみで通信することしかできない．

図 9.38 (d) は実際の MIMO 伝搬路のモデルである．t_1–r_1，t_2–r_1，t_1–r_2，t_2–r_2 間の伝搬チャネル応答それぞれ異なり，h_{11}，h_{12}，h_{21}，h_{22} となる．受信信号は $r_1 = h_{11}t_1 + h_{12}t_2$，$r_2 = h_{21}t_1 + h_{22}t_2$ となる．受信信号 r_1，r_2 から異なる情報が載っている t_1，t_2 を分離して得れば，MIMO 伝搬路で 2 倍の情報を伝えることができる．h_{11}，h_{12}，h_{21}，h_{22} が既知であれば，連立方程式の解として t_1，t_2 が得られる．これをベクトルおよび行列によって，

$$\begin{pmatrix} r_1 \\ r_2 \end{pmatrix} = \begin{pmatrix} h_{11} & h_{12} \\ h_{21} & h_{22} \end{pmatrix} \begin{pmatrix} t_1 \\ t_2 \end{pmatrix} \tag{9.15a}$$

あるいは

$$\boldsymbol{r} = \boldsymbol{H}\boldsymbol{t} \tag{9.15b}$$

と表すことができる．ここで，$\boldsymbol{r} = \begin{pmatrix} r_1 \\ r_2 \end{pmatrix}$，$\boldsymbol{H} = \begin{pmatrix} h_{11} & h_{12} \\ h_{21} & h_{22} \end{pmatrix}$，$\boldsymbol{t} = \begin{pmatrix} t_1 \\ t_2 \end{pmatrix}$ である．

受信側では受信信号 $\boldsymbol{r}$ と既知の伝搬チャネル行列 $\boldsymbol{H}$ から送信信号を求める．それを $\hat{\boldsymbol{t}}$ とすれば，$\boldsymbol{H}$ の逆行列 $\boldsymbol{H}^{-1}$ が存在する場合，すなわち行列式 $|\boldsymbol{H}| \neq 0$ の場合[†4]，

†4　行列式 $|\boldsymbol{H}| = 0$ の場合，$\hat{\boldsymbol{t}}$ は得られない．図 9.38 (b) では $\boldsymbol{H} = \begin{pmatrix} h_{11} & 0 \\ 0 & 0 \end{pmatrix}$，(c) では $\boldsymbol{H} = \begin{pmatrix} h & h \\ h & h \end{pmatrix}$ となっており，$|\boldsymbol{H}| = 0$ で MIMO 伝送ができない例となる．

$$\hat{\boldsymbol{t}} = \boldsymbol{H}^{-1}\boldsymbol{r} = \boldsymbol{H}^{-1}\boldsymbol{H}\boldsymbol{t} = \boldsymbol{I}\boldsymbol{t} = \begin{pmatrix} 1 & 0 \\ 0 & 1 \end{pmatrix}\boldsymbol{t} \tag{9.16a}$$

として得られる．すなわち，つぎのようになる．

$$\begin{pmatrix} \hat{t}_1 \\ \hat{t}_2 \end{pmatrix} = \begin{pmatrix} h_{11} & h_{12} \\ h_{21} & h_{22} \end{pmatrix}^{-1} \begin{pmatrix} r_1 \\ r_2 \end{pmatrix} = \frac{1}{|\boldsymbol{H}|}\begin{pmatrix} h_{22} & -h_{12} \\ -h_{21} & h_{11} \end{pmatrix}\begin{pmatrix} r_1 \\ r_2 \end{pmatrix} \tag{9.16b}$$

実際には受信信号には雑音が付加されているため，$\boldsymbol{r} = \boldsymbol{H}\boldsymbol{t} + \boldsymbol{n}$ となる．このため，

$$\begin{aligned} \hat{\boldsymbol{t}} &= \boldsymbol{H}^{-1}\boldsymbol{r} = \boldsymbol{H}^{-1}(\boldsymbol{H}\boldsymbol{t} + \boldsymbol{n}) = \boldsymbol{t} + \boldsymbol{H}^{-1}\boldsymbol{n} \\ &= \boldsymbol{t} + \frac{1}{|\boldsymbol{H}|}\begin{pmatrix} h_{22} & -h_{12} \\ -h_{21} & h_{11} \end{pmatrix}\begin{pmatrix} n_1 \\ n_2 \end{pmatrix} \end{aligned} \tag{9.17}$$

となる．右辺第 2 項に $1/|\boldsymbol{H}|$ が乗算されているため，$|\boldsymbol{H}|$ が 0 に近いほど雑音が強調され，通信量が低下する．

ここで，式 (9.16b) に戻ると，

$$\hat{t}_1 = \frac{1}{|\boldsymbol{H}|}(h_{22}r_1 - h_{12}r_2), \qquad \hat{t}_2 = \frac{1}{|\boldsymbol{H}|}(-h_{21}r_1 + h_{11}r_2) \tag{9.18}$$

となるので，図 9.39 のシステムで信号を分離できる．

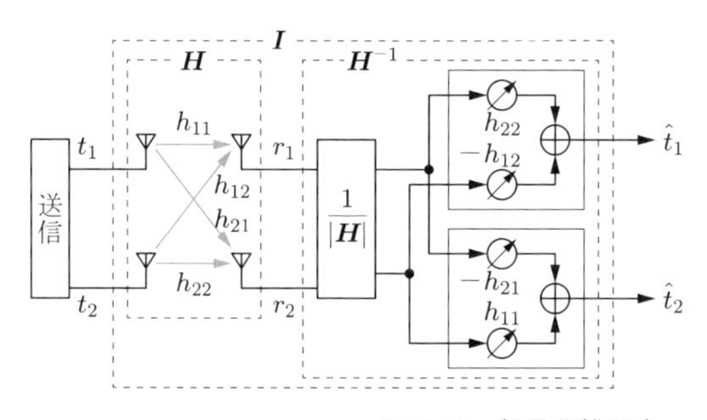

図 9.39　信号分離回路

図 9.39 で重み (weight) $h = \alpha e^{-j\varphi}$ の重み回路は，入力信号 $\alpha_1 e^{j\varphi_1}$ に対して，振幅と位相を制御し，$\alpha\alpha_1 e^{j(\varphi_1-\varphi)}$ を出力する．伝搬チャネル行列 $\boldsymbol{H}$ で表される MIMO 伝搬路に送信信号 $\boldsymbol{t} = (t_1, t_2)^{\mathrm{T}}$ を入力し，受信信号 $\boldsymbol{r} = (r_1, r_2)^{\mathrm{T}}$ が出力される．受信信号 $\boldsymbol{r}$ は重み回路で構成される信号分離部 $\boldsymbol{H}^{-1}$ に入力され，分離された信号 $\hat{\boldsymbol{t}} = (\hat{t}_1, \hat{t}_2)^{\mathrm{T}}$ が出力される．MIMO 伝搬路 $\boldsymbol{H}$ と信号分離部 $\boldsymbol{H}^{-1}$ を合わせると，チャネル応答 $\boldsymbol{I} = \boldsymbol{H}^{-1}\boldsymbol{H}$ に相当する．これによりチャネル分離され，入力 $\boldsymbol{t}$ に対して，$\hat{\boldsymbol{t}}$ が

出力される．

このように，MIMO 空間チャネルを分離，分割し，それぞれに異なる信号を多重する方式を **SDM**（space division multiplex：空間分割多重）とよぶ．

二つの受信アンテナ素子を入力の振幅と位相を制御して合成するアレーアンテナとみなすと，信号 t_1 についてはアンテナ 1 にメインビームを向け，アンテナ 2 にヌルを向け，同時に同じアンテナ素子で，信号 t_2 についてはアンテナ 2 にメインビームを，アンテナ 1 にはヌルを向けていることに相当する．

さらに，図 9.40 のように送信側においても，受信側と同様に振幅，位相を制御して指向性制御を行うことができる．ここでは送信アンテナと受信アンテナがともに m 本の場合（図は $m=2$ の場合）を考える．まず，式 (9.15b) の伝送チャネル行列 $\boldsymbol{H}$ を $\boldsymbol{H}=\boldsymbol{E}_{\mathrm{r}}\boldsymbol{D}\boldsymbol{E}_{\mathrm{t}}$ と特異値分解する．ここで，

$$\boldsymbol{D}=\begin{pmatrix}\lambda_1 & 0 & \cdots & 0\\ 0 & \lambda_2 & & 0\\ \vdots & & \ddots & \vdots\\ 0 & 0 & \cdots & \lambda_m\end{pmatrix} \tag{9.19}$$

の形であり，特異値は $\lambda_i \geq 0\ (i=1,2,\ldots,m)$ である[†5]．図 9.40 の送信側と受信側の重み付け回路による信号処理をそれぞれ $\boldsymbol{E}_r^{-1}$，$\boldsymbol{E}_t^{-1}$ となるようにすれば，$\hat{\boldsymbol{t}}=\boldsymbol{E}_r^{-1}\boldsymbol{H}\boldsymbol{E}_t^{-1}\boldsymbol{t}=\boldsymbol{E}_r^{-1}\boldsymbol{E}_r\boldsymbol{D}\boldsymbol{E}_t\boldsymbol{E}_t^{-1}\boldsymbol{t}=\boldsymbol{D}\boldsymbol{t}$ となり，$\hat{t}_i=\lambda_i t_i\ (i=1,2,\ldots,m)$ が得られる．このように信号分離でき，λ_i が大きいほど受信信号電力が大きくなる．つまり，λ_i が大きい系列は SNR が大きくなり，通信品質は向上する．なお，非正方行列でも特異値分解はできるため，送信と受信のアンテナ数が同じでなくても，同様な操作ができる．

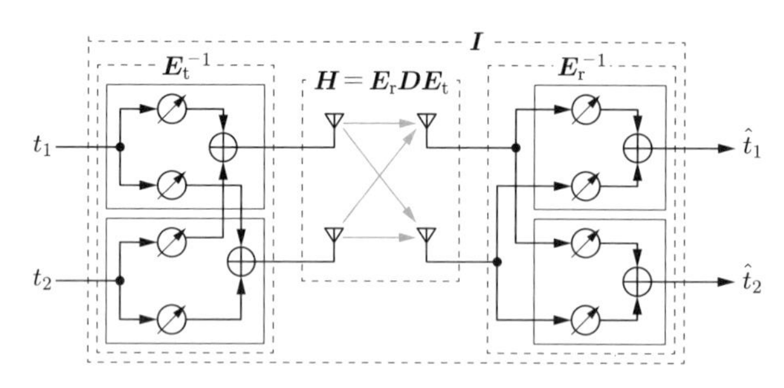

図 9.40　**送受信で制御する信号分離回路**

†5　数学的な詳細は省略するが，送信側と受信側の重み付け回路は別々に用意できるため，このような分解ができる．なお，数学的には $\lambda_1 \geq \lambda_2 \geq \cdots \geq \lambda_m \geq 0$ とまで制限を課すことが一般的だが，実用上はこの制限は必須ではない．

9.5.3 チャネル推定

ここまでで，既知である伝搬チャネル応答行列 $\boldsymbol{H}$ を基に，送受信の重み回路を制御する手法を説明できた．この行列は周辺環境の変化により，時々刻々と変化するため，実際には定期的に伝搬チャネル応答を推定する必要がある．

この推定は，プリアンブル（信号を間欠的に送受信するフレームの先頭信号）に付加したチャネル推定用のトレーニング信号を用いて行う．スキャッタード (scattered) 型とよばれる基本的な手法では，図 9.41 に示すように，それぞれの送信アンテナ一つのみから順次既知信号 t_1，t_2 を送信する．受信側はすべてアンテナで受信する．送信アンテナ 1 から t_1 が送信されている間の受信アンテナ 1 の受信信号は $r_{11} = h_{11}t_1$ となる．同様に，$r_{21} = h_{21}t_1$ であり，t_2 が送信されている間は $r_{12} = h_{12}t_2$，$r_{22} = h_{22}t_2$ となる．t_1，t_2 は既知なので，受信信号から $\boldsymbol{H}$ が得られる．この手法は演算量が少ないが，送信しないアンテナがある分だけ送信信号強度が弱くなり，SNR 特性が低下する．これに対して，両送信アンテナから送信して，複数信号の合成から演算によって $\boldsymbol{H}$ を得る時空間符号化（STC：space time coding）方式も開発されている．

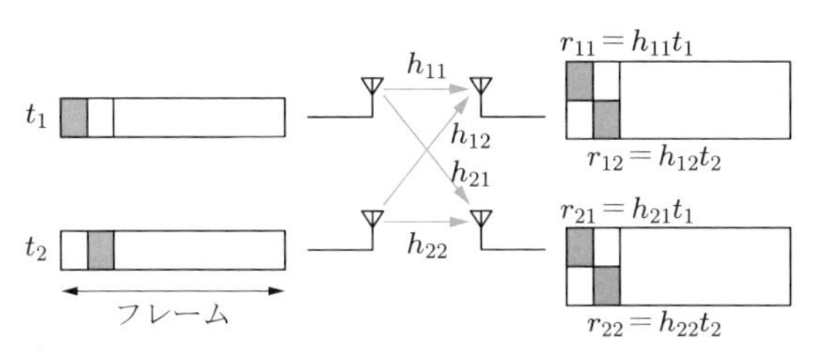

図 9.41　チャネル推定

章末問題

9-1　空間ダイバーシチの最大比合成においては，各アンテナからの入力の位相合わせをした後，それぞれの振幅を SNR の大きいほうの受信信号が強調されるように調整する．そのとき，振幅に掛ける重みを受信レベルに合わせるのが良いことを示せ．

9-2　$[5, 4, 3, 2]$，$[5, 4, 2, 1]$ の二つの M 系列から Gold 符号を作成せよ．また，この Gold 符号を作成する際に使った位相差での二つの M 系列の相互相関を示せ．

章末問題解答

第1章

1-1 $c_n = \frac{2}{\pi}\int_0^{\pi/2} \cos t\, e^{-jn2t}\,\mathrm{d}t = \frac{4(-1)^n}{(1-4n^2)\pi}$，$v(t) = \sum_{n=-\infty}^{\infty} \frac{4(-1)^n}{(1-4n^2)\pi} e^{j2nt}$

1-2 $c_n = f_0 \int_0^{T/2} \sin(2\pi f_0 t) e^{-j2\pi n f_0 t}\,\mathrm{d}t = \frac{e^{-j\pi n}+1}{2\pi(1-n^2)} \quad (n \neq \pm 1)$

$$
\text{よって，} c_n = \begin{cases} 0 & (n：\text{奇数，} n \neq \pm 1) \\ \frac{1}{\pi(1-n^2)} & (n：\text{偶数}) \\ \pm\frac{1}{j4} & (n = \pm 1) \end{cases}
$$

1-3 $V(f) = \frac{1}{T_0}\int_{-T_0}^{0} e^{-j2\pi f t}\,\mathrm{d}t - \frac{1}{T_0}\int_0^{T_0} e^{-j2\pi f t}\,\mathrm{d}t = \frac{1-e^{j2\pi f T_0}}{-j2\pi f T_0} - \frac{e^{j2\pi f T_0}-1}{-j2\pi f T_0}$
$= \frac{(e^{j2\pi f T_0} - e^{-j2\pi f T_0})^2}{j2\pi f T_0} = j2\sin(\pi f T_0)\,\mathrm{sinc}(f T_0)$

1-4 $c_n = \frac{1}{T_0}\int_{-T_0/2}^{T_0/2}\left\{\delta\left(t+\frac{T_0}{4}\right) - \delta\left(t-\frac{T_0}{4}\right)\right\} e^{-\frac{j2\pi n t}{T_0}}\,\mathrm{d}t = \frac{1}{T_0}(e^{jn\pi/2} - e^{-jn\pi/2}) = j\frac{2}{T_0}\sin\frac{n\pi}{2}$，
$v(t) = j\frac{2}{T_0}\sum_{n=-\infty}^{\infty} \sin\frac{n\pi}{2} e^{j2\pi n t/T_0}$ である．n が偶数のとき $\sin(n\pi/2)$ は 0 となるので，

$$
v(t) = \frac{4}{T_0}\sum_{\substack{n=-1 \\ n:\,\mathrm{odd}}}^{\infty} (-1)^{(n+1)/2} \sin\frac{2\pi n t}{T_0}
$$

となる．$v(t)$ は奇関数であり，正弦のフーリエ級数で表される．

第2章

2-1 $t \neq t_0$ では $\delta(t-t_0) = 0$ であり，$t = t_0$ では乗算器入力は $a(t_0)$，$\delta(t-t_0)$ となることから，乗算器出力は $a(t_0)\delta(t-t_0)$ となる．システムのインパルス応答が $h(t)$ であることから，システムの出力信号は $a(t_0)h(t-t_0)$ となる．

2-2 時間領域，周波数領域それぞれで以下のようになる．

時間領域

① $\mathrm{sinc}(bt)$　② $\mathrm{sinc}(bt)\cos(2\pi f_{\mathrm{i}} t)$

③ $\mathrm{sinc}(bt)\cos(2\pi f_{\mathrm{i}} t)\cos(2\pi f_{\mathrm{c}} t)$
$= \mathrm{sinc}(bt)\{\cos(2\pi(f_{\mathrm{c}} - f_{\mathrm{i}})t) + \cos(2\pi(f_{\mathrm{c}} + f_{\mathrm{i}})t)\}/2$

④ $\mathrm{sinc}(bt)\cos(2\pi(f_{\mathrm{c}} - f_{\mathrm{i}})t)/2$

⑤ $\mathrm{sinc}(bt)\cos^2(2\pi(f_{\mathrm{c}} - f_{\mathrm{i}})t)/2 = \mathrm{sinc}(bt)\{1 + \cos(4\pi(f_{\mathrm{c}} - f_{\mathrm{i}})t)\}/4$

⑥ $\mathrm{sinc}(bt)/4$

周波数領域

① $\mathrm{rect}(f/b)/b$　　② $\{\mathrm{rect}(f/b-f_\mathrm{i})+\mathrm{rect}(f/b+f_\mathrm{i})\}/2b$

③ $\{\mathrm{rect}(f/b-f_\mathrm{c}-f_\mathrm{i})+\mathrm{rect}(f/b-f_\mathrm{c}+f_\mathrm{i})+\mathrm{rect}(f/b+f_\mathrm{c}-f_\mathrm{i})+\mathrm{rect}(f/b+f_\mathrm{c}+f_\mathrm{i})\}/4b$

④ $\{\mathrm{rect}(f/b-f_\mathrm{c}+f_\mathrm{i})+\mathrm{rect}(f/b+f_\mathrm{c}-f_\mathrm{i})\}/4b$

⑤ $\{2\,\mathrm{rect}(f/b)+\mathrm{rect}(f/b-2f_\mathrm{c}+2f_\mathrm{i})+\mathrm{rect}(f/b+2f_\mathrm{c}-2f_\mathrm{i})\}/8b$

⑥ $\mathrm{rect}(f/b)/4b$

また，周波数領域を図示すると，解図 2.1 のようになる．

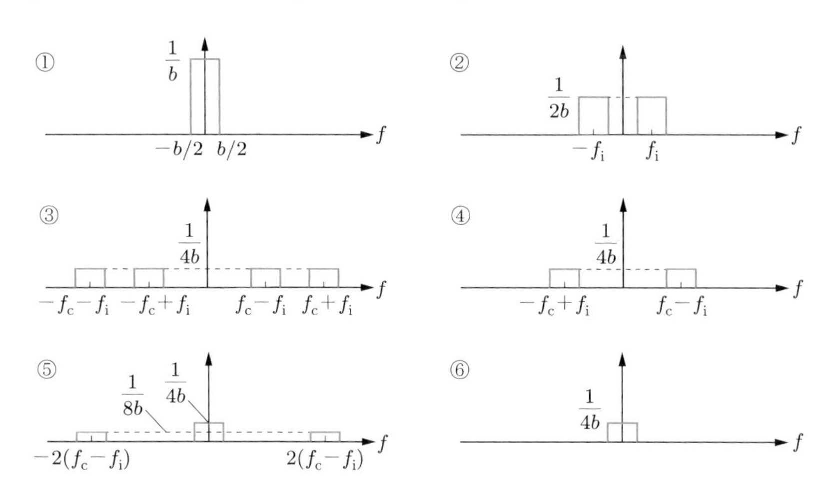

解図 2.1

2-3 まず，$y(t)=x(t)+Kx(t-t_\mathrm{d})$ である．これから $Y(f)=X(f)+KX(f)e^{-j2\pi ft_\mathrm{d}}=(1+Ke^{-j2\pi ft_\mathrm{d}})X(f)$ となるので，

$$H(f)=1+Ke^{-j2\pi ft_\mathrm{d}}=1+K\{\cos(-2\pi ft_\mathrm{d})+j\sin(-2\pi ft_\mathrm{d})\}$$

である．よって，$|H(f)|$ はつぎのようになる．

$$\begin{aligned}|H(f)|&=\sqrt{\{1+K\cos(-2\pi ft_\mathrm{d})\}^2+K^2\sin^2(-2\pi ft_\mathrm{d})}\\&=\sqrt{1+2K\cos(-2\pi ft_\mathrm{d})+K^2\cos^2(-2\pi ft_\mathrm{d})+K^2\sin^2(-2\pi ft_\mathrm{d})}\\&=\sqrt{1+2K\cos 2\pi ft_\mathrm{d}+K^2}\end{aligned}$$

$ft_\mathrm{d}=0,\pm1,\pm2,\dots$ のとき $\cos 2\pi ft_\mathrm{d}=1$ より

$$|H(f)|=\sqrt{1+2K\cos 2\pi ft_\mathrm{d}+K^2}=\sqrt{1+2K+K^2}=1+K$$

となり，$ft_\mathrm{d}=0,\pm1/2,\pm3/2,\pm5/2,\dots$ のとき $\cos 2\pi ft_\mathrm{d}=-1$ より

$$|H(f)|=\sqrt{1+2K\cos 2\pi ft_\mathrm{d}+K^2}=\sqrt{1-2K+K^2}=1-K$$

となる．これをグラフに表すと，解図 2.2 のようになる．図で縦軸は対数目盛にしている．$f = 0, \pm 1/(2t_\mathrm{d}), \pm 3/(2t_\mathrm{d}), \pm 5/(2t_\mathrm{d}), \ldots$ のとき，$|H(f)|$ が最小値 $1-K$ となる．これらの f をノッチ周波数，その間隔 $1/t_\mathrm{d}$ をノッチ間隔とよぶ．t_d が大きいほど，ノッチ間隔は小さくなり，強い歪みになる．また，K が大きいほど，強い歪みになる．

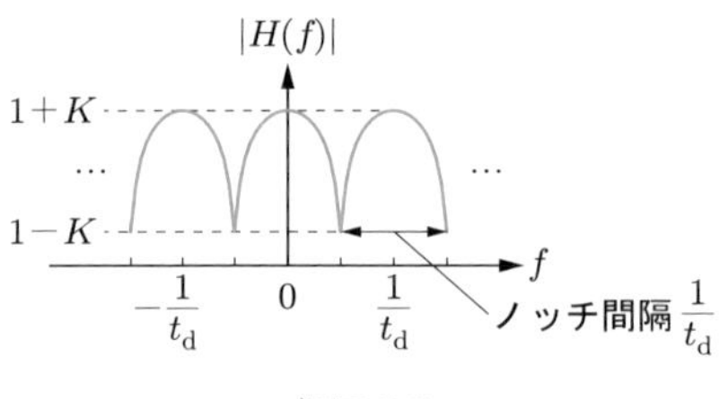

解図 2.2

第 3 章

3-1　$\mathcal{F}[\cos 2\pi f_0 t] = \delta(f - f_0) + \delta(f + f_0)$，$\mathcal{F}[v(t)\cos 2\pi f_0 t] = V(f - f_0) + V(f + f_0)$ となる．図示すると，解図 3.1 のようになる．

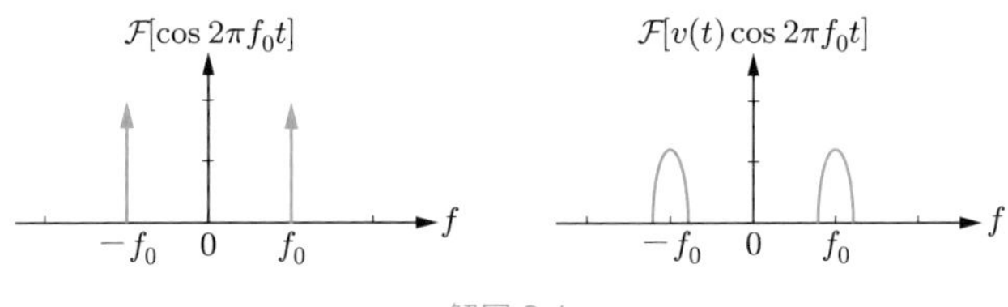

解図 3.1

3-2　$\eta_\mathrm{AM} = \frac{P_\mathrm{s}}{P_\mathrm{AM}} \times 100\% = \frac{m_\mathrm{AM}^2}{2+m_\mathrm{AM}^2} \times 100\% = \frac{0.7^2}{2+0.7^2} \times 100\% = 19.7\%$

3-3　$\Delta f = m_\mathrm{FM} f_m = 10 \times 10 \times 10^3 = 100\,\mathrm{kHz}$，$W_\mathrm{FM} = 2 \times \Delta f = 200\,\mathrm{kHz}$

第 4 章

4-1　（1）$v_\mathrm{s}(t) = v(t)\sum_{k=-\infty}^{\infty}\delta\left(t - \frac{k}{f_\mathrm{s}}\right)$，（2）解図 4.1 のようになる．（3）LPF

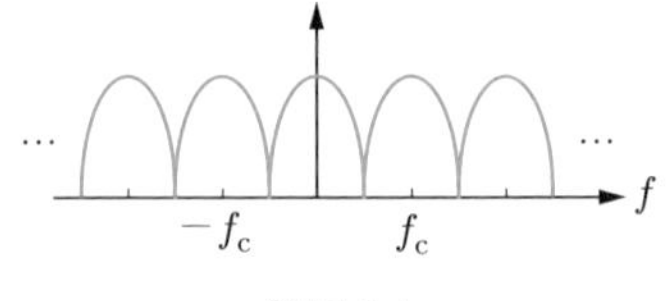

解図 4.1

4-2　必要なサンプリング周波数は $4\ \mathrm{kHz} \times 2 = 8\ \mathrm{kHz}$，サンプリング周期の最大値は $1/(8 \times 10^3) = 1.25 \times 10^{-4}\,\mathrm{s}$，伝送速度は $8 \times 8 \times 10^3 = 64\,\mathrm{kbps}$.

4-3　（1）8.4 MHz，（2）100.8 Mbps，（3）16.8 MHz，（4）201.6 Mbps

4-4 $n = \log_2 256 = 8\,\mathrm{bits}$，$D = 8 \times 6 = 48\,\mathrm{dB}$

4-5 順番に以下のようになる．

$$0,\ 3,\ 5,\ 6,\ 7,\ 8,\ 9,\ 10$$

$$-20,\ -5,\ 13,\ 15,\ 30$$

● 第 5 章

5-1 平均エネルギーは

$$E_{\mathrm{s}} = \frac{1}{16}\{(a^2 + a^2) \times 4 + (9a^2 + a^2) \times 8 + (9a^2 + 9a^2) \times 4\} = 10a^2$$

となる．$d = 2a$ より，つぎのようになる．

$$d = 2a = 2\sqrt{\frac{E_{\mathrm{s}}}{10}}$$

5-2 まず，

$$s_0(t) = a_0 \operatorname{sinc}\left(\frac{t}{T}\right), \qquad s_0'(t) = Ka_0 \operatorname{sinc}\left(\frac{t - t_{\mathrm{d}}}{T}\right)$$

であり，ISI は遅延波の時刻 T における値であるので，

$$s_0'(T) = Ka_0 \operatorname{sinc}\left(\frac{T - t_{\mathrm{d}}}{T}\right)$$

となる．$t_{\mathrm{d}} = 3T/10,\ 2T/10,\ T/10,\ T/100,\ T/1000$ に対して $(T - t_{\mathrm{d}})/T = 0.7,\ 0.8, 0.9, 0.99, 0.999$ であり，$\operatorname{sinc}(0.7) \simeq 0.36$，$\operatorname{sinc}(0.8) \simeq 0.23$，$\operatorname{sinc}(0.9) \simeq 10^{-1}$，$\operatorname{sinc}(0.99) \simeq 10^{-2}$，$\operatorname{sinc}(0.999) \simeq 10^{-3}$ となる．よって，ISI はそれぞれ $0.36Ka_0$，$0.23Ka_0$，$10^{-1}Ka_0$，$10^{-2}Ka_0$，$10^{-3}Ka_0$ となる．このように，ISI は T に対する t_{d} に影響を受けるので，遅延波の遅延時間 t_{d} が大きいほど ISI は大きくなる．T を大きくし，伝送レートを下げるほど，ISI は小さくなる．直接波に対する遅延波の大きさ K が大きいほど，ISI は大きくなる．また，干渉を与える $s_0(t)$ の a_0 が大きいほど ISI は大きくなる．ただし，シンボルを識別するしきい値は多値数によって決まるので，干渉を受ける $s_1(t)$ の a_1 によらない．

5-3 解図 5.1 より $a = 2A\sin(\pi/M)$ と求められる．逆にこれから $A = a/(2\sin(\pi/M))$ と表せる．

5-4 解図 5.2 に示すそれぞれの信号空間で，各シンボルの電力を求めて平均する．

M 値 ASK では左右対称なので，片側に着目する．振幅の小さいものから $(a/2)^2$，$(3a/2)^2, \ldots$ となるので，それぞれつぎのようになる．

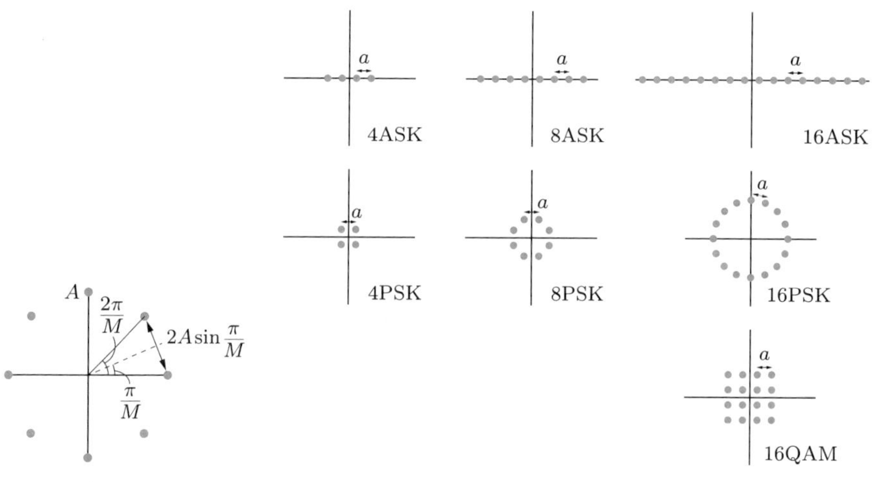

解図 5.1　　　　解図 5.2

$$p_{M\text{-ASK}} = \frac{1}{M/2}\sum_{i=1}^{M/2}\left\{\frac{(2i-1)a}{2}\right\}^2,$$

$$p_{4\text{ASK}} = \frac{1}{2}\left\{\left(\frac{a}{2}\right)^2 + \left(\frac{3a}{2}\right)^2\right\} = \frac{5a^2}{4} = 1.25a^2,$$

$$p_{8\text{ASK}} = \frac{1}{4}\left\{\left(\frac{a}{2}\right)^2 + \left(\frac{3a}{2}\right)^2 + \left(\frac{5a}{2}\right)^2 + \left(\frac{7a}{2}\right)^2\right\} = \frac{21a^2}{4} = 5.25a^2,$$

$$p_{16\text{ASK}} = 21.25a^2$$

PSK では，前問よりつぎのようになる．

$$p_{M\text{-PSK}} = \left\{\frac{a}{2\sin(\pi/M)}\right\}^2,$$

$$p_{4\text{PSK}} = \frac{a^2}{4\sin^2(\pi/4)} = 0.5a^2, \qquad p_{8\text{PSK}} = 1.7a^2, \qquad p_{16\text{PSK}} = 6.6a^2$$

16QAM では，解図 5.2 より，つぎのようになる．

$$p_{16\text{QAM}} = \left(\frac{1}{2}\cdot\frac{4}{16} + \frac{5}{2}\cdot\frac{8}{16} + \frac{9}{2}\cdot\frac{4}{16}\right)a^2 = 2.5a^2$$

● 第 6 章

6-1　AM ラジオは包絡線復調により，非常に簡単な回路で実現できる．このため，日本でも 1925 年と古くからサービスが開始されている．古くからあることから搬送波周波数には低いものが割り当てられており，531〜1602 kHz である．低い周波数の電波の特性から，障害物がなければ遠くまで届くのも長所である．一方，周波数が低いことから送信アンテナが大きくなり，広い土地が必要で低い場所に設置することになり，障害物の影響を受けやすい．近年高層ビルが増加し，受信品質が劣化する傾向にある．また，低い周波数であるため，1 局に割り当てられる帯域が狭く，音声帯域が狭められていることによる品質の限界がある．

FM ラジオはアナログシステムであり，AM ラジオほどではないが，回路は現時点の技術では複雑ではない．1957 年から実用化されている．76.0〜89.9 MHz の周波数が使われ，AM ラジオと比較して広い．このため，1 局に割り当てられる周波数も広く，音声の制限帯域が広いとともに，古くからステレオ放送が行われている．また，周波数が高いことで，アンテナが小さく，山頂の鉄塔に設置することが可能で，障害物の影響を受けにくい．

6-2 （1） $\log_2 128 = 7$ bits

（2） 上記 7 bits に制御用 1 bit を加え，8 bits とする．8 kHz で標本化しているので，$8 \times 8 = 64$ kbps となる．

（3） 多重化された音声信号は 24 ch × 64 kbps/ch = 1536 kbps である．同期用信号のビットレートは 1 bit/125 μs = 8 kbps である．したがって，その合計が多重化されたビットであり，1536 + 8 = 1544 kbps となる．これは 1988 年に商用開始された，光ファイバー回線網 INS ネット 1500 のインターフェースである（音声信号 23 ch に制御信号 1 ch で 24 ch となっている）．

● 第 7 章

7-1 周期関数であるので，基本周期内において周期 T_0 で割った単一パルスの自己相関を求める．自己相関を表す網かけ部分を含め，周期 T_0 の区間が解図 7.1 のように周期的に繰り返すことから，1 周期内の平均は全時間帯内の平均と等しくなる．

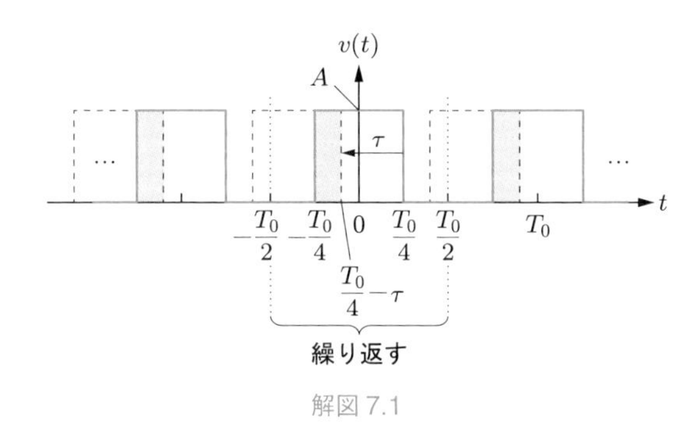

解図 7.1

与えられた周期関数の基本周期における単一矩形パルスは

$$v(t) = \begin{cases} A & (|t| \le T_0/4) \\ 0 & (T_0/4 < |t| < T_0/2) \end{cases}$$

である．単一矩形パルスの自己相関は，区間 $0 \leq \tau \leq T_0/2$ では

$$R(\tau) = \frac{1}{T_0}\int_{-T_0/4}^{T_0/4-\tau} A^2\,\mathrm{d}t = \frac{A^2}{2}\left(1 - \frac{2\tau}{T_0}\right)$$

となる．これは偶関数であることから，$|\tau| \leq T_0/2$ において，

$$R(\tau) = \frac{A^2}{2}\left(1 - \frac{2|\tau|}{T_0}\right)$$

となる．$|\tau| \geq T_0/2$ においては隣接パルスと重なり，これが繰り返される．このことから，$R(\tau)$ は解図 7.2 のようになる．

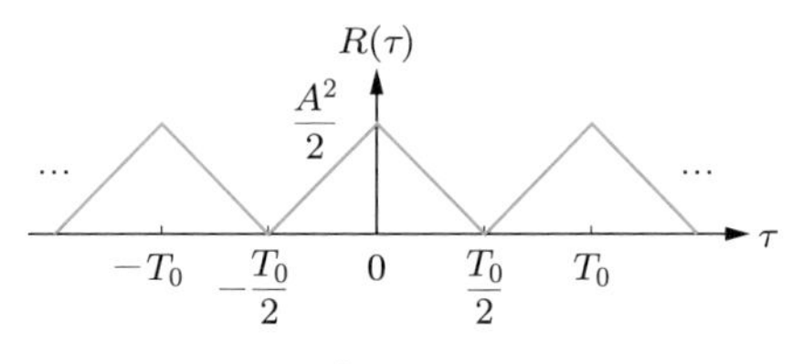

解図 7.2

7-2　AM 信号電力は $S = A^2/2 + (A^2/8) \times 2 = 3A^2/4$，雑音電力は $N = (N_0/2)2B = N_0B$，信号対雑音電力比は $S/N = 3A^2/4N_0B$ となる．

7-3　シャノン－ハートレーの定理 $C = W\log_2(1 + S/N) \simeq W\log_2 S/N$ [bps] に $W = 1\,\mathrm{kHz}$，$N = 1\,\mu\mathrm{W}$，10 kbps を代入すると，平均電力 S は 1.02 mW 以上必要となる．

7-4　サンプリング周波数は 6 MHz × 2 = 12 MHz である．10 bits 量子化による伝送速度は 12 MHz × 10 bits = 120 Mbps となる．シャノン－ハートレーの定理から $\log_2(1 + S/N) = C/W = 120/8 = 15$ となり，$S/N = 2^{15}$ となる．dB で換算すると，$10\log_{10} 2^{15} = 50\,\mathrm{dB}$ である．

第 8 章

8-1　解図 8.1 のようになる．

8-2　(1) $S_\mathrm{p}(f)$ に虚部がなく，$S_\mathrm{p}(f) = S_\mathrm{p}^*(f)$ であることから，つぎのようになる．

$$H_\mathrm{opt}(f) = S_\mathrm{p}(f) = \mathrm{rect}(f), \qquad h_\mathrm{opt}(t) = \mathcal{F}^{-1}[H_\mathrm{opt}(f)] = \mathrm{sinc}(t)$$

(2) $H_\mathrm{opt}(f) = S_\mathrm{p}(f) = \delta(f - f_\mathrm{c})$，　$h_\mathrm{opt}(t) = \mathcal{F}^{-1}[H_\mathrm{opt}(f)] = e^{j2\pi f_\mathrm{c} t}$

QPSK

	01	
10		00
	11	

	10	
11		00
	01	

8PSK

	010	
011		001
100		000
101		111
	110	

0 rad から順次自然 2 進符号

	011	
010		001
110		000
111		100
	101	

0 rad から順次グレイ符号

16QAM

0011	0111	1011	1111
0010	0110	1010	1110
0001	0101	1001	1101
0000	0100	1000	1100

上位 2 bits は x 方向，
下位 2 bits は y 方向を表す
それぞれ自然 2 進符号

0010	0110	1110	1010
0011	0111	1111	1011
0001	0101	1101	1001
0000	0100	1100	1000

上位 2 bits は x 方向，
下位 2 bits は y 方向を表す
それぞれグレイ符号

0001	0101	1011	0011
1001	1101	1111	0111
0100	1100	1110	1010
0000	1000	0110	0010

下線の上位 2 bits が
原点中心に回転対称

解図 8.1

第 9 章

9-1 信号レベル $s(t)$，n 本の各アンテナの受信信号を $v_i(t) = h_i(t)s(t)$ $(i = 1, 2, \ldots, n)$ とする．位相を合わせたものとし，それぞれのアンテナ入力に $w_i(t)$ の重みを掛けるとすると，合成させた信号の電力は

$$p = \mathcal{E}[s^2(t)]\left|\sum_{i=1}^{n} w_i(t)h_i(t)\right|^2$$

となる．シュワルツの不等式より

$$\left|\sum_{i=1}^{n} w_i(t)h_i(t)\right|^2 \leq \left|\sum_{i=1}^{n} w_i(t)\right|^2 \left|\sum_{i=1}^{n} h_i(t)\right|^2$$

であり，$w_i(t) = h_i(t)$ のとき等号が成立し，p は最大となる．したがって，受信レベルに等しい重みを掛けることにより，SNR を最大にできる．このときの SNR を γ，各アンテナ入力の SNR を γ_i とおくと，つぎのようになる．

$$\gamma = \sum_{i=1}^{n} \gamma_i$$

9-2 $[5,4,3,2]$ 系列（解図 9.1 (a)）で $a_4=a_3=a_2=a_1=0$，$a_0=1$ から，つぎのようになる．

$$
\begin{aligned}
a_4&: 0101101010001110111110010011000\\
a_3&: 0010110101000111011111001001100\\
a_2&: 0001011010100011101111100100110\\
a_1&: 0000101101010001110111110010011\\
a_0&: \underline{1000010110101000111011111001001}
\end{aligned}
$$

$[5,4,2,1]$ 系列（解図 9.1 (b)）で $a_4=a_3=a_2=a_1=0$，$a_0=1$ から，

$$
\begin{aligned}
a_4&: 0110101001000101111101100111000\\
a_3&: 0011010100100010111110110011100\\
a_2&: 0001101010010001011111011001110\\
a_1&: 0000110101001000101111101100111\\
a_0&: \underline{1000011010100100010111110110011}
\end{aligned}
$$

となる．下線を引いた a_0 出力がそれぞれ M 系列符号となる．

シフトするビット数 k で異なる Gold 符号が得られる．一例として，$[5,4,3,2]$ 系列符号と，$[5,4,2,1]$ 系列を $k=1$ bit シフトした符号とを加算すると，

$$
\begin{array}{r}
1000010110101000111011111001001\\
\oplus\ 0000110101001000101111101100111\\
\hline
1000100011100000010100010101110
\end{array}
$$

となる．Gold 符号は (1000100011100000010100010101110) で，その 31 bits 中 12 bits が 1 である．すなわち，二つの M 系列の相互相関 $R_{\mathrm{ab}}(1)=12/31$ となる．

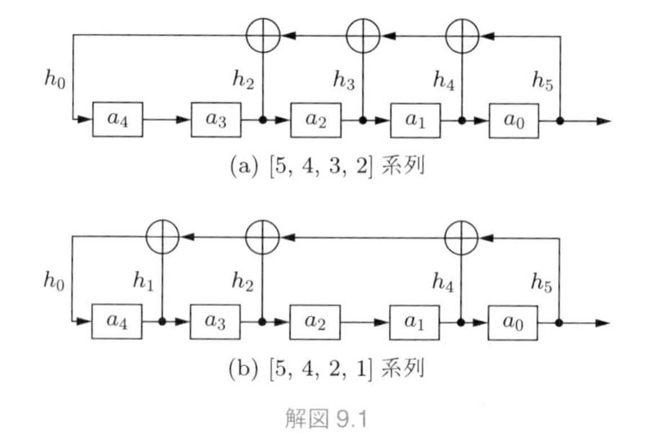

(a) [5, 4, 3, 2] 系列

(b) [5, 4, 2, 1] 系列

解図 9.1

参考文献

[1] 関英夫（監訳），野坂邦史，柳平英孝（訳），『現代の通信回線理論―データ通信への応用』，森北出版，1970.

原著：S. Stein, J. J. Jones, “Modern Communication Principles”, McGraw-Hill, 1969.

[2] 外山昇（監訳），伊藤泰宏，雲崎清美，野本真一，諸岡翼（訳），『ラシィ 詳説 ディジタル・アナログ通信システム 基礎編／応用編 原著3版』，丸善出版，2005.

原著：B. P. Lithi, “Modern Digital and Analog Communication Systems”, Oxford University Press, 1998 (3rd ed.), 2009 (4th ed.).

[3] 森永規彦，三瓶政一（監訳），橋本有平，吉識知明（訳），『ディジタル通信―基本と応用』，ピアソンエデュケーション，2006.

原著：Bernard Sklar, “Digital Communications: Fundamentals and Applications”, Prentice Hall, 2001 (2nd ed.).

[4] 小林岳彦（監訳），岩切直彦，大坐畠智，幸谷智，高橋賢（訳），『ゴールドスミス ワイヤレス通信工学―基礎理論からMIMO，OFDM，アドホックネットワークまで』，丸善出版，2007.

原著：Andrea Goldsmith, “Wireless Communications”, Cambridge University Press, 2005 (Illustrated ed.).

索引

た　行

な　行

は　行

ま　行

ら　行

著　者　略　歴

相河　聡（あいかわ・さとる）

1984年　横浜国立大学工学部電気工学科卒業
1984年　日本電信電話公社（現NTT）入社
　　　　横須賀電気通信研究所無線伝送研究室配属
1995年　博士（工学）（東京大学）
2006年　兵庫県立大学大学院工学研究科
　　　　電気系工学専攻（現電子情報工学専攻）教授
　　　　現在に至る

編集担当　村瀬健太（森北出版）
編集責任　福島崇史，富井　晃（森北出版）
組　　版　プレイン
印　　刷　丸井工文社
製　　本　　同

情報通信工学

2022年2月28日　第1版第1刷発行

著　　者　相河　聡
発 行 者　森北博巳
発 行 所　**森北出版株式会社**
東京都千代田区富士見1-4-11（〒102-0071）
電話 03-3265-8341／FAX 03-3264-8709
https://www.morikita.co.jp/
日本書籍出版協会・自然科学書協会　会員
JCOPY ＜（一社）出版者著作権管理機構 委託出版物＞

落丁・乱丁本はお取替えいたします．

Printed in Japan／ISBN978-4-627-78721-6